数控机床加工技术研究

熊运霞 著

东北林业大学出版社

图书在版编目（CIP）数据

数控机床加工技术研究/熊运霞著.——哈尔滨：东北林业大学出版社，2020.3
ISBN 978-7-5674-2132-5

Ⅰ.①数… Ⅱ.①熊… Ⅲ.①数控机床—加工—研究 Ⅳ.①TG659

中国版本图书馆CIP数据核字(2020)第041598号

数控机床加工技术研究
ShuKong JiChuang JiaGong Jishu YanJiu

熊运霞 著

东 北 林 业 大 学 出 版 社

（哈尔滨市和兴路26号）

东北林业大学印刷厂印刷

开本 787×1092 毫米 1/16　印张 16　字数 385 千字
2021 年 8 月第 1 版　2022 年 9 月第 2 次印刷

印数 1—3000 册

ISBN 978-7-5674-2132-5
定价 88.00 元

前言

2008年全球金融危机对各国的制造业造成了不同程度的冲击，为了应对危机，世界上主要的制造业国家密集出台了一系列制造业振兴战略，瞄准产业新的制高点。与此同时，新一轮的科技革命和产业变革正在兴起，高度发展的信息技术、互联网技术与制造业的深度融合，促使制造技术呈献出数字化发展的特点。这些新情况、新形势要求我们务必以新的视角来观察和研究制造技术。相关的基础共性技术逐渐成为新的技术高地，发达国家正在加快布局，如美国政府部署制造业创新网络，德国政府提出工业4.0战略，千方百计加快这些技术的商业化。对于我国制造业而言，一方面要加快解决传统领域中的基础共性技术发展不足所带来的瓶颈制约；另一方面要重点突破数字化制造领域的基础共性技术，构建新的竞争优势。

金融危机之后，再工业化成为美国的战略选择，美国重振制造业成为全球热议的话题；而美国制造业衰落的本质原因是制造业的外包及本地投资不足导致产业耕地的"贫瘠"，进而导致产业生态系统的衰落。自2015年以来，国内制造业也出现了不同程度的下滑，一方面与宏观经济有关，但更重要的原因是自身内功不足。特别是在基础共性技术上与发达国家的差距较大（如数控系统、精密轴承等），发达国家以数字化、智能化和网络化为主要特征的第三次工业革命早已开始。我们应面对现实，奋起直追，首先我们要了解这次工业革命的技术特点、发展态势、研究开发的层次等为此，作者通过多渠道、多方面的收集和自己的体会及实践总结，编写了这本介绍当今已发生的、正在研究开发的、将出现的当代最新加工技术——智能加工技术。本书首先简明介绍了数控机床加工的工艺特点。其次介绍了数控车床加工所采用的相关技术。

本书既可作为大学本科制造加工类专业的参考教材，也可作为专科(高职)相关专业的选修教材，还可作为企业产品工程师、制造工程师以及相关科研人员的参考用书。

目 录
MULU

第1章 数控机床加工概述 …………………………………………… (1)

1.1 数控机床的性能指标 ……………………………………………… (1)
1.2 数控机床的类型划分 ……………………………………………… (6)
1.3 数控机床的使用特点 ……………………………………………… (8)

第2章 数控机床的加工工艺 ………………………………………… (12)

2.1 数控机床加工工艺分析 …………………………………………… (12)
2.2 数控机床加工工艺设计 …………………………………………… (25)

第3章 数控机床的夹具选用 ………………………………………… (51)

3.1 数控机床的工件定位 ……………………………………………… (51)
3.2 数控机床工件的夹紧 ……………………………………………… (68)

第4章 数控机床的刀具选用 ………………………………………… (82)

4.1 常见数控机床刀具的材料 ………………………………………… (82)
4.2 数控机床刀具系统与选择 ………………………………………… (89)

4.3 数控机床的对刀 ……………………………………………………………… (104)

第5章 数控车床的加工使用技术 ……………………………………………… (109)

5.1 数控车床概述 …………………………………………………………… (109)
5.2 外圆车削工艺及编程 …………………………………………………… (113)
5.3 端面车削工艺及编程 …………………………………………………… (124)
5.4 可转位车刀片的刀尖圆弧及半径补偿应用 …………………………… (132)
5.5 内孔加工工艺及编程 …………………………………………………… (138)

第6章 数控铣床的加工使用技术 ……………………………………………… (145)

6.1 数控铣床及选用 ………………………………………………………… (145)
6.2 平面铣削工艺编程 ……………………………………………………… (149)
6.3 立铣刀及铣削工艺选择 ………………………………………………… (156)
6.4 轮廓铣削工艺及编程 …………………………………………………… (162)
6.5 槽铣削工艺及编程 ……………………………………………………… (168)

第7章 加工中心的使用技术 …………………………………………………… (176)

7.1 加工中心自动换刀 ……………………………………………………… (176)
7.2 孔加工要求及孔加工固定循环 ………………………………………… (185)
7.3 钻孔、扩孔、锪孔加工工艺及编程 …………………………………… (196)
7.4 铰孔工艺及编程 ………………………………………………………… (202)
7.5 镗孔工艺及编程 ………………………………………………………… (208)

第8章 数控电火花线切割机床操作 …………………………………………… (217)

8.1 数控电火花线切割机床概述 …………………………………………… (217)
8.2 数控电火花线切割加工工艺 …………………………………………… (224)
8.3 数控电火花线切割编程指令 …………………………………………… (232)
8.4 数控电火花线切割机床的操作 ………………………………………… (237)

参考文献 ………………………………………………………………………… (248)

第1章 数控机床加工概述

数控机床（Numerically Controlled Machine Tool，NC）是采用数控技术控制的机床，即装备了数控系统的机床。由于现代数控机床都用计算机来进行控制，所以一般称为计算机数控（CNC）机床。数控机床具有适应性强、加工精度高、加工质量稳定和生产效率高的优点。随着机床数控技术的迅速发展，数控机床在机械制造业中的地位越来越重要，已成为现代制造技术的基础。

1.1 数控机床的性能指标

1.1.1 数控机床的组成与结构

1. 数控机床的组成

数控机床主要由控制介质、数控装置、伺服系统和机床本体四部分组成，对于闭环系统还要有测量反馈装置。数控机床的组成框图如图 1-1 所示。

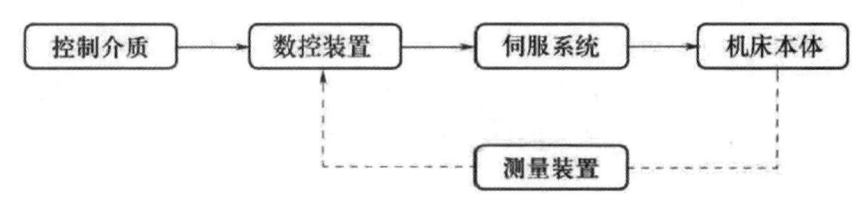

图 1-1 数控机床的组成

（1）控制介质

在数控机床上加工时，控制介质是存储数控加工所需要的全部动作和刀具相对于工件位置等信息的信息载体，它记载着零件的加工工序。

数控机床中，控制介质更新很快，至于采用哪一种，则取决于数控装置的类型。此外，还可以利用键盘手工输入程序及数据（MDI 方式）。随着 CAD/CAM 技术的发展，有些系统还可利用 CAD/CAM 软件在其他计算机上编程，然后通过计算机与数控系统通信，将程序和数据直接传送给数控装置。

（2）数控装置

数控装置是数控机床的核心，其功能是接受输入装置输入的数控程序中的加工信息，

经过数控装置的系统软件或逻辑电路进行译码、运算和逻辑处理后，发出相应的脉冲送给伺服系统，使伺服系统带动机床的各个运动部件按数控程序预定要求动作。一般由输入/输出装置、控制器、运算器、各种接口电路、CRT显示器等硬件以及相应的软件组成。数控装置能完成信息的输入、存储、变换、插补运算以及实现各种控制功能，其主要功能如下：

①多轴联动控制；

②直线、圆弧、抛物线等多种函数的插补；

③输入、编辑和修改数控程序功能；

④数控加工信息的转换功能：ISO/EIA代码转换、公英制转换、坐标转换、绝对值和相对值的转换、计数制转换等；

⑤刀具半径、长度补偿，传动间隙补偿，螺距误差补偿等补偿功能；

⑥实现固定循环、重复加工、镜像加工等多种加工方式的选择；

⑦在CRT上显示字符、轨迹、图形和动态演示等功能。

（3）伺服系统

伺服系统由伺服驱动电动机和伺服驱动装置组成，它是数控系统的执行部分。伺服系统接受数控系统的指令信息，并按照指令信息的要求带动机床的移动部件运动或使执行部分动作，以加工出符合要求的零件。

伺服系统是数控机床的关键部件，它直接影响数控加工的速度、位置、精度等。一般来说，数控机床的伺服驱动系统，要求有较高的刚度、好的快速响应性能，以及能灵敏而准确地跟踪指令功能。

伺服机构中常用的驱动装置，随控制系统的不同而不同。开环系统的伺服系统常用步进电机；闭环系统常用的是直流伺服电机和交流伺服电机，都带有感应同步器、编码器等位置检测元件，而交流伺服电机正在取代直流伺服电机。

（4）机床本体

机床本体是数控机床的主体，主要由机床的基础大件（如床身、底座）和各运动部件（如工作台、床鞍、主轴等）所组成。它是完成各种切削加工的机械部分，是在原普通机床的基础上改进而得到的，与传统的手动机床相比，数控机床的外部造型、整体布局、传动系统与刀具系统的部件结构及操作机构等方面都已发生了很大的变化。这种变化的目的是为了满足数控机床的要求和充分发挥数控机床的特点。数控机床的主体结构有下面几个特点：

①数控机床采用了高性能的主轴及伺服传动系统，机械传动结构简化，传动链较短；

②数控机床的机械结构具有较高的动态特性、动态刚度、阻尼精度、耐磨性以及抗热变形性能，适应连续地自动化加工；

③更多地采用高效传动部件，如滚珠丝杠副、直线滚动导轨等。

除上述四个主要部件外，数控机床还有一些辅助装置和附属设备，如电器、液压、气动系统与冷却、排屑、润滑、照明、储运等装置以及编程机、对刀仪等。

2. 数控机床的结构布局

(1) 数控车床的典型布局

数控车床在刀架和床身导轨的布局形式上与传统车床相比发生了根本的变化，这是因为刀架和床身导轨的布局形式不仅影响车床的结构和外观，还直接影响数控车床的使用性能，如刀具和工件的装夹、切屑的清理以及车床的防护维修等。数控车床床身导轨与水平面的相对位置有四种布局形式。

①水平床身。如图 1-2 (a) 所示，水平床身的工艺性好，便于导轨面的加工。水平床身配上水平放置的刀架可提高刀架的运动精度，但水平刀架增加了机床宽度方向的结构尺寸，且床身下部排屑空间小，排屑困难。

②水平床身斜刀架。如图 1-2 (b) 所示，水平床身配上倾斜放置的刀架滑板，这种布局形式的床身工艺性好，车床宽度方向的尺寸也较水平配置滑板的要小且排屑方便。

③斜床身。如图 1-2 (c) 所示，斜床身的导轨倾斜角度多采用 30°、45°、60°、75°等角度。它和水平床身斜刀架滑板都因具有排屑容易、操作方便、机床占地面积小、外形美观等优点而被中小型数控车床普遍采用。

④立床身。如图 1-2 (d) 所示，从排屑的角度来看，立床身布局最好，切屑可以自由落下，不易损伤导轨面，导轨的维护与防护也较简单，但机床的精度不如其他三种布局形式高，故运用较少。

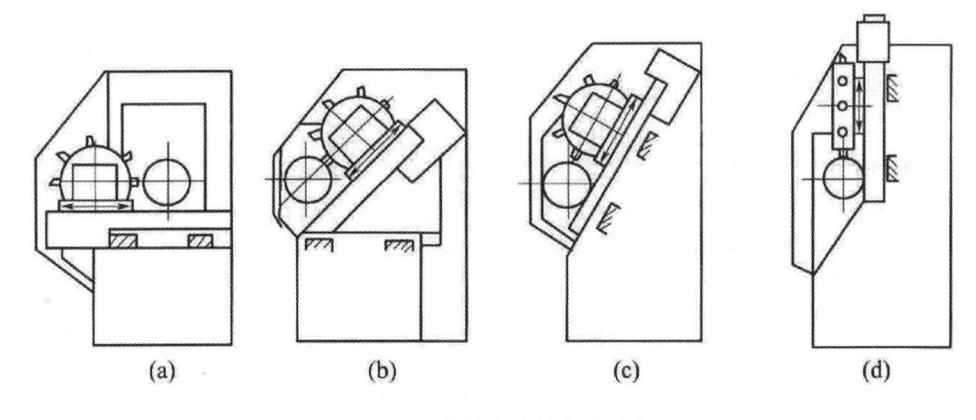

图 1-2 数控车床的布局形式

(2) 数控铣床的典型布局

数控铣床一般分为立式和卧式两种，其典型布局有四种，如图 1-3 所示，不同的布局形式可以适应不同的工件形状、尺寸及重量。如图 (a) 适应较轻工件，图 (b) 适应较大尺寸工件，图 (c) 适应较重工件，图 (d) 适应更重、更大工件。

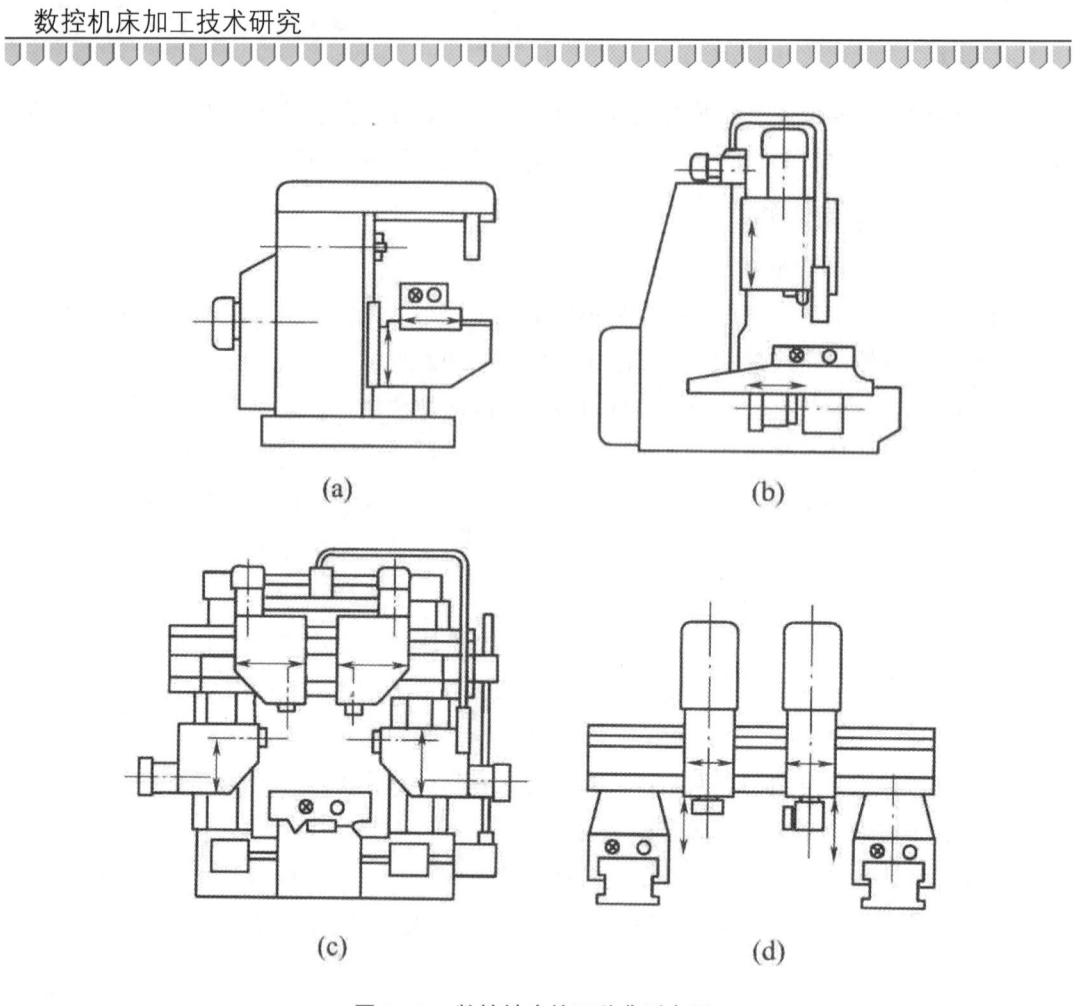

图 1-3　数控铣床的四种典型布局

1.1.2　数控机床的工作过程

数控机床的所有运动包括主运动、进给运动及各种辅助运动，都是用输入数控装置的数字信号来控制的。具体而言，数控机床的工作过程如图 1-4 所示，其主要步骤是：

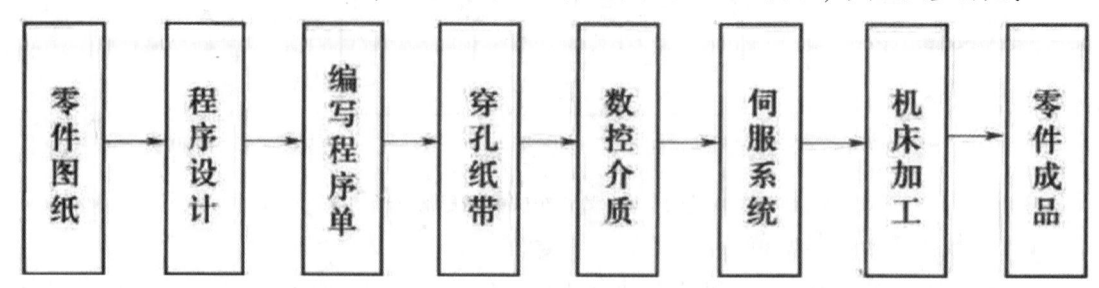

图 1-4　数控机床的工作过程

①根据被加工零件图中所规定的零件的形状、尺寸、材料及技术要求等，制定工件加工的工艺过程，刀具相对工件的运动轨迹、切削参数以及辅助动作顺序等，进行零件加工的程序设计；

②用规定的代码和程序格式编写零件加工程序单；

③按照程序单上的代码制作穿孔带（控制介质）；

④通过输入装置（如光电阅读机或磁盘驱动器）把控制介质上的加工程序输入给数控装置；

⑤启动机床后，数控装置根据输入的信息进行一系列的运算和控制处理，将结果以脉冲形式送往机床的伺服机构（如步进电机、直流伺服电机、交流伺服电机等）；

⑥伺服机构驱动机床的运动部件，使机床按程序预定的轨迹运动，从而加工出合格的零件。

1.1.3 数控机床的性能指标

数控机床的性能指标一般有精度指标、坐标轴指标、运动性能指标及加工能力指标等，其内容及含义与影响可参见表1-1。

表1-1 数控机床的性能指标

种类	项目	含义	影响
精度指标	定位精度	数控机床工作台等移动部件在确定的终点所达到的实际位置的水平	直接影响加工零件的位置精度
	重复定位精度	同一数控机床上，应用相同程序加工一批零件所得连续质量的一致程度	影响一批零件的加工一致性、质量稳定性
	分度精度	分度工作台在分度时，理论要求回转的角度值和实际回转角度值的差值	影响零件加工部位的空间位置及孔系加工的同轴度等
	分辨力	指数控机床对两个相邻的分散细节间可分辨的最小间隔，即可识别的最小单位的能力	决定机床的加工精度和表面质量
	脉冲当量	执行运动部件的最小移动量	
坐标轴	可控轴数	机床数控装置能控制的坐标数目	影响机床功能、加工适应性和工艺范围
	联动轴数	机床数控装置控制的坐标轴同时到达空间某一点的坐标数目	

续表

种类	项目	含义	影响
运动性能指标	主轴转速	机床主轴转速（目前普遍达到 5000r/min～10000r/min）	可加工小孔和提高零件表面质量
	进给速度	机床进给线速度	影响零件加工质量、生产效率、刀具寿命等
	行程	数控机床坐标轴空间运动范围	影响零件加工大小（机床加工能力）
	摆角范围	数控机床摆角坐标的转角大小	影响加工零件的空间大小及机床刚度
	刀库容量	刀库能存放加工所需的刀具数量	影响加工适应性及加工资源
	换刀时间	带自动换刀装置的机床将主轴用刀与刀库中下道工序用刀交换所需时间	影响加工效率
加工能力指标	每分钟最大金属切除率	单位时间内去除金属余量的体积	影响加工效率

1.2 数控机床的类型划分

目前，数控机床的品种很多，结构、功能各不相同，从不同角度可以将数控机床划分为不同的类别。由于本书主要内容为数控加工工艺和操作技术，所以本书从以下几个角度进行分类。

1.2.1 按工艺用途分类

1. 金属切削类数控机床

这类数控机床包括数控车床、数控钻床、数控铣床、数控磨床、数控镗床以及加工中心。切削类数控机床发展最早，目前种类繁多，功能差异也较大。这里特别强调的是加工中心，也称为可自动换刀的数控机床。这类数控机床都带有一个刀库，可容纳10～100多把刀具。其特点是：工件一次装夹可完成多道工序。为了进一步提高生产率，有的加工中心使用双工作台，一边加工，一边装卸，工作台可自动交换等。

2. 金属成型类数控机床

这类机床包括数控折弯机、数控组合冲床、数控弯管机、数控回转头压力机等。此类机床起步晚，但目前发展很快。

3. 数控特种加工机床

这类机床有数控线（电极）切割机床、数控电火花加工、火焰切割机、数控激光切割机床等。

4. 其他类型的数控机床

这类机床有数控三坐标测量机等。

1.2.2 按数控机床的功能水平分类

可将数控机床分为高、中、低档三类，但是这种分类方法没有一个确切定义。数控机床水平高低由主要技术参数、功能指标和关键部件的功能水平决定。表1-2是几个评价数控机床档次的参考条件。

还可以按数控机床的联动轴数来分类，这样可以分为2轴联动、2.5轴联动、3轴联动、4轴联动、5轴联动等数控机床。其中2.5轴联动是三个坐标轴中任意两轴联动，第三轴点位或直线控制。

表1-2 数控机床档次参考条件

档次 参考条件	低档	中档	高档
分辨力/μm	10	1	0.1
进给速度/（m/min）	8～15	15～24	15－100
联动坐标数（轴）	2～3	3～5	3～5及以上
显示功能	数码管、阴极射线管（CRT）	具备字符、图形人机对话、自诊断（CRT）	具备三维动态图形显示（CRT）
通信功能	无通信功能	RS232或DNS接口	具有MAP接口和网络功能

1.2.3 按所用数控装置的构成方式分类

1. 硬线数控系统

硬线数控系统使用硬线数控装置，它的输入处理、插补运算和控制功能都由专用的固定组合逻辑电路来实现，不同功能的机床，其组合逻辑电路也不相同。改变或增减控制、运算功能时，需要改变数控装置的硬件电路，因此通用性和灵活性差，制造周期长，成本高。20 世纪 70 年代初期以前的数控机床基本上均属于这种类型。

2. 软线数控系统

软线数控系统也称为计算机数控系统（CNC），它使用软线数控装置。这种数控装置的硬件电路是由小型或微型计算机再加上通用或专用的大规模集成电路制成，数控机床的主要功能几乎全部由系统软件来实现，所以不同功能的数控机床其系统软件也就不同，而修改或增减系统功能时，也不需要变动硬件电路，只需要改变系统软件，因此具有较高的灵活性。同时，由于硬件电路基本上是通用的，这就有利于大量生产、提高质量和可靠性、缩短制造周期和降低成本。从 20 世纪 70 年代中期以后，随着微电子技术的发展和微型计算机的出现，以及集成电路的集成度不断提高，计算机数控系统才得到不断发展和提高，目前几乎所有的数控机床都采用了软线数控系统。

1.3 数控机床的使用特点

1.3.1 数控机床与普通机床的区别

数控机床与普通机床的区别主要有：

（1）数控机床一般具有手动加工（用电手轮）、机动加工和控制程序自动加工功能，加工过程中一般不需要人工干预。普通机床只有手动加工和机动加工功能，加工过程全部由人工干预。

（2）数控机床一般具有 CRT 屏幕显示功能，以显示加工程序、多种工艺参数、加工时间、刀具运动轨迹以及工件图形等。数控机床一般还具有自动报警显示功能，根据报警信号或报警提示，可以迅速查找机器故障。普通机床不具备上述功能。

（3）数控机床主传动和进给传动采用直流或交流无级调速伺服电动机，一般没有主轴变速箱和进给变速箱，传动链短。普通机床主传动和进给传动一般采用三相交流异步电动机，由变速箱实现多级变速以满足工艺要求，机床传动链长。

（4）数控机床一般具有工件测量系统，加工过程中一般不需要进行工件尺寸的人工测量。普通机床在加工过程中必须由人工不断地进行测量，以保证工件的加工精度。

数控机床与普通机床最显著的区别：当对象（工件）改变时，数控机床只需改变加工程序（应用软件），而不需要对机床作较大的调整，即能加工出各种不同的工件。

1.3.2 数控机床的特点

1. 对加工对象改型的适应性强

数控机床实现自动加工的控制信息是由控制介质提供的，或以手工方式通过键盘输入给控制机。当加工对象改变时，除了更换相应的刀具和解决毛坯装夹方式外，只需要重新编制程序，更换一条新的穿孔纸带，或手动输入程序就能实现对零件的加工。它不同于传统的机床，不需要制造、更换许多工具、夹具和模具，更不需要重新调整机床。它缩短了生产准备周期，而且节省了大量工艺装备费用。因此，数控机床可以很快地从加工一种零件转变为加工另一种零件，这就为单件、小批及试制新产品提供了极大便利。

2. 加工精度高

数控机床是按以数字形式给出的指令进行加工的，由于目前数控装置的脉冲当量（即每输出一个脉冲后数控机床移动部件相应的移动量）普遍达到了 0.001mm，而且进给传动链的反向间隙与丝杆螺距误差等均可由数控装置进行补偿，因此，数控机床能达到比较高的加工精度。对于中、小型数控机床，定位精度普遍可达到 0.03mm，重复定位精度为 0.01mm。由于数控机床传动系统与机床结构都具有很高的刚度和热稳定性，所以提高了它的制造精度，特别是数控机床的自动加工方式避免了生产者的人为操作误差，同一批加工零件的尺寸一致性好，产品合格率高，加工质量十分稳定。对于需要多道工序完成的零件，特别是箱体类零件，使用加工中心一次安装能进行多道工序连续加工，减少了安装误差，使零件加工精度进一步提高。对于复杂零件的轮廓加工，在编制程序时已考虑到对进给速度的控制，可以做到在曲率变化时，刀具沿轮廓的切向进给速度基本不变，被加工表面就可获得较高的精度和表面质量。

3. 加工生产率高

零件加工所需要的时间包括机动时间与辅助时间两部分。数控机床能够有效地减少这两部分时间，因而加工生产效率比一般机床高得多。数控机床主轴转速和进给量的范围比普通机床的范围大，每一道工序都能选用最有利的切削用量，良好的结构刚性允许数控机床进行大切削用量的强力切削，有效地节省了机动时间。数控机床移动部件的快速移动和定位均采用了加速和减速措施，因而选用了很高的空行程运动速度，消耗在快进、快速和定位的时间要比一般机床的少得多。

数控机床在更换被加工零件时几乎不需要重新调整机床，而零件又都安装在简单的定位夹紧装置中，可以节省不少用于停机进行零件安装调整的时间。

数控机床的加工精度比较稳定，在穿孔带经过校验以及刀具完好情况下，一般只作首件检验或工序间关键尺寸抽样检验，因而可以减少停机检验时间。因此数控机床的利用系数比一般机床的高得多。

在使用带有刀库和自动换刀装置的数控加工中心机床时，在一台机床上实现了多道工序的连续加工，减少了半成品的周转时间，生产效率的提高就更为明显。

4. 减轻劳动强度，改善劳动条件

利用数控机床进行加工，首先要按图样要求编制加工程序，然后输入程序，调试程序，安装零件进行加工，观察监视加工过程并装卸零件。除此之外，不需要进行繁重的重复性手工操作，劳动强度与紧张程度均可大为减轻，劳动条件也因此得到相应的改善。

5. 良好的经济效益

在使用数控机床加工零件时，分摊在每个零件上的设备费用是较昂贵的。但在单件、小批生产情况下，可以节省许多其他费用，因此能够获得良好的经济效益。

在使用数控机床加工之前节省了划线工时，在零件安装到机床上之后可以减少调整、加工和检验时间，减少了直接生产费用。另一方面，由于数控机床加工零件不需要手工制作模型、凸轮、钻模板及其他工夹具，节省了工艺装备费用。此外，还由于数控机床的加工精度稳定，减少了废品率，使生产成本进一步下降。

6. 有利于生产管理的现代化

利用数控机床加工，能准确地计算零件的加工工时，并有效地简化检验、工夹具和半成品的管理工件。这些特点都有利于使生产管理现代化。

虽然数控机床有以上优点，但初期投资大，维修费用高，要求管理及操作人员素质也较高，因此，应合理地选择及使用数控机床，使企业获得最好的经济效益。

1.3.3 数控机床的应用范围

数控机床是一种高度自动化的机床，有一般机床所不具备的许多优点，所以数控机床的应用范围在不断扩大，但数控机床是一种高度机电一体化产品，技术含量高，成本高，使用维修都有一定难度，若从最经济的方面出发，数控机床适用于以下加工：

（1）多品种、小批量零件；

（2）结构较复杂，精度要求较高的零件；

（3）需要频繁改型的零件；

（4）价格昂贵，不允许报废的关键零件；

（5）要求精密复制的零件；

（6）需要最短生产周期的急需零件；

（7）要求100%检验的零件。

图1-5表示了通用机床与数控机床、专用机床加工批量与综合费用的关系，图1-6表示了零件复杂程度及批量大小与机床的选用关系。

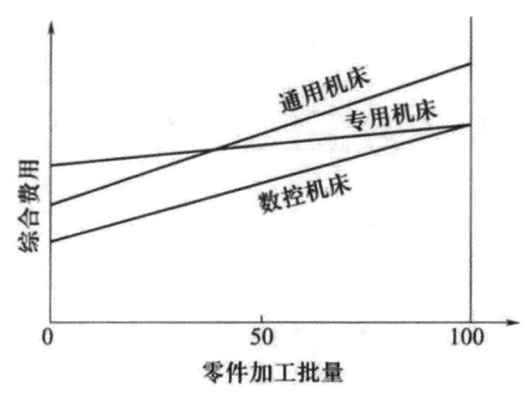

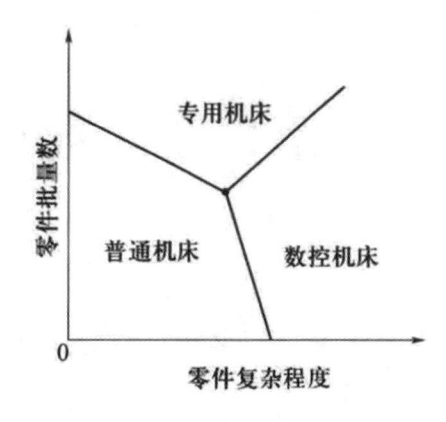

图1-5　零加工批量和综合费用的关系　　图1-6　零件复杂程度及批量与机床的关系

1.3.4　数控加工工艺特点

数控加工工艺规程是规定零部件或产品数控加工工艺过程和操作方法等内容的工艺文件。是在数控编程前对所加工的零件进行加工工艺分析、拟订工艺方案、选择数控机床、定位装夹方案和切削刀具等，还要确定走刀路线和切削用量并处理加工过程中的一些特殊工艺问题。生产规模的大小、工艺水平的高低以及解决各种工艺问题的方法和手段都要通过加工工艺规程来体现。数控加工工艺是以普通机械加工工艺为基础，针对数控机床加工中的典型工艺问题为研究对象的一门综合基础技术。数控加工技术水平的提高，不仅与数控机床的性能和功能紧密相关，而且数控加工工艺对数控加工质量也起着相当重要的作用。

随着数控技术在全世界范围内得到大规模的发展和应用，许多零件由于加工难度大，制造精度要求高，越来越多地采用了数控加工。在数控加工应用的初期阶段，数控加工工艺设计主要集中于机床控制、自动编程方法和软件的研究；随着数控加工应用的不断深入和拓展，全面分析数控加工工艺过程中涉及的机床、夹具、刀具、编程方法、走刀路线以及切削参数等影响因素，优化数控加工过程，成为加工工艺设计的重要内容。

第 2 章　数控机床的加工工艺

2.1　数控机床加工工艺分析

2.1.1　机械加工工艺过程的组成

在机械加工工艺过程中，针对零件的结构特点和技术要求，采用不同的加工方法和装备，按照一定的顺序依次进行才能完成由毛坯到零件的转变过程。因此，机械加工工艺过程是由工序、安装、工位、工步和走刀组成。

1. 工序

机械加工工艺过程中的工序是指一个（或一组）工人，在一个工作地对同一个（或同时对几个）工件连续完成的那一部分加工过程。根据这一定义，只要工人、工作地点、工作对象（工件）之一发生变化或不是连续完成，应成为另一工序。例如图 2-1 所示零件的加工内容是：a. 加工小端面；b. 对小端面钻中心孔；c. 加工大端面；d. 对大端面钻中心孔；e. 车大端外圆；f. 对大端倒角；g. 车小圆外端；h. 对小端倒角；i. 铣键槽；j. 去毛刺。单件小批生产和大批大量生产时，工序划分可如表 2-1 和表 2-2 所列。工序是工艺过程的基本单元，是安排生产作业计划、制定劳动定额和配备工人数量的基本计算单元。

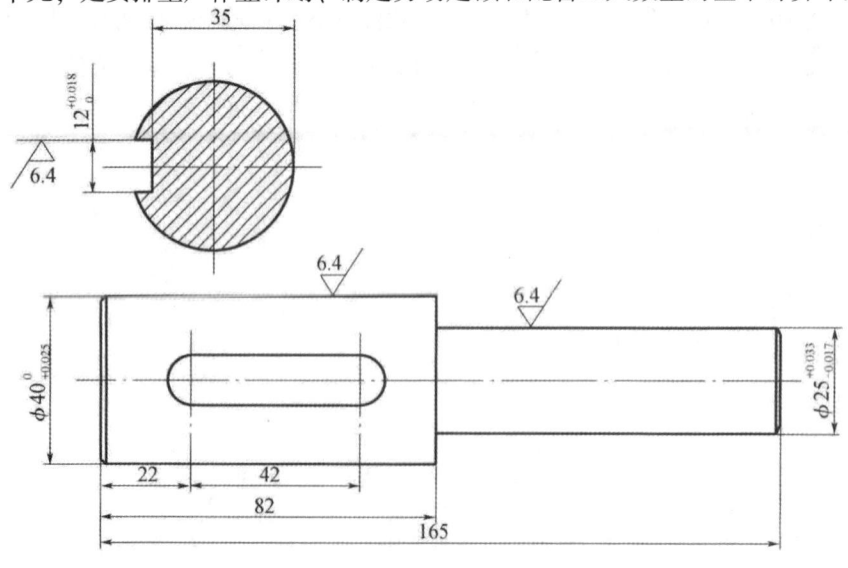

图 2-1　阶梯轴零件图

第 2 章　数控机床的加工工艺

表 2-1　阶梯轴单件小批生产工艺过程

工序号	工序内容	设备
1	加工小端面，对小端面钻中心孔，粗车小端外圆，对小端倒角；加工大端面，对大端面钻中心孔，粗车大端外圆；对大端倒角；精车外圆	车床
2	铣键槽，去毛刺	铣床

表 2-2　阶梯轴大批大量生产工艺过程

工序号	工序内容	设备
1	加工小端面，对小端面钻中心孔，粗车小端外圆，对小端倒角	车床
2	加工大端面，对大端面钻中心孔，粗车大端外圆；对大端倒角	车床
3	精车外圆	车床
4	铣键槽，去毛刺	铣床

2. 安装

在同一个工序中，工件每定位和夹紧一次所能完成的那部分加工称为一个安装。在一个工序中，工件可能只需要安装一次，也可能需要安装几次。例如表 2-1 中的工序 1，需要有 4 次定位和夹紧，才能完成全部工序内容，因此该工序共有 4 个安装；表 2-1 中工序 2 是在一次定位和夹紧下完成全部工序内容，故该工序只有一个安装（表 2-3）。

表 2-3　工序和安装

工序号	安装号	安装内容	设备
1	1	加工小端面，对小端面钻中心孔，粗车小端外圆，对小端倒角	车床
1	2	加工大端面，对大端面钻中心孔，粗车大端外圆，对大端倒角	车床
1	3	精车大端外圆	车床
1	4	精车小端外圆	车床
2	1	铣键槽，去毛刺	铣床

3. 工位

在工件的一次安装中，通过分度（或位移）装置，使工件相对于机床床身变换加工位置，我们把每一个加工位置上所完成的工艺过程称为工位。在一个安装中，可能只有一个工位，也可能需要有几个工位。

如图 2-2 所示，工件在立轴式回转工作台上变换加工位置，共有 4 个工位，依次是装卸工件、钻孔、扩孔和铰孔，实现了在一次安装中进行钻孔、扩孔和铰孔加工。为了减少工件装夹次数和提高生产率，应适当采用多工位加工。

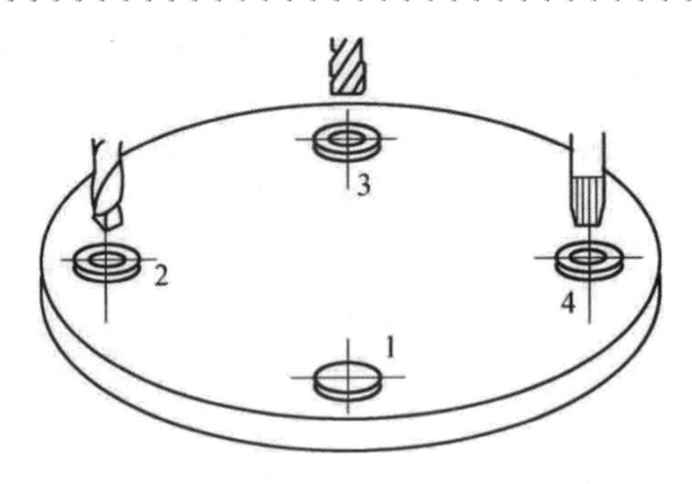

图 2-2 多工位安装

图工位 1. 装卸工件　　工位 3：扩孔　　工位 2：钻孔　　工位 4：铰孔

4. 工步

在一个工位中，加工表面、切削刀具、切削速度和进给量都不变的情况下所连续完成的那一部分工序，称为一个工步。如立轴钻塔车床回转刀架的一次转位所完成的工位内容应属一个工步，因为刀具变化了，此时若有几把刀具同时参与切削，该工步称为复合工步，如图 2-3、图 2-4 所示。应用复合工步的主要目的是为了提高工作效率。

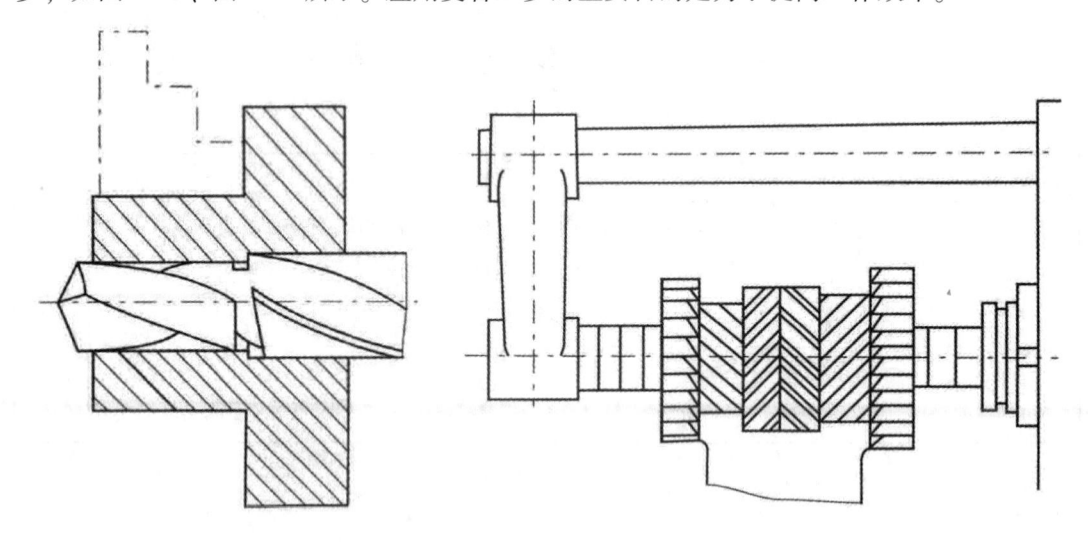

图 2-4　组合铣刀铣平面复合工步　　　　图 2-3　钻孔及扩孔复合工步

5. 走刀

切削刀具在加工表面上切削一次所完成的工步内容，称为一次走刀。一个工步可包括一次或数次走刀。如果需要切去的金属层很厚，不能在一次走刀下切完，则需要分几次走刀。走刀是构成工艺过程的最小单元。如图 2-5 所示，将棒料加工成阶梯轴，第二工步车右端外圆分两次走刀。又如螺纹表面的车削加工和磨削加工，也属于多次走刀。

以上所述的工艺过程，也是数控加工工艺过程的基础，但随着数控技术的发展，数控机床的工艺和工序相对传统工艺更加复合化和集中化。例如目前国际上出现的双主轴结构数控车床，把各种工序（如车、铣、钻等）都集中在一台数控车床上来完成，就是非常典型的例子。这也体现出了数控机床工艺过程的独特之处。

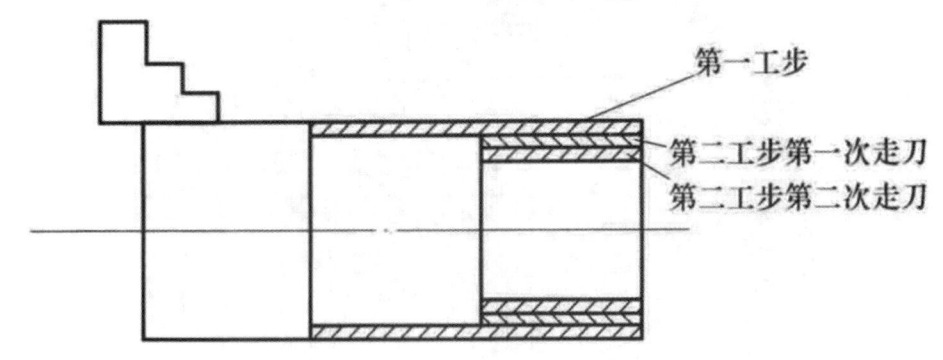

图 2-5　棒料车削加工成阶梯轴

如图 2-6 所示双主轴双刀塔数控车床，仅仅使用夹具一次装夹就可以对工件进行全部加工。可以在一道工序中加工同一工件的两个端面。加工完一个端面后，工件从主轴上转移到副主轴上，再进行另一个端面的加工。

图 2-6　双主轴、双刀塔数控车床

又如图 2-7 所示车铣加工中心，可以对复杂零件进行高精度的六面完整加工。可以自动进行从第 1 主轴到第 2 主轴的工件交接，自动进行第 2 工序的工件背面加工。具有高性能的直线电机以及高精度的车–铣主轴。对于以前需要通过多台机床分工序加工的复杂形状工件，可一次装夹进行全工序的加工。

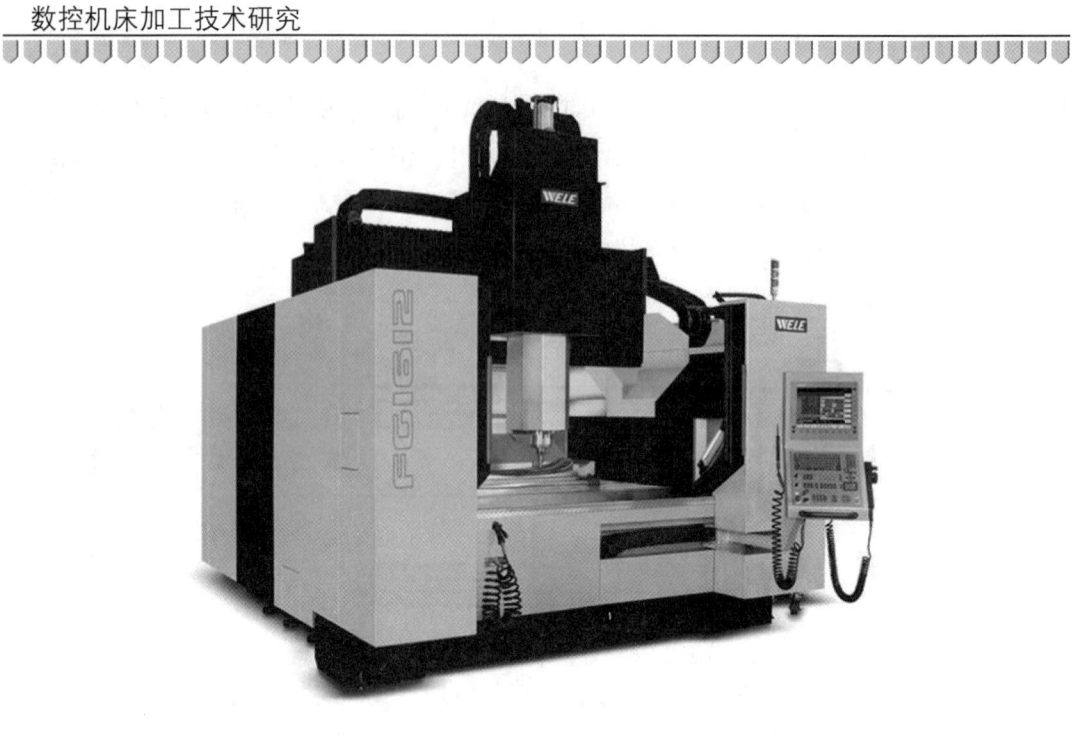

图 2-7　车铣加工中心

2.1.2　数控加工工艺规程

用工艺文件规定的机械加工工艺过程，称为机械加工工艺规程。机械加工工艺规程的详细程度与生产类型有关，不同的生产类型由产品的生产纲领及年产量来区别。

1. 生产纲领

产品的生产纲领就是年产量。生产纲领及生产类型与工艺过程的关系十分密切，生产纲领不同，生产规模也不同，工艺过程的特点也相应而异。

零件的生产纲领通常按下式计算：

$$N = Qn(1 + \alpha + \beta)$$

式中　N——零件的生产纲领，件/年；

Q——产品的年产量，台/年；

n——每台产品中该零件的数量，件/台；

α——备品率；

β——废品率。

年生产纲领是设计或修改工艺规程的重要依据，是车间（或工段）设计的基本文件。

2. 生产类型

机械制造业的生产类型一般分为三类即大量生产、成批生产和单件生产。其中，成批生产又可分为大批生产、中批生产和小批生产。显然，产量越大，生产专业化程度应该越高。

从工艺特点上看,单件生产其产品数量少,每年产品的种类、规格较多,是根据订货单位的要求确定的,多数产品只能单个生产,大多数工作地的加工对象是经常改变的,很少重复。成批生产其产品数量较多,每年产品的结构和规格可以预先确定,而且在某一段时间内是比较固定的,生产可以分批进行,大部分工作地的加工对象是周期轮换的。大量生产其产品数量很大,产品的结构和规格比较固定,产品生产可以连续进行,大部分工作地的加工对象是单一不变的。如表2-4所列,生产类型不同,其工艺特点和要求有很大差异。

表2-4 各种生产类型的特点和要求

	单件生产	中批生产	大量生产
加工对象	经常变换	周期性变换	固定不变
机床	通用机床、数控机床	通用机床和专用机床	专用设备和自动生产线
机床布局	机群式	按工艺路线布置成流水生产线	流水线布置
刀具	通用刀具	通用刀具和专用刀具	广泛使用高效率专用刀具
夹具	非必要时不采用专用夹具	广泛使用专用夹具	广泛使用高效率专用夹具
量具	通用量具	通用量具和专用量具	广泛使用高效率专用量具
装夹方法	划线找正装夹	找正或夹具装夹	夹具装夹
加工方法	根据测量进行试切加工	用调整法加工,有时还可组织成组加工	用调整法自动化加工
装配方法	钳工试配	普遍应用互换性,同时保留某些试配	全部互换,某些精度较高的配合件用配磨、配研、选择装配,不需钳工试配
生产周期	不一定	周期重复	长时间连续生产
生产率	低	中	高
成本	高	中	低
工艺过程	只编制简单的工艺过程	除有详细的工艺过程外,对重要的关键工序需有详细说明的工序操作	详细编制工艺过程和各种工艺文件

3. 机械加工工艺规程的作用

一般说来,大批大量生产类型要求有细致和严密的组织工作,因此要求有比较详细的机械加工工艺规程。单件小批生产由于分工比较粗,因此其机械加工工艺规程可以简单一些。但是,不论生产类型如何,都必须有章可循,即都必须有机械加工工艺规程。

(1)生产的计划、调度,工人的操作、质量检查等都是以机械加工工艺规程为依据,一切生产人员都不得随意违反机械加工工艺规程。

（2）生产准备工作（包括技术准备工作）离不开机械加工工艺规程。在产品投入生产以前，需要做大量的生产准备和技术准备工作，例如，技术关键的分析与研究，刀具、夹具、量具的设计、制造或采购，原材料、毛坯件的制造或采购，设备改装或新设备的购置或订做等。这些工作都必须根据机械加工工艺规程来展开，否则，生产将陷入盲目和混乱。

（3）除单件小批生产以外，在中批或大批大量生产中要新建或扩建车间（或工段），其原始依据也是机械加工工艺规程。根据机械加工工艺规程确定机床的种类和数量，确定机床的布置和动力配置，确定生产面积和工人的数量等。

机械加工工艺规程的修改与补充是一项严肃的工作，它必须经过认真讨论和严格的审批手续。不过，所有的机械加工工艺规程几乎都要经过不断的修改与补充才能得以完善，只有这样才能不断吸取先进经验，保持其合理性。

2.1.3 数控加工工艺的主要内容和设计步骤

1. 数控加工工艺内容的选择

对于某个零件来说，并非全部加工工艺过程都适合在数控机床上完成，而往往只是其中的一部分工艺内容适合数控加工。这就需要对零件图样进行仔细的工艺分析，选择那些最适合、最需要进行数控加工的内容和工序。在考虑选择内容时，应结合本企业设备的实际，立足于解决难题、攻克关键问题和提高生产效率，充分发挥数控加工的优势。

在选择时，一般可按下列顺序考虑。

（1）通用机床无法加工的内容应作为优先选择内容；

（2）通用机床难加工，质量也难以保证的内容应作为重点选择内容；

（3）通用机床加工效率低、工人手工操作劳动强度大的内容，可在数控机床尚存在富裕加工能力时选择。

一般来说，上述这些加工内容采用数控加工后，在产品质量、生产效率与综合效益等方面都会得到明显提高。相比之下，下列一些内容不宜选择采用数控加工。

（1）占机调整时间长。如以毛坯的粗基准定位加工第一个精基准，需用专用工装协调的内容。

（2）加工部位分散，要多次安装、设置原点。这时，采用数控加工很麻烦，效果不明显，可安排通用机床补加工。

（3）按某些特定的制造依据（如样板等）加工的型面轮廓。主要原因是获取数据困难，易于与检验依据发生矛盾，增加了程序编制的难度。

此外，在选择和决定加工内容时，也要考虑生产批量、生产周期、工序间周转情况等。总之，要尽量做到合理，达到多、快、好、省的目的。要防止把数控机床降格为通用

机床使用。

2. 数控加工的步骤和内容

数控加工的步骤如图 2-8 所示，具体内容如下：

（1）阅读装配图和零件图。了解产品用途、性能和工作条件，熟悉零件在产品中的地位和作用。

（2）工艺审查。审查图纸上的尺寸、视图和技术要求是否完整、正确、统一；找出主要技术要求和分析关键的技术问题；审查零件的结构工艺性。

（3）拟定机械加工工艺路线。包括选择定位基准、确定加工方法、安排加工工序以及安排热处理、检验和其他工序等。

（4）确定满足各工序要求的工艺装备（包括机床、夹具、刀具和量具等），对需要改装或重新设的专用工艺装备应提出具体设计任务书。

（5）确定各工序的加工余量，计算工序尺寸和公差。

（6）确定切削用量。

（7）填写工艺文件。

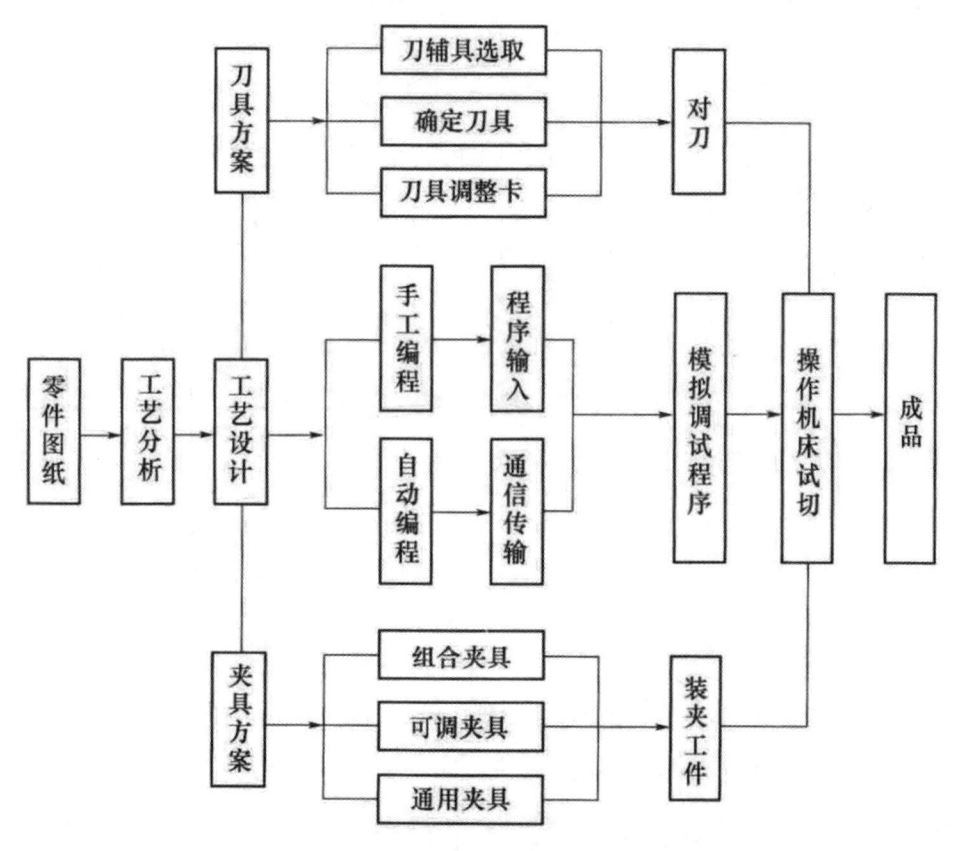

图 2-8 数控机床加工过程框图

2.1.4 分析零件图

在选择并决定数控加工零件及其加工内容后。应对零件的数控加工工艺性进行全面、认真、仔细的分析。主要内容包括产品的零件图样分析、结构工艺性分析和零件安装方式的选择等内容。

首先应熟悉零件在产品中的作用、位置、装配关系和工作条件，搞清楚各项技术要求对零件装配质量和使用性能的影响，找出主要的和关键的技术要求，然后对零件图样进行分析。

1. 尺寸标注方法分析

在数控加工零件图上，尺寸标注方法应适应数控加工的特点，应以同一基准标注尺寸或直接给出坐标尺寸。这种标注方法既便于编程，又有利于设计基准、工艺基准、测量基准和编程原点的统一。由于零件设计人员一般在尺寸标注中较多地考虑装配等使用方面特性，而不得不采用如图 2-9（a）所示的局部分散的标注方法，这样就给工序安排和数控加工带来诸多不便。由于数控加工精度和重复定位精度都很高，不会因产生较大的积累误差而破坏零件的使用特征，因此，可将局部的分散标注法改为同一基准标注法或直接给出坐标尺寸的标注法，如图 2-9（b）所示。

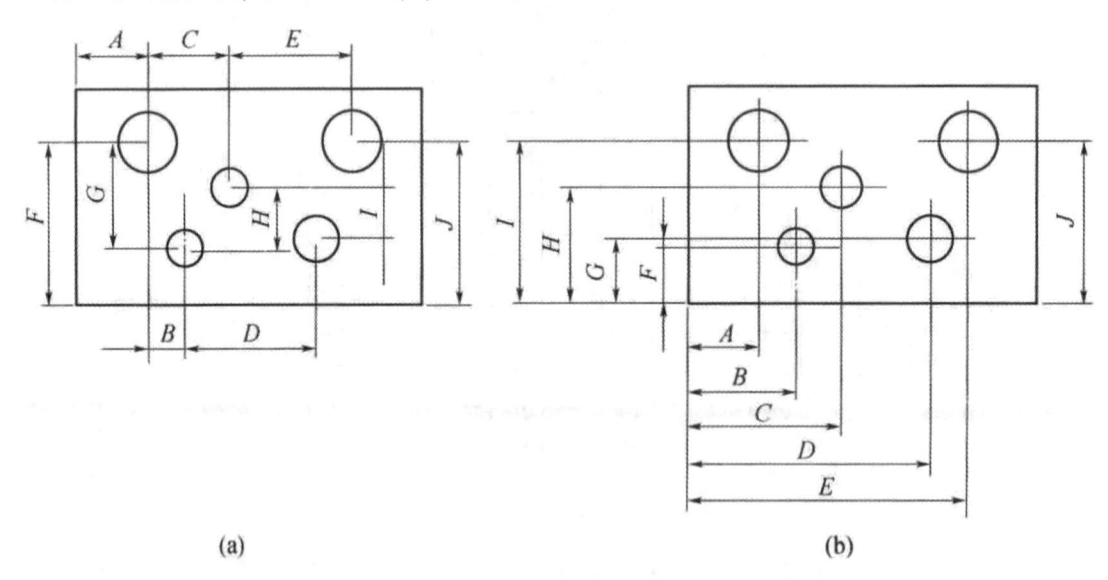

图 2-9 零件尺寸标注分析

2. 零件图的完整性与正确性分析

构成零件轮廓的几何元素（点、线、面）的条件（如相切、相交、垂直和平行等）是数控编程的重要依据。手工编程时，要依据这些条件计算每一个节点的坐标；自动编程时，则要根据这些条件才能对构成零件的所有几何元素进行定义，无论哪一条件不明确，

编程都无法进行。因此，在分析零件图样时，务必要分析几何元素给定条件是否充分，发现问题及时与设计人员协商解决。

3. 零件技术要求

零件的技术要求包括下列几个方面：加工表面的尺寸精度；主要加工表面的形状精度；主要加工表面之间的相互位置精度；加工表面的粗糙度以及表面质量方面的其他要求；热处理要求；其他要求（如动平衡、未注圆角或倒角、去毛刺、毛坯要求等）。只有在分析这些要求的基础上，才能正确合理地选择加工方法、装夹方式、刀具及切削用量等。

4. 零件材料分析

即分析所提供的毛坯材质本身的机械性能和热处理状态，毛坯的铸造品质和被加工部位的材料硬度，是否有白口、夹砂、疏松等。判断其加工的难易程度，为选择刀具材料和切削用量提供依据。所选的零件材料应经济合理，切削性能好，满足使用性能的要求。在满足零件功能的前提下，应选用廉价、切削性能好的材料。

2.1.5　零件的结构工艺性分析

零件的结构工艺性是指在满足使用性能的前提下，是否能以较高的生产率和最低的成本方便地加工出来的特性。

对零件的结构工艺性进行详细的分析，主要考虑如下几方面：

1. 有利于达到所要求的加工质量

（1）合理确定零件的加工精度与表面质量；

（2）保证位置精度的可能性。

为保证零件的位置精度，最好使零件能在一次安装中加工出所有相关表面，这样就能依靠机床本身的精度来达到所要求的位置精度。如图 2-10（a）所示的结构，不能保证 ϕ80mm 与内孔 ϕ60mm 的同轴度。如改成图 2-10（b）所示的结构，就能在一次安装中加工出外圆与内孔，保证二者的同轴度。

2. 有利于减少加工劳动量

（1）尽量减少不必要的加工面积。减少加工面积不仅可减少机械加工的劳动量，而且还可以减少刀具的损耗，提高装配质量。图 2-11（b）中的轴承座减少了底面的加工面积，降低了修配的工作量，保证配合面的接触。图 2-12（b）中既减少了精加工的面积，又避免了深孔加工。

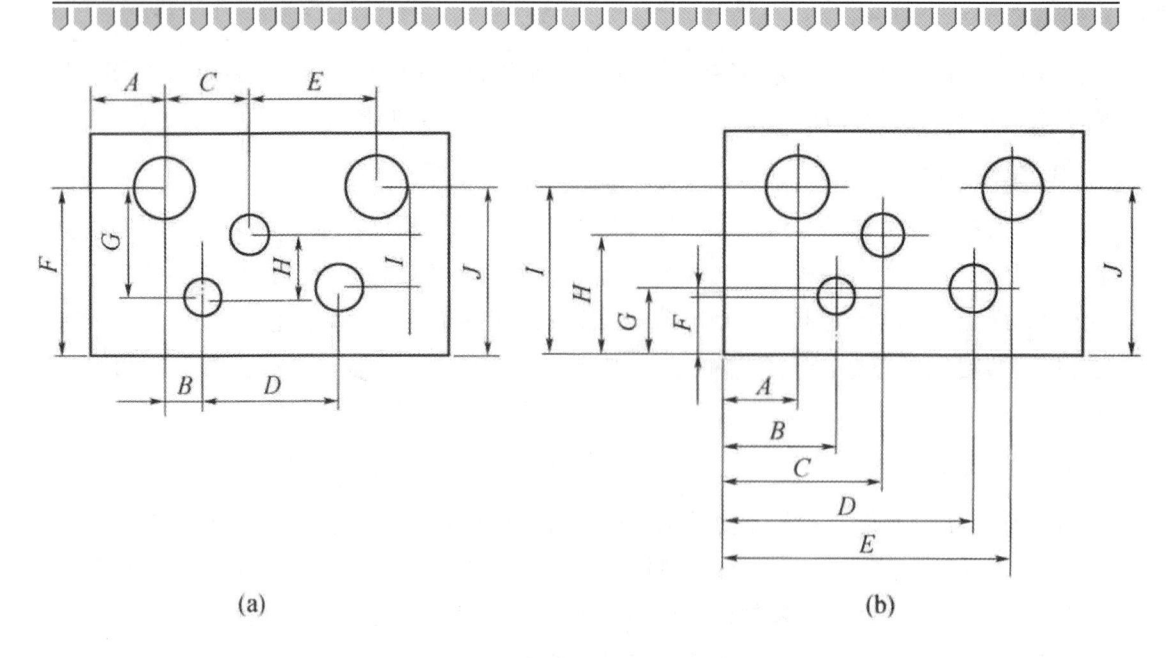

图2-10　有利于保证位置精度的工艺结构

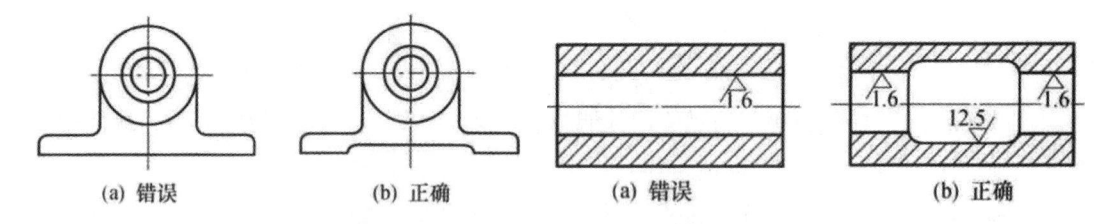

图2-11　减少轴承座底面加工面积

图2-12　避免深孔加工的方法

（2）尽量避免或简化内表面的加工。因为外表面的加工要比内表面加工方便经济，又便于测量。因此，在零件设计时应力求避免在零件内腔进行加工。如图2-13所示箱体，将图（a）的结构改成图（b）所示的结构，这样不仅加工方便而且还有利于装配。再如图2-14所示，将图（a）中件2上的沟槽a加工，改成图（b）中件1的外沟槽加工，这样加工与测量都很方便。

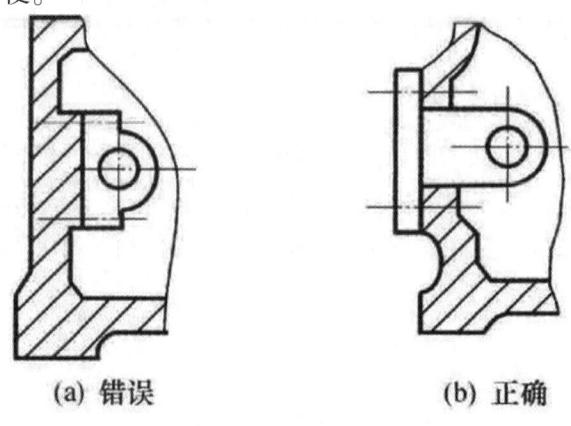

图2-13　将内表面转化为外表面加工图

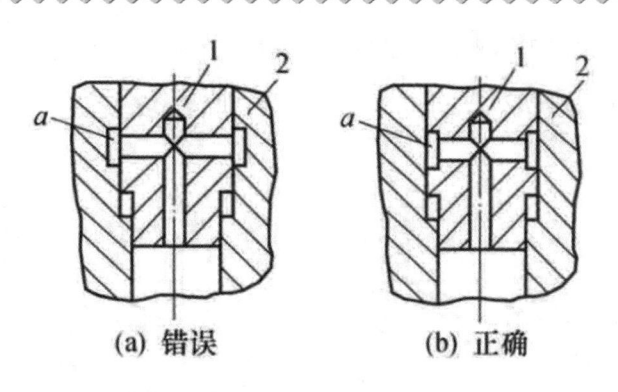

图2-14　将内沟槽转化为外沟槽加工

3. 有利于提高劳动生产率

（1）零件的有关尺寸应力求一致，并能用标准刀具加工。如图2-15（b）中改为退刀槽尺寸一致，则减少了刀具的种类，节省了换刀时间。如图2-16（b）采用凸台高度等高，则减少了加工过程中刀具的调整。如图2-17（b）的结构，能采用标准钻头钻孔，从而方便了加工。

图2-15　退刀槽尺寸一致

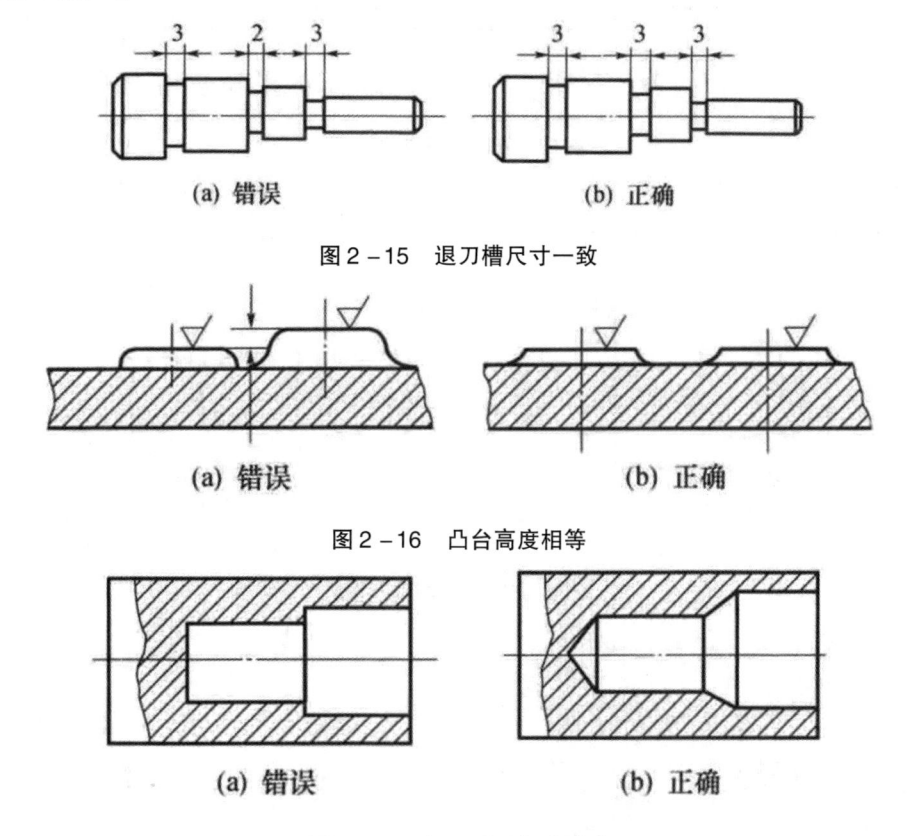

图2-16　凸台高度相等

图2-17　便于采用标准钻头

（2）减少零件的安装次数。零件的加工表面应尽量分布在同一方向，互相平行或互相垂直的表面上；次要表面应尽可能与主要表面分布在同一方向上，以便在加工主要表面时，同时将次要表面也加工出来；孔端的加工表面应为圆形凸台或沉孔，以便在加工孔时同时将凸台或沉孔全锪出来。如：图 2-18（b）中的钻孔方向应一致；图 2-19（b）中键槽的方位应一致。

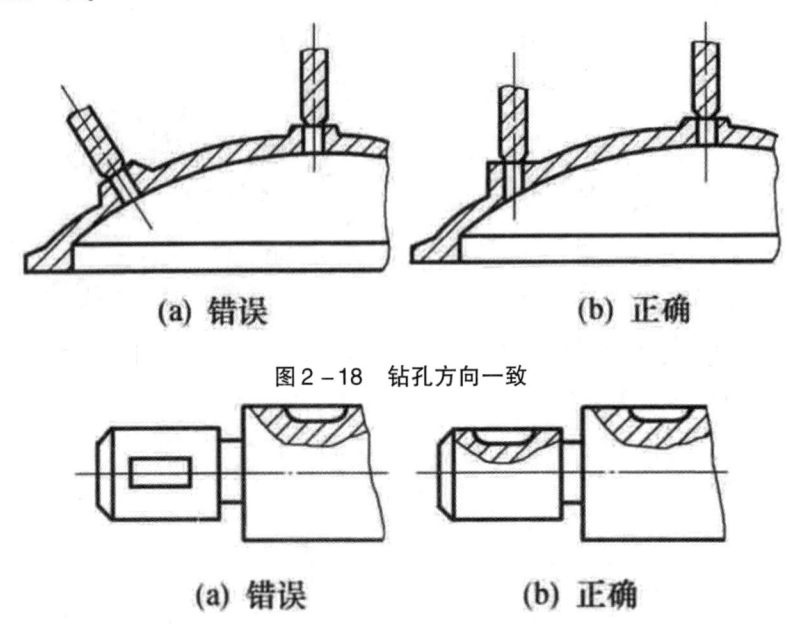

图 2-18　钻孔方向一致

图 2-19　键槽方位一致

（3）零件的结构应便于加工。如图 2-20（b）、图 2-21（b）所示，设有退刀槽、越程槽，减少了刀具（砂轮）的磨损。图 2-22（b）的结构，便于引进刀具，从而保证了加工的可能性。

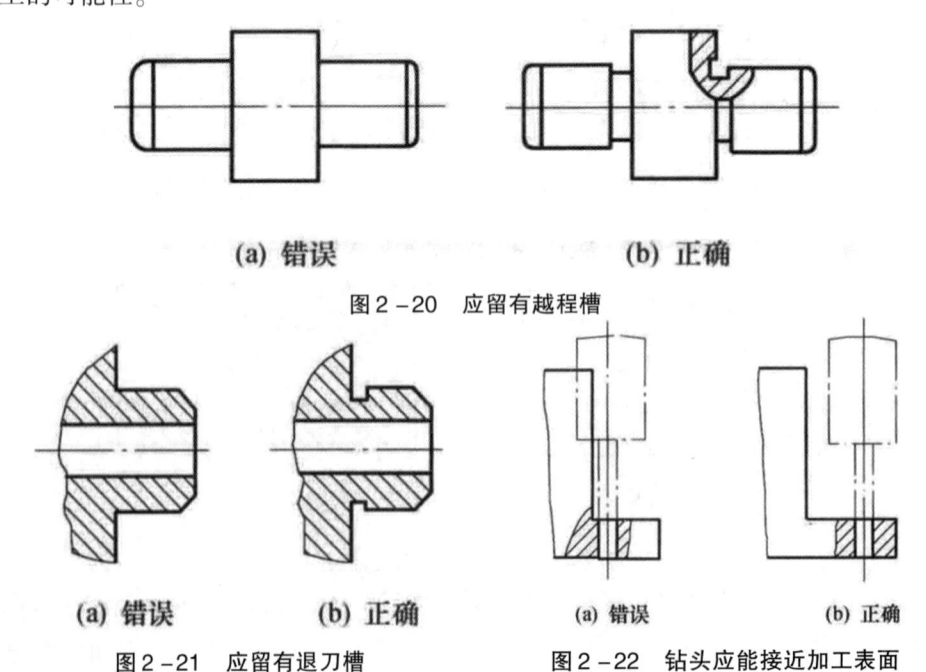

图 2-20　应留有越程槽

图 2-21　应留有退刀槽　　　图 2-22　钻头应能接近加工表面

(4) 避免在斜面上钻孔和钻头单刃切削，如图 2-23 所示。

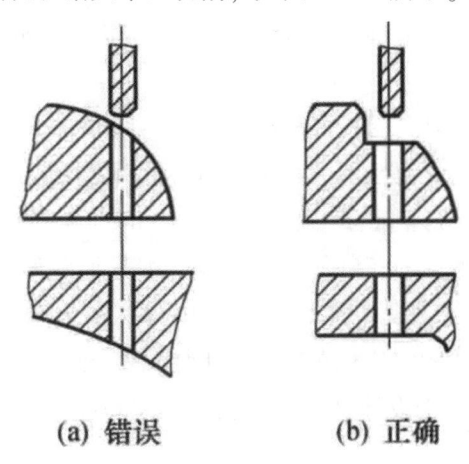

图 2-23　避免在斜面上钻孔和钻头单刃切削

(5) 便于多刀或多件加工，如图 2-24 所示。

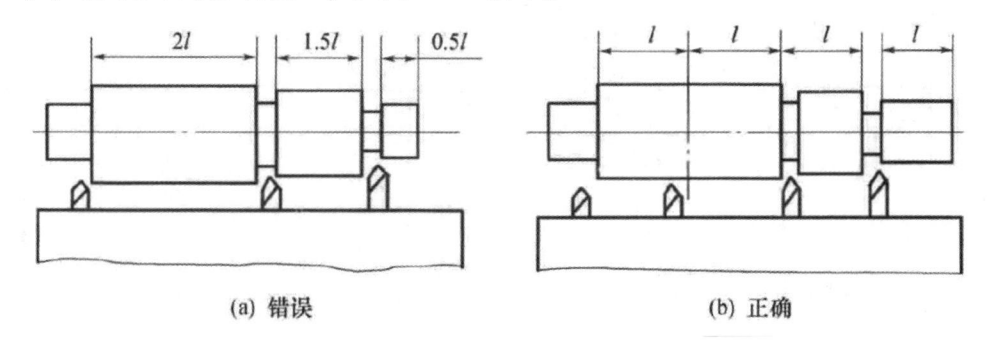

图 2-24　便于多刀加工

2.2　数控机床加工工艺设计

2.2.1　选择定位基准

正确选择定位基准是设计工艺过程的一项重要内容。在制订工艺规程时，定位基准选择的正确与否，对能否保证零件的尺寸精度和相互位置精度要求，以及对零件各表面间的加工顺序安排都有很大影响，当用夹具安装工件时，定位基准的选择还会影响到夹具结构的复杂程度。因此，定位基准的选择是一个很重要的工艺问题。

选择定位基准时，是从保证工件加工精度要求出发的，因此，定位基准的选择应先选择精基准，再选择粗基准。

1. 精基准的选择原则

选择精基准时，主要应考虑保证加工精度和工件安装方便可靠。其选择原则如下：

（1）基准重合原则。

即选用设计基准作为定位基准，以避免定位基准与设计基准不重合而引起的基准不重合误差。

图2-25（a）所示的零件，设计尺寸为 a 和 c，设顶面 B 和底面 A 已加工好（即尺寸 a 已经保证），现在用调整法铣削一批零件的 c 面。为保证设计尺寸 C，以 A 面定位，则定位基准 A 与设计基准 B 不重合，见图2-25（b）。由于铣刀是相对于夹具定位面（或机床工作台面）调整的，对于一批零件来说，刀具调整好后位置不再变动。加工后尺寸 c 的大小除受本工序加工误差（Δj）的影响外，还与上道工序的加工误差（T_a）有关。这一误差是由于所选的定位基准与设计基准不重合而产生的，这种定位误差称为基准不重合误差。它的大小等于设计（工序）基准与定位基准之间的联系尺寸 a（定位尺寸）的公差 T_a。

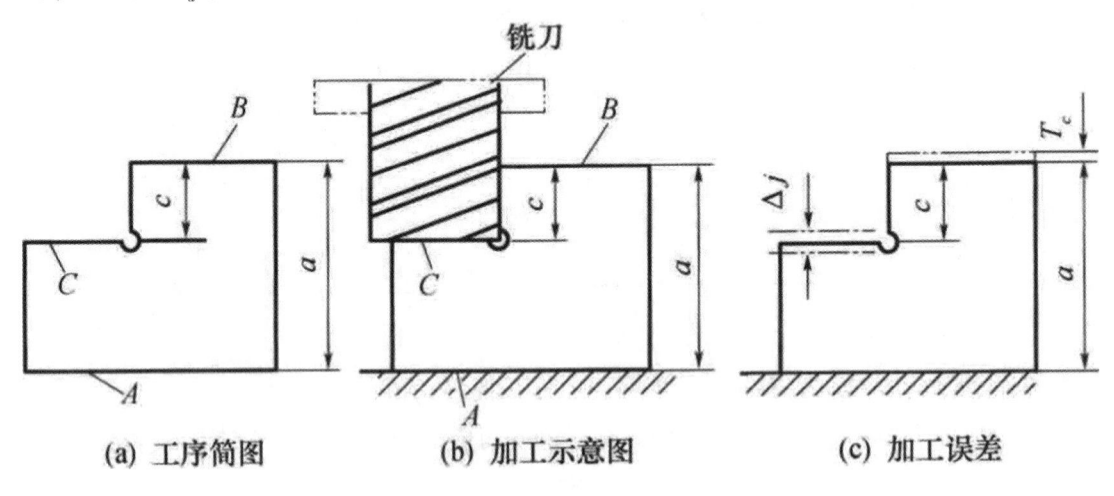

图2-25 基准不重合误差示例图

(a) 工序简图　　(b) 加工示意图　　(c) 加工误差

从图2-25（c）中可看出，欲加工尺寸 c 的误差包括 Δj 和 T_a；为了保证尺寸 c 的精度，应使

$$\Delta j + T_a \leq T_c$$

显然，采用基准不重合的定位方案，必须控制该工序的加工误差和基准不重合误差的总和不超过尺寸 c 公差 T_c。这样既缩小了本道工序的加工允差，又对前面工序提出了较高的要求，使加工成本提高，当然是应当避免的。所以，在选择定位基准时，应当尽量使定位基准与设计基准相重合。

如图2-26所示，以 B 面定位加工 C 面，使得基准重合，此时尺寸 a 的误差对加工尺寸 c 无影响，本工序的加工误差只需满足 $\Delta_j \leq T_c$ 即可。

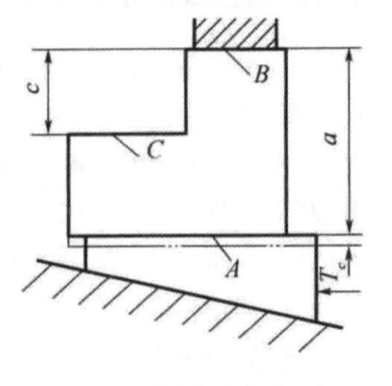

图2-26 基准重合安装示意图

显然，这种基准重合的情况能使本工序允许出现的误差加大，使加工更容易达到精度要求，经济性更好。但是，这样往往会使夹具结构复杂，增加操作的困难。而为了保证加工精度，有时不得不采取这种方案。

（2）基准统一原则。

应采用同一组基准定位加工零件上尽可能多的表面，这就是基准统一原则。这样做可以简化工艺规程的制订工作，减少夹具设计、制造工作量和成本，缩短生产准备周期；由于减少了基准转换，便于保证各加工表面的相互位置精度。例如加工轴类零件时，采用两中心孔定位加工各外圆表面，就符合基准统一原则。箱体零件采用一面两孔定位，齿轮的齿坯和齿形加工多采用齿轮的内孔及一端面为定位基准，均属于基准统一原则。

（3）自为基准原则。某些要求加工余量小而均匀的精加工工序，选择加工表面本身作为定位基准，称为自为基准原则。如图 2-27 所示，磨削车床导轨面，用可调支承床身零件，在导轨磨床上，用百分表找正导轨面相对机床运动方向的正确位置，然后加工导轨面以保证其余量均匀，满足对导轨面的质量要求。还有浮动镗刀镗孔、珩磨孔、拉孔、无心磨外圆等也都是自为基准的实例。

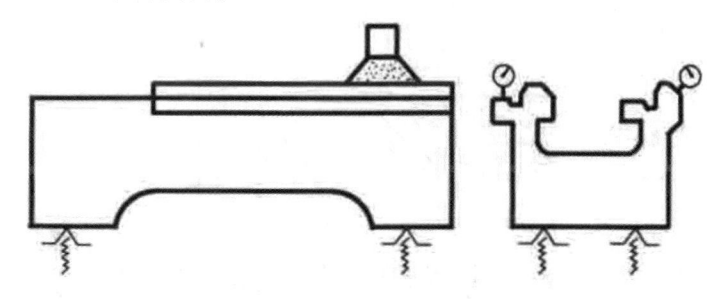

图 2-27 自为基准示例

（4）互为基准原则。当对工件上两个相互位置精度要求很高的表面进行加工时，需要用两个表面互相作为基准，反复进行加工，以保证位置精度要求。例如要保证精密齿轮的齿圈跳动精度，在齿面淬硬后，先以齿面定位磨内孔，再以内孔定位磨齿面，从而保证位置精度。再如车床主轴的前锥孔与主轴支承轴颈间有严格的同轴度要求，加工时就是先以轴颈外圆为定位基准加工锥孔，再以锥孔为定位基准加工外圆，如此反复多次，最终达到加工要求。这都是互为基准的典型实例。

（5）便于装夹原则。

所选精基准应保证工件安装可靠，夹具设计简单、操作方便。

2. 粗基准选择原则

选择粗基准时，主要要求保证各加工面有足够的余量，使加工面与不加工面间的位置符合图样要求，并特别注意要尽快获得精基面。具体选择时应考虑下列原则：

（1）选择重要表面为粗基准，如图 2-28 所示。

(2) 选择不加工表面为粗基准，如图 2-29 所示。

(3) 选择加工余量最小的表面为粗基准。

(4) 选择较为平整光洁、加工面积较大的表面为粗基准。

(5) 粗基准在同一尺寸方向上只能使用一次。

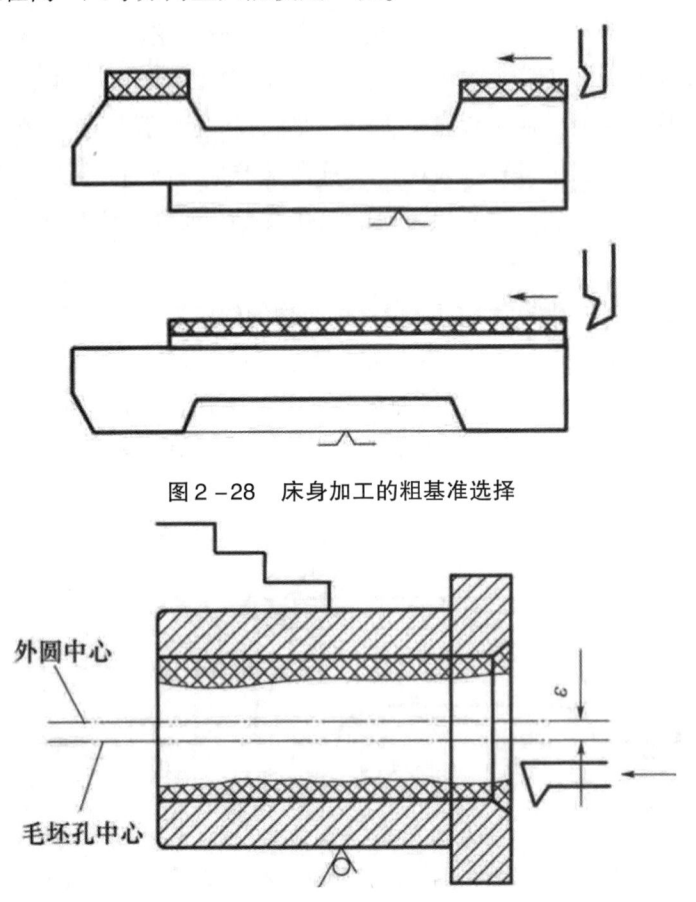

图 2-28 床身加工的粗基准选择

图 2-29 粗基准选择的实例

3. 定位基准选择示例

例 2-1 图 2-30 所示为车床进刀轴架零件，若已知其工艺过程如下。

(1) 划线；

(2) 粗精刨底面和凸台；

(3) 粗精镗 ϕ32H7 孔；

(4) 钻、扩、铰 ϕ16H9 孔。

试选择各工序的定位基准并确定各限制几个自由度。

解：第一道工序划线。当毛坯误差较大时，采用划线的方法能同时兼顾到几个不加工面对加工面的位置要求。选择不加工面 R22mm 外圆和 R15mm 外圆为粗基准，同时兼顾不加工的上平面与底面距离 18mm 的要求，划出底面和凸台的加工线。

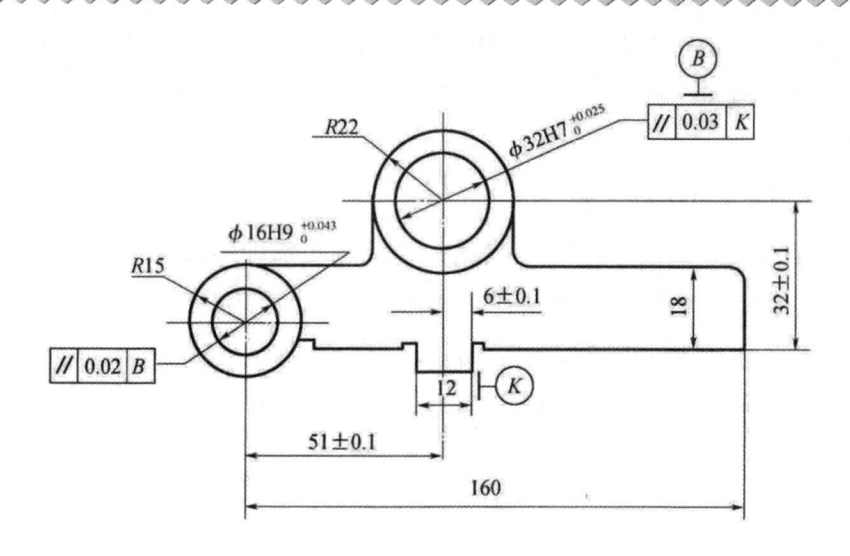

图 2-30　车床进刀轴架

第二道工序按划线找正，刨底面和凸台。

第三道工序粗精镗 $\phi32H7$ 孔。加工要求为尺寸 32 ± 0.1mm、6 ± 0.1mm 及凸台侧面 K 的平行度 0.03mm。根据基准重合的原则选择底面和凸台为定位基准，底面限制三个自由度，凸台限制两个自由度，无基准不重合误差。

第四道工序钻、扩、铰 $\phi16H9$ 孔。除孔本身的精度要求外，本工序应保证的位置要求为尺寸 4 ± 0.1mm、51 ± 0.1mm 及两孔的平行度要求 0.02mm。根据精基准选择原则，可以有三种不同的方案：

（1）底面限制三个自由度，K 面限制两个自由度。此方案加工两孔采用了基准统一原则，夹具比较简单。设计尺寸 4 ± 0.1mm 基准重合；尺寸 51 ± 0.1mm 的工序基准是孔 $\phi32H7$ 的中心线，而定位基准是尺面，定位尺寸为 6 ± 0.1mm，存在基准不重合误差，其大小等于 0.2mm；两孔平行度 0.02mm 也有基准不重合误差，其大小等于 0.03mm。可见，此方案基准不重合误差已经超过了允许的范围，不可行。

（2）$\phi32H7$ 孔限制四个自由度，底面限制一个自由度。此方案对尺寸 4 ± 0.1mm 有基准不重合误差，且定位销细长，刚性较差，所以也不好。

（3）底面限制三个自由度，$\phi32H7$ 孔限制两个自由度。此方案可将工件套在一个长的菱形销上来实现，对于三个设计要求均为基准重合，只有 $\phi32H7$ 孔对于底面的平行度误差将会影响两孔在垂直平面内的平行度，应当在镗 $\phi32H7$ 孔时加以限制。

综上所述，第三方案基准基本上重合，夹具结构也不太复杂，装夹方便，故应采用。

2.2.2　选择加工方法

机械零件的结构形状是多种多样的，但它们都是由平面、外圆柱面、内圆柱面或曲面、

成形面等基本表面组成的。每一种表面都有多种加工方法，具体选择时应根据零件的加工精度、表面粗糙度、材料、结构形状、尺寸及生产类型等因素，选用相应的加工方法和加工方案。

1. 外圆表面加工方法的选择

外圆表面的主要加工方法是车削和磨削。当表面粗糙度要求较高时，还要经光整加工。外圆表面的加工方案如表2-5所列。

表2-5 外圆表面加工方法

序号	加工方案	经济精度级	表面粗糙度 Ra 值/μm	适用范围
1	粗车	IT11以下	50~12.5	适用于淬火钢以外的各种金属
2	粗车—半精车	IT8~10	6.3~3.2	
3	粗车—半精车—精车	IT7~8	1.6~0.8	
4	粗车—半精车—精车—滚压（或抛光）	IT7~8	0.2~0.025	
5	粗车—半精车—磨削	IT7~8	0.8~0.4	主要用于淬火钢，也可用于未淬火钢，但不宜加工有色金属
6	粗车—半精车—粗磨—精磨	IT6~7	0.4~0.1	
7	粗车—半精车—粗磨—精磨—超精加工（或轮式超精磨）	IT5	0.1~R_z0.1	
8	粗车—半精车—精车—金刚石车	IT6~7	0.4-0.025	主要用于要求较高的有色金属加工
9	粗车—半精车—粗磨—精磨—超精磨或镜面磨	IT5以上	0.025~R_z0.05	极高精度的外圆加工
10	粗车—半精车—粗磨—精磨—研磨	IT5以上	0.1~R_z0.05	

2. 内孔表面加工方法的选择

（1）内孔表面加工方法选择原则。在数控机床上内孔表面加工方法主要有钻孔、扩孔、铰孔、镗孔和拉孔、磨孔和光整加工。表2-6是常用的孔加工方案，应根据被加工孔的加工要求、尺寸、具体生产条件、批量的大小及毛坯上有无预制孔等情况合理选用。

表2-6 内孔表面加工方法

序号	加工方案	经济精度级	表面粗糙度 Ra 值/μm	适用范围
1	钻	IT11~12	12.5	加工未淬火钢及铸铁的实心毛坯，也可用于加工有色金属（但表面粗糙度稍大，孔径小于15~20mm）
2	钻—铰	IT9	3.2~1.6	
3	钻—铰—精铰	IT7~8	1.6~0.8	
4	钻—扩	IT10~11	12.5~6.3	同上，但孔径大于15~20mm
5	钻—扩—铰	IT8~9	3.2~1.6	
6	钻—扩—粗铰—精铰	IT7	1.6~0.8	
7	钻—扩—机铰—手铰	IT6~7	0.4~0.1	
8	钻—扩—拉	IT7~9	1.6~0.1	大批大量生产（精度由拉刀的精度而定）
9	粗镗（或扩孔）	IT11~12	12.5~6.3	除淬火钢外各种材料，毛坯有铸出孔或锻出孔
10	粗镗（粗扩）—半精镗（精扩）	IT8~9	3.2~1.6	
11	粗镗（扩）—半精镗（精扩）—精镗（铰）	IT7~8	1.6~0.8	
12	粗镗（扩）—半精镗（精扩）—精镗—浮动镗刀精镗	IT6~7	0.8~0.4	
13	粗镗（扩）—半精镗—磨孔	IT7~8	0.8~0.2	主要用于淬火钢也可用于未淬火钢，但不宜用于有色金属
14	粗镗（扩）—半精镗—粗磨—精磨	IT6~7	0.2~0.1	
15	粗镗—半精镗—精镗—金钢镗	IT6~7	0.4~0.05	主要用于精度要求高的有色金属加工
16	钻—（扩）—粗铰—精铰—珩磨；钻—（扩）—拉—珩磨；粗镗—半精镗—精镗—珩磨	IT6~7	0.2~0.025	精度要求很高的孔
17	以研磨代替上述方案中的珩磨	IT6级以上		

（2）内孔表面加工方法选择实例。如图2-31所示零件，要加工内孔ϕ40H7、阶梯孔ϕ13和ϕ22等三种不同规格和精度要求的孔，零件材料为HT200。

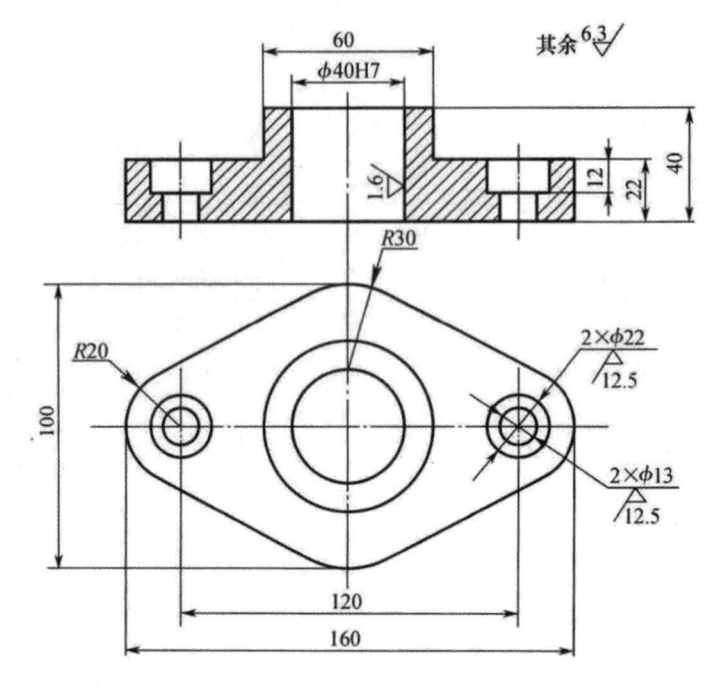

图2-31

ϕ40内孔的尺寸公差为H7，表面粗糙度要求较高，为Ra1.6mm，根据表2-6所示孔加工方案，可选择钻孔—粗镗（或扩孔）—半精镗—精镗方案。

阶梯孔ϕ3和ϕ22没有尺寸公差要求，可按自由尺寸公差IT11~IT12处理，表面粗糙度要求不高，为Ra12.5mm，因而可选择钻孔-锪孔方案。

3. 平面加工方法的选择

平面的主要加工方法有铣削、刨削、车削、磨削和拉削等，精度要求高的平面还需要经研磨或刮削加工。常见平面加工方法如表2-7所列。（1）最终工序为刮研的加工方案多用于单件小批量生产中配合表面要求高且非淬硬平面的加工。当批量较大时，可用宽刀细刨代替刮研，宽刀细刨特别适用于加工像导轨面这样的狭长的平面，能显著提高生产效率。

（2）磨削适用于直线度及表面粗糙度要求较高的淬硬工件和薄片工件、未淬硬钢件上面积较大的平面的精加工，但不宜加工塑性较大的有色金属。

（3）车削主要用于回转零件端面的加工，以保证端面与回转轴线的垂直度要求。

（4）拉削平面适用于大批量生产中的加工质量要求较高且面积较小的平面。

（5）最终工序为研磨的方案适用于精度高、表面粗糙度要求高的小型零件的精密平面，如量规等精密量具的表面。

表 2-7 平面加工方法

序号	加工方案	经济精度级	表面粗糙度 Ra 值/μm	适用范围
1	粗车—半精车	IT9	6.3～3.2	端面
2	粗车—半精车—精车	IT7～IT8	1.6～0.8	
3	粗车—半精车—磨削	IT8～IT9	0.8～0.2	
4	粗刨（或粗铣）—精刨（或精铣）	IT8～IT9	6.3～1.6	一般不淬硬平面（端铣表面粗糙度较小）
5	粗刨（或粗铣）—精刨（或精铣）—刮研	IT6～IT7	0.8～0.1	精度要求较高的不淬硬平面；批量较大时宜采用宽刃精刨方案
6	以宽刃刨削代替上述方案刮研	IT7	0.8～0.2	
7	粗刨（或粗铣）—精刨（或精铣）—磨削	IT7	0.8～0.2	精度要求高的淬硬平面或不淬硬平面
8	粗刨（或粗铣）—精刨（或精铣）—粗磨—精磨	IT6～IT7	0.4～0.02	
9	粗铣—拉	IT7～IT9	0.8～0.2	大量生产，较小的平面（精度视拉刀精度而定）
10	粗铣—精铣—磨削—研磨	IT6 级以上	0.1～Rz0.05	高精度平面

4. 平面轮廓和曲面轮廓加工方法的选择。

（1）平面轮廓常用的加工方法有数控铣、线切割及磨削等。对如图 2-32（a）所示的内平面轮廓，当曲率半径较小时，可采用数控线切割方法加工。若选择铣削的方法，因铣刀直径受最小曲率半径的限制，直径太小，刚性不足，会产生较大的加工误差。对图 2-32（b）所示的外平面轮廓，可采用数控铣削方法加工，常用粗铣-精铣方案，也可采用数控线切割的方法加工。对精度及表面粗糙度要求较高的轮廓表面，在数控铣加工之后，再进行数控磨削加工。数控铣削加工适用于除淬火钢以外的各种金属，数控线切割加工可用于各种金属，数控磨削加工适用于除有色金属以外的各种金属。

（2）立体曲面加工方法主要是数控铣削，多用球头铣刀，以"行切法"加工，如图 2-33 所示。根据曲面形状、刀具形状以及精度要求等通常采用二轴半联动或三轴半联动。对精度和表面粗糙度要求高的曲面，当用三轴联动的"行切法"加工不能满足要求时，可用模具铣刀，选择四坐标或五坐标联动加工。

表面加工的方法选择，除了考虑加工质量、零件的结构形状和尺寸、零件的材料和硬

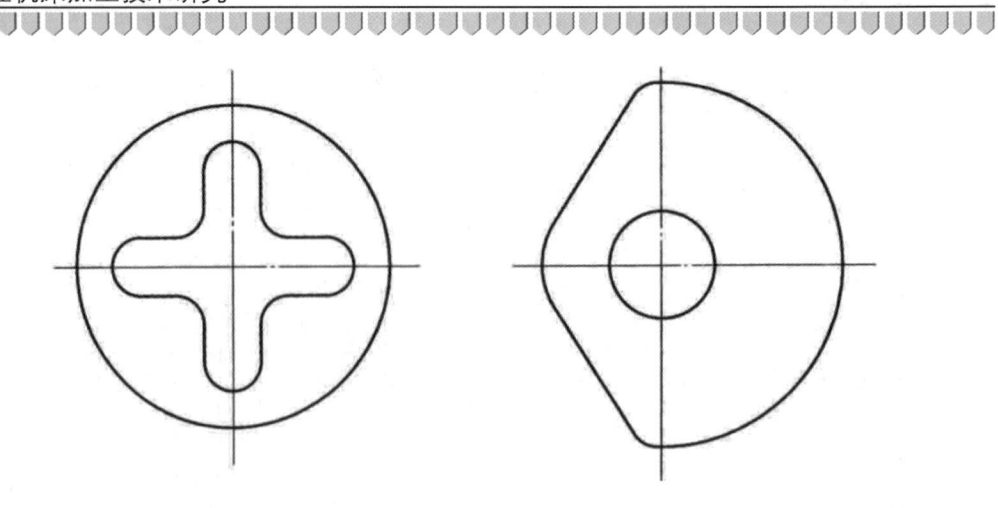

图2-32 平面轮廓类零件

（a）内平面轮廓　（b）外平面轮廓

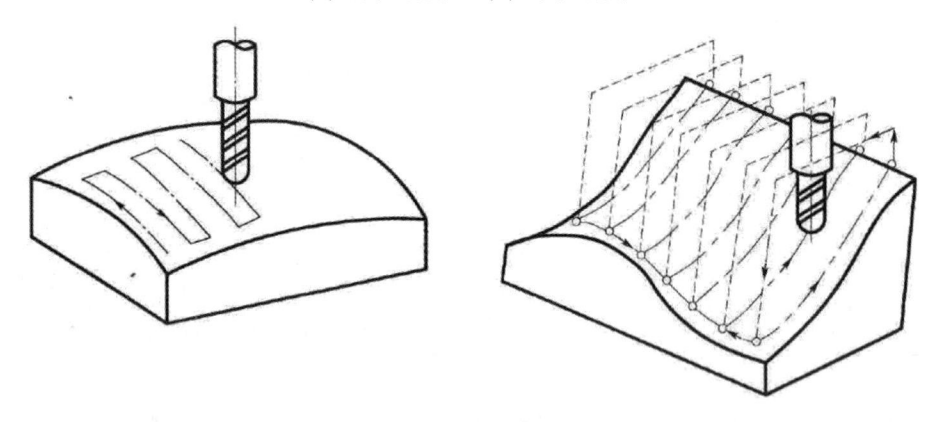

图2-33 曲面的行切法加工

度以及生产类型外，还要考虑加工的经济性。

各种表面加工方法所能达到的精度和表面粗糙度都有一个相当大的范围。当精度达到一定程度后，要继续提高精度，成本会急剧上升。例如外圆车削，将精度从 H7 级提高到 IT6 级，此时需要价格较高的金刚石车刀，很小的背吃刀量和进给量，增加了刀具费用，延长了加工时间，大大增加了加工成本。对于同一表面加工，采用的加工方法不同，加工成本也不一样。例如，公差为 IT7 级、表面粗糙度为 $0.4\mu m$ 的外圆表面，采用精车就不如采用磨削经济。

任何一种加工方法获得的精度只在一定范围内才是经济的，这种一定范围内的加工精度即为该加工方法的经济精度。它是指在正常加工条件下（采用符合质量标准的设备、工艺装备和标准等级的工人，不延长加工时间）所能达到的加工精度，相应的表面粗糙度称为经济粗糙度。在选择加工方法时，应根据工件的精度要求选择与经济精度相适应的加工方法。常用加工方法的经济度及表面粗糙度，可查阅有关工艺手册。

2.2.3 划分加工阶段

当零件的精度要求比较高时,若将加工面从毛坯面开始到最终的精加工或精密加工都集中在一个工序中连续完成,则难以保证零件的精度要求或浪费人力、物力资源。其原因如下:

(1) 粗加工时,切削层厚,切削热量大,无法消除因热变形带来的加工误差,也无法消除因粗加工留在工件表层的残余应力产生的加工误差。

(2) 后续加工容易把已加工好的加工面划伤。

(3) 不利于及时发现毛坯的缺陷。若在加工最后一个表面时才发现毛坯有缺陷,则前面的加工就白白浪费了。

(4) 不利于合理地使用设备。把精密机床用于粗加工,使精密机床会过早地丧失精度。

因此,通常可将高精零件的工艺过程划分为几个加工阶段。根据精度要求的不同,可以划分为:

(1) 粗加工阶段。在粗加工阶段,主要是去除各加工表面的余量,并作出精基准,因此这一阶段关键问题是提高生产率。

(2) 半精加工阶段。在半精加工阶段减小粗加工中留下的误差,使加工面达到一定的精度,为精加工做好准备。

(3) 精加工阶段。在精加工阶段,应确保尺寸、形状和位置精度达到或基本达到图纸规定的精度要求以及表面粗糙度要求。

(4) 精密、超精密加工、光整加工阶段。对那些精度要求很高的零件,在工艺过程的最后安排珩磨或研磨、粳米磨、超精加工、金刚石车、金刚镗或其他特种加工方法加工,以达到零件最终的精度要求。

零件在上述各加工阶段中加工,可以保证有充足的时间消除热变形和消除加工产生的残余应力,使后续加工精度提高。另外,在粗加工阶段发现毛坯有缺陷时,就不必进行下一加工阶段的加工,避免浪费。此外还可以合理地使用设备,合理地安排人力资源,这对保证产品质量,提高工艺水平都是十分重要的。

2.2.4 划分加工工序

1. 工序划分的原则

工序的划分可以采用两种不同原则,即工序集中原则和工序分散原则。

(1) 工序集中原则。工序集中原则是指每道工序包括尽可能多的加工内容,从而使工序的总数减少。采用工序集中原则的优点:有利于采用高效的专用设备和数控机床,提高生产效率；减少工序数目，缩短工艺路线，简化生产计划和生产组织工作；减少机床数量、操作工人数和占地面积；减少工件装夹次数，不仅保证了各加工表面间的相互位置精度，而且减少了夹具数量和装夹工件的辅助时间。但专用设备和工艺装备投资大、调整维修比较麻烦、生产准备周期较长，不利于转产。

（2）工序分散原则。工序分散就是将工件的加工分散在较多的工序内进行，每道工序的加工内容很少。采用工序分散原则的优点：加工设备和工艺装备结构简单，调整和维修方便，操作简单，转产容易；有利于选择合理的切削用量，减少机动时间。但工艺路线较长，所需设备及工人人数多，占地面积大。

2. 工序划分方法

工序划分主要考虑生产纲领、所用设备及零件本身的结构和技术要求等。大批量生产时，若使用多轴、多刀的高效加工中心，可按工序集中原则组织生产；若在由组合机床组成的自动线上加工，工序一般按分散原则划分。随着现代数控技术的发展，特别是加工中心的应用，工艺路线的安排更多地趋向于工序集中。单件小批生产时，通常采用工序集中原则。成批生产时，可按工序集中原则划分，也可按工序分散原则划分，应视具体情况而定。对于结构尺寸和重量都很大的重型零件，应采用工序集中原则，以减少装夹次数和运输量。对于刚性差、精度高的零件，应按工序分散原则划分工序。

在数控铣床上加工的零件，一般按工序集中原则划分工序，划分方法如下。

（1）按所用刀具划分。以同一把刀具完成的那一部分工艺过程为一道工序，这种方法适用于工件的待加工表面较多，机床连续工作时间过长，加工程序的编制和检查难度较大等情况。加工中心常用这种方法划分。

（2）按安装次数划分。以一次安装完成的那一部分工艺过程为一道工序。这种方法适用于工件的加工内容不多的工件，加工完成后就能达到待检状态。

（3）按粗、精加工划分。即精加工中完成的那一部分工艺过程为一道工序，粗加工中完成的那一部分工艺过程为一道工序。这种划分方法适用于加工后变形较大，需粗、精加工分开的零件，如毛坯为铸件、焊接件或锻件。

（4）按加工部位划分。即以完成相同型面的那一部分工艺过程为一道工序，对于加工表面多而复杂的零件，可按其结构特点（如内形、外形、曲面和平面等）划分成多道工序。

2.2.5 确定加工顺序

1. 切削加工顺序的安排

（1）先粗后精。先安排粗加工，中间安排半精加工，最后安排精加工和光整加工。

（2）先主后次。先安排零件的装配基面和工作表面等主要表面的加工，后安排如键

槽、紧固用的光孔和螺纹孔等次要表面的加工。由于次要表面加工工作量小，又常与主要表面有位置精度要求，所以一般放在主要表面的半精加工之后，精加工之前进行。

（3）先面后孔。对于箱体、支架、连杆、底座等零件，先加工用作定位的平面和孔的端面，然后再加工孔。这样可使工件定位夹紧稳定可靠，利于保证孔与平面的位置精度，减小刀具的磨损，同时也给孔加工带来方便。

（4）基面先行。用作精基准的表面，要首先加工出来。所以，第一道工序一般是进行定位面的粗加工和半精加工（有时包括精加工），然后再以精基面定位加工其他表面。例如，轴类零件顶尖孔的加工。

2. 热处理工序的安排

热处理可以提高材料的力学性能，改善金属的切削性能以及消除残余应力。在制订工艺路线时，应根据零件的技术要求和材料的性质，合理地安排热处理工序。

（1）退火与正火。退火或正火的目的是为了消除组织的不均匀，细化晶粒，改善金属的加工性能。对高碳钢零件用退火降低其硬度，对低碳钢零件用正火提高其硬度，以获得适中的较好的可切削性，同时能消除毛坯制造中的应力。退火与正火一般安排在机械加工之前进行。

（2）时效处理。以消除内应力、减少工件变形为目的。为了消除残余应力，在工艺过程中需安排时效处理。对于一般铸件，常在精加工前或粗加工后安排一次时效处理；对于要求较高的零件，在半精加工后尚需再安排一次时效处理；对于一些刚性较差、精度要求特别高的重要零件（如精密丝杠、主轴等），常常在每个加工阶段之间都安排一次时效处理。

（3）调质。对零件淬火后再高温回火，能消除内应力、改善加工性能并能获得较好的综合力学性能。一般安排在粗加工之后进行。对一些性能要求不高的零件，调质也常作为最终热处理。

（4）淬火、渗碳淬火和渗氮。它们的主要目的是提高零件的硬度和耐磨性，常安排在精加工（磨削）之前进行，其中渗氮由于热处理温度较低，零件变形很小，也可以安排在精加工之后。

3. 辅助工序的安排

检验工序是主要的辅助工序，除每道工序由操作者自行检验外，在粗加工之后，精加工之前，零件转换车间时，以及重要工序之后和全部加工完毕、进库之前，一般都要安排检验工序。

除检验外，其他辅助工序有表面强化和去毛刺、倒棱、清洗、防锈等。正确地安排辅助工序是十分重要的。如果安排不当或遗漏，将会给后续工序和装配带来困难，甚至影响产品的质量，所以必须给予重视。

2.2.6 机床的选择

对于机床而言，每一类机床都有不同的型式，其工艺范围、技术规格、加工精度、生产率及自动化程度都有不同的形式，其工艺范围，技术规格，加工精度，生产率及自动化程度都各不相同。为了正确地为每一道工序选择机床，除了充分了解机床的性能外，尚需考虑以下几点。

（1）机床的类型应与工序划分的原则相适应。数控机床或通用机床适用于工序集中的单件小批生产；对大批大量生产，则应选择高效自动化机床和多刀、多轴机床。若工序按分散原则划分，则应选择结构简单的专用机床。

（2）机床的主要规格尺寸应与工件的外形尺寸和加工表面的有关尺寸相适应。即小工件用小规格的机床加工，大工件用大规格的机床加工。

（3）机床的精度与工序要求的加工精度相适应。粗加工工序，应选用精度低的机床；精度要求高的精加工工序，应选用精度高的机床。但机床精度不能过低，也不能过高。机床精度过低，不能保证加工精度；机床精度过高，会增加零件制造成本。应根据零件加工精度要求合理选择机床。

2.2.7 工件的定位与夹紧

工件的定位基准与夹紧方案的确定，应遵循前面所述有关定位基准的选择原则与工件夹紧的基本要求。此外，还应该注意下列三点：

（1）力求设计基准、工艺基准与编程原点统一，以减少基准不重合误差和数控编程中的计算工作量。

（2）设法减少装夹次数，尽可能做到在一次定位装夹中，能加工出工件上全部或大部分待加工表面，以减少装夹误差，提高加工表面之间的相互位置精度，充分发挥数控机床的效率。

（3）避免采用占机人工调整方案，以免占机时间太多，影响加工效率。

2.2.8 夹具的选择

数控加工的特点对夹具提出了两个基本要求：一是保证夹具的坐标方向与机床的坐标方向相对固定；二是要能协调零件与机床坐标系的尺寸。除此之外，重点考虑以下几点：

（1）单件小批量生产时，优先选用组合夹具、可调夹具和其他通用夹具，以缩短生产准备时间和节省生产费用。

（2）在成批生产时，才考虑采用专用夹具，并力求结构简单。

（3）零件的装卸要快速、方便、可靠，以缩短机床的停顿时间，减少辅助时间。

（4）为满足数控加工精度，要求夹具定位、夹紧精度高。

（5）夹具上各零部件应不妨碍机床对零件各表面的加工，即夹具要敞开，其定位、夹紧元件不能影响加工中的走刀（如产生碰撞等）。

（6）为提高数控加工的效率，批量较大的零件加工可采用气动或液压夹具、多工位夹具。

后面的内容会详细说明。

2.2.9 刀具的选择

与传统加工方法相比，数控加工对刀具的要求，尤其在刚性和耐用度方面更为严格。应根据机床的加工能力、工件材料的性能、加工工序、切削用量以及其他相关因素正确选用刀具及刀柄Q刀具选择总的原则；既要求精度高、强度大、刚性好、耐用度高．，又要求尺寸稳定，安装调整方便。在满足加工要求的前提下，尽量选择较短的刀柄，以提高刀具的刚性。

金属切削刀具材料主要有五类：高速钢、硬质合金、陶瓷、立方氮化硼（CBN）、聚晶金刚石。

（1）根据数控加工对刀具的要求，选择刀具材料的一般原则是尽可能选用硬质合金刀具。只要加工情况允许选用硬质合金刀具，就不用高速钢刀具。

（2）陶瓷刀具不仅用于加工各种铸铁和不同钢料，也适用于加工有色金属和非金属材料。使用陶瓷刀片，无论什么情况都要用负前角，为了不易崩刃，必要时可将刃口倒钝。陶瓷刀具在下列情况下使用效果欠佳：短零件的加工；冲击大的断续切削和重切削；铍、镁、铝和钛等的单质材料及其合金的加工（易产生亲合力，导致切削刃剥落或崩刃）。

（3）金刚石和立方氮化硼都属于超硬刀具材料，它们可用于加工任何硬度的工件材料，具有很高的切削性能，加工精度高，表面粗糙度值小。一般可用切削液。

聚晶金刚石刀片一般仅用于加工有色金属和非金属材料。

立方氮化硼刀片一般适用加工硬度>450HBS的冷硬铸铁、合金结构钢、工具钢、高速钢、轴承钢以及硬度>350HBS的镍基合金、钴基合金和高钴粉末冶金零件。

（4）从刀具的结构应用方面，数控加工应尽可能采用镶块式机夹可转位刀片以减少刀具磨损后的更换和预调时间。

（5）选用涂层刀具以提高耐磨性和耐用度。

2.2.10 确定走刀路线和工步顺序

走刀路线是刀具在整个加工工序中相对于工件的运动轨迹，它不但包括了工步的内容，而且也反映出工步的顺序。走刀路线是编写程序的依据之一。因此，在确定走刀路线

时最好画一张工序简图，将已经拟定出的走刀路线画上去（包括进、退刀路线），这样可为编程带来不少方便。

工步顺序是指同一道工序中，各个表面加工的先后次序。它对零件的加工质量、加工效率和数控加工中的走刀路线有直接影响，应根据零件的结构特点和工序的加工要求等合理安排。工步的划分与安排一般可随走刀路线来进行，在确定走刀路线时，主要遵循以下原则：

1. 保证零件的加工精度和表面粗糙度

例如在铣床上进行加工时，因刀具的运动轨迹和方向不同，可能是顺铣或逆铣，其不同的加工路线所得到的零件表面的质量就不同。究竟采用哪种铣削方式，应视零件的加工要求、工件材料的特点以及机床刀具等具体条件综合考虑，确定原则与普通机械加工相同。数控机床一般采用滚珠丝杠传动，其运动间隙很小，并且顺铣优点多于逆铣，所以应尽可能采用顺铣。在精铣内外轮廓时，为了改善表面粗糙度，应采用顺铣的走刀路线加工方案。

对于铝镁合金、钛合金和耐热合金等材料，建议也采用顺铣加工，这对于降低表面粗糙度值和提高刀具耐用度都有利。但如果零件毛坯为黑色金属锻件或铸件，表皮硬而且余量较大，这时采用逆铣较为有利。

加工位置精度要求较高的孔系时，应特别注意安排孔的加工顺序。若安排不当，就可能将坐标轴的反向间隙带入，直接影响位置精度。镗削图2-34（a）所示零件上六个尺寸相同的孔，有两种走刀路线。按图2-34（b）所示路线加工时，由于5、6孔与1、2、3、4孔定位方向相反，J向反向间隙会使定位误差增加，从而影响5、6孔与其他孔的位置精度。按图2-34（c）所示路线加工时，加工完4孔后往上多移动一段距离至P点，然后折回来在5、6孔处进行定位加工，从而，使各孔的加工进给方向一致，避免反向间隙的引入，提高了5、6孔与其他孔的位置精度。

刀具的进退刀路线要尽量避免在轮廓处停刀或垂直切入切出工件，以免留下刀痕。

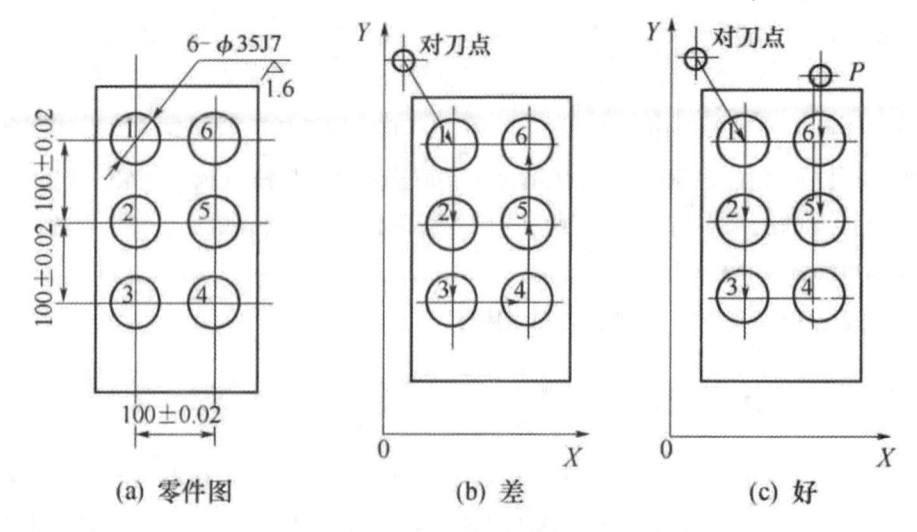

图2-34 镗削孔系走刀路线比较

2. 使走刀路线最短，减少刀具空行程时间，提高加工效率

图 2-35 所示为正确选择钻孔加工路线的例子。按照一般习惯，总是先加工均布于同一圆周上的一圈孔后，再加工另一圈孔，如图 2-35（a）所示，这不是最好的走刀路线。对点位控制的数控机床而言，要求定位精度高，定位过程尽可能快。若按图 2-35（b）所示的进给路线加工，可使各孔间距的总和最小，空程最短，从而节省定位时间。

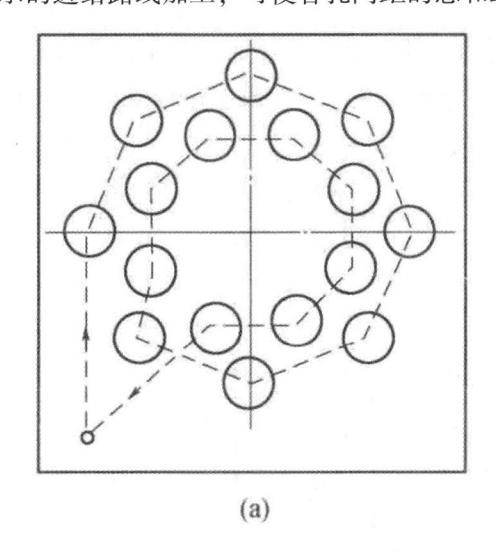

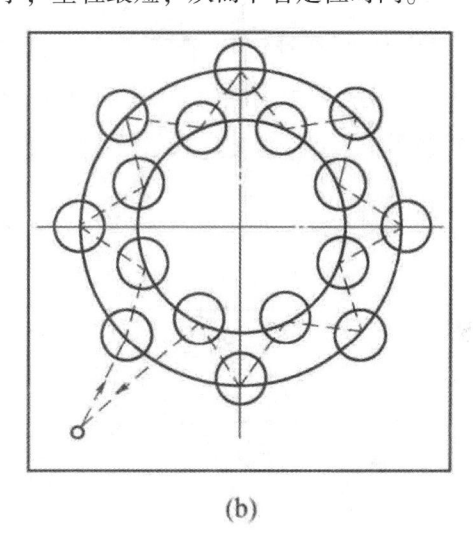

图 2-35 最短加工路线选择

3. 最终轮廓一次走刀完成

图 2-36（a）所示为采用行切法加工内轮廓。加工时不留死角，在减少每次进给重叠量的情况下，走刀路线较短，但两次走刀的起点和终点间留有残余高度，影响表面粗糙度。图 2-36（b）是采用环切法加工，表面粗糙度较小，但刀位计算略为复杂，走刀路线也较行切法长。采用图 2-36（c）所示的走刀路线，先用行切法加工，最后再沿轮廓切削一周，使轮廓表面光整。三种方案中，（a）方案最差，（c）方案最佳。

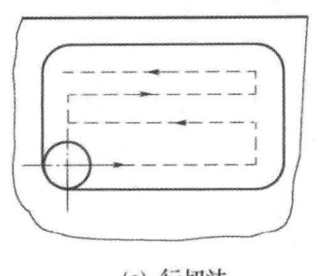

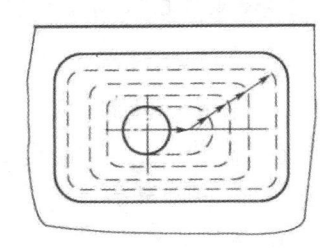

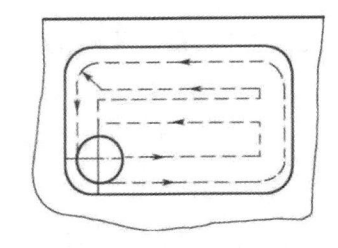

(a) 行切法　　(b) 环切法　　(c) 先行切再环切

图 2-36 封闭内轮廓加工走刀路线

2.2.11 加工余量与工序尺寸及公差的确定

1. 加工余量的概念

加工余量是指加工过程中所切去的金属层厚度。余量有总加工余量和工序余量之分。由毛坯转变为零件的过程中,在某加工表面上切除金属层的总厚度,称为该表面的总加工余量(亦称毛坯余量)。一般情况下,总加工余量并非一次切除,而是分在各工序中逐渐切除,故每道工序所切除的金属层厚度称为该工序加工余量(简称工序余量)。图 2-37 表示工序余量与工序尺寸的关系。

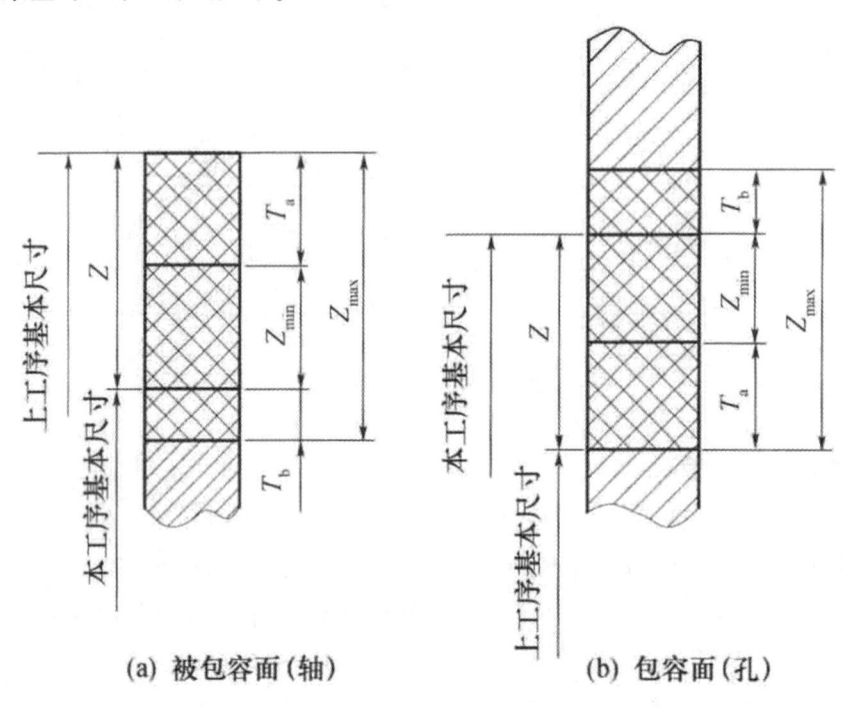

图 2-37 工序余量与工序尺寸及其公差的关系

(a) 被包容面(轴)　　(b) 包容面(孔)

2. 工序余量的影响因素

余量太大,会造成材料及工时浪费,增加机床、刀具及动力消耗;余量太小则无法消除前一道工序留下的各种误差、表面缺陷和本工序的装夹误差。因此,应根据影响余量大小的因素合理地确定加工余量。影响加工余量的因素如下:

(1) 前工序形成的表面粗糙度和缺陷层深度(Ra 和 D_a)等。

(2) 前工序形成的形状误差和位置误差(Δx 和 Δw)。

以上影响因素中的误差及缺陷,有时会重叠在一起,如图 2-38 所示,图中的 Δx 为平面度误差、Δw 为平行度误差,但为了保证加工质量,可对各项进行简单叠加,以便彻底切除。

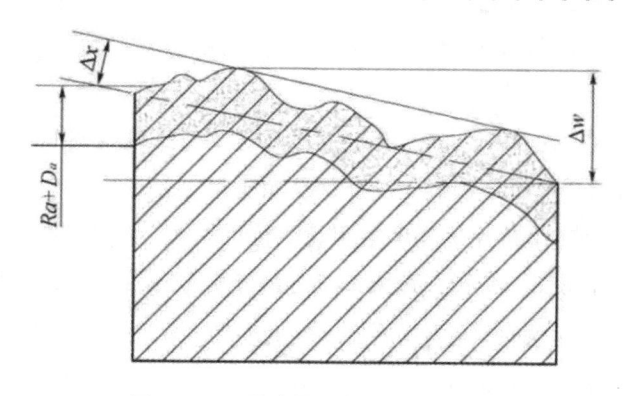

图2-38 影响最小加工余量的因素

上述各项误差和缺陷都是前工序形成的,为能将其全部切除,还要考虑本工序的装夹误差 ε_b 的影响。如图2-39所示,由于三爪自定心卡盘定心不准,使工件轴线偏离主轴旋转轴线 e 值,造成加工余量不均匀,为确保将前工序的各项误差和缺陷全部切除,直径上的余量应增加 $2e$。装夹误差 ε_b 的数量,可在求出定位误差、夹紧误差和夹具的对定误差后求得。

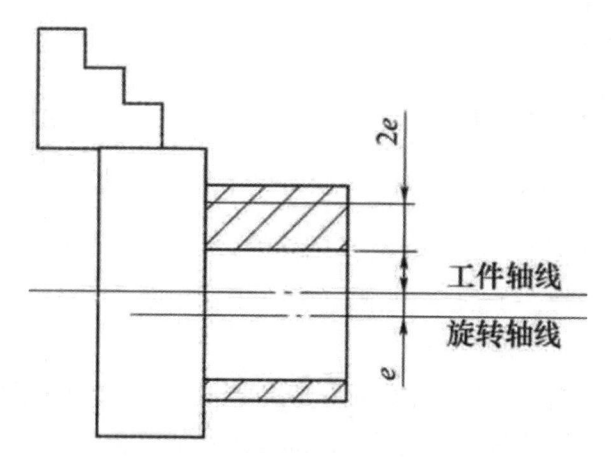

图2-39 装夹误差对加工余量的影响

综上所述,影响工序加工余量的因素可归纳为下列几点:
(1) 前工序的工序尺寸公差 (T_a)。
(2) 前工序形成的表面粗糙度和表面缺陷层深度 (Ra 和 D_a)。
(3) 前工序形成的形状误差和位置误差 (Δx、Δw)。
(4) 本工序的装夹误差 (ε_b)。

3. 确定加工余量的方法

确定加工余量的方法有以下三种:
(1) 查表修正法。该方法是以工厂实践和工艺试验而累积的有关加工余量的资料数据为基础,并结合实际情况进行适当修正来确定加工余量的方法。
(2) 经验估计法。此法是根据实践经验确定加工余量。

（3）分析计算法。是根据加工余量计算公式和一定的试验资料，通过计算确定加工余量的一种方法。

在确定加工余量时，总加工余量和工序加工余量要分别确定。总加工余量的大小与选择的毛坯制造精度有关。用查表法确定工序加工余量时，粗加工工序的加工余量不应查表确定，而是用总加工余量减去各工序余量求得，同时要对求得的粗加工工序余量进行分析，如果过小，要增加总加工余量；过大，应适当减少总加工余量，以免造成浪费。

4. 工序尺寸与公差的确定

基准重合时，工序尺寸与公差的确定过程如下：

（1）确定各加工工序的加工余量；

（2）从终加工工序开始，即从设计尺寸开始，到第一道加工工序，逐次加上每道加工工序余量，可分别得到各工序基本尺寸（包括毛坯尺寸）；

（3）除终加工工序以外，其他各加工工序按各自所采用的加工方法的加工精度确定工序尺寸公差（终加工工序的公差按设计要求确定）；

（4）填写工序尺寸，并按"入体原则"标注工序尺寸公差。

2.2.12 切削参数的选择与优化

1. 切削用量的选择原则

切削用量包括主轴转速（切削速度）、背吃刀量、进给量。制订切削用量就是要确定具体切削工序的背吃刀量、进给量、切削速度及刀具耐用度，综合考虑生产率、加工质量和加工成本。

所谓"合理的"切削用量是指充分利用刀具的切削性能和机床性能（功率、扭矩），在保证质量的前提下，获得高生产率、低加工成本的切削用量。

切削用量三要素对切削加工生产率、刀具耐用度和加工质量都有很大的影响：

（1）对切削加工生产率的影响

按切削工时 t_m，计算的生产率为 $p = 1/t_m$

$$t_m = \frac{l_w \Delta}{n_w a_p f} = \frac{\pi d_w l_w \Delta}{10^3 a_p f}$$

于是

$$P = \frac{10^3 a_p f}{\pi d_w l_w \Delta} = A_0 v a_p f$$

由上式可知，生产率与切削用量三要素成线性正比关系。

（2）对刀具耐用度的影响

以 YT5 硬质合金车刀切削抗拉强度为 0.637GPa 的碳钢为例，（$f > 0.70$mm/r）切削用

量与刀具耐用度的关系为 $T = \dfrac{C_T}{v^5 f^{2.25} a_p^{0.75}}$

切削用量三要素任一项增大，都使刀具耐用度下降。对刀具耐用度影响最大的是切削速度，其次是进给量，影响最小的是背吃刀量。

因此，取刀具耐用度最大化，切削用量的选择，应首先采用最大的背吃刀量，再选用大的进给量，然后根据确定的刀具耐用度选择切削速度。

(3) 对加工质量的影响

切削用量三要素中，& 增大，切削力。成比例增大，使工艺系统弹性变形增大，并可能引起振动，因而会降低加工精度和增大表面粗糙度。进给量/增大，切削力也将增大，而且表面粗糙度会显著增大。切削速度增大时，切屑变形和切削力有所减小，表面粗糙度也有所减小。因此，在精加工和半精加工时，常常采用较小的背吃刀量和进给量。为了避免或减小积屑瘤和鳞刺，提高表面质量，硬质合金车刀常采用较高的切削速度（一般 80~100m/min 以上），高速钢车刀则采用较低的切削速度（如宽刃精车刀 3~8m/min）

2. 切削用量三要素的确定

(1) 背吃刀量的选择

背吃刀量根据加工余量确定。切削加工一般分为粗加工、半精加工和精加工。粗加工（表面粗糙度为 $Ra50~12.5\mu m$）时，一次走刀应尽可能切除全部余量，在中等功率机床上，背吃刀量可达 8~10mm。半精加工（表面粗糙度为如 $6.3~3.2\mu m$）时，背吃刀量取为 0.5~2mm。精加工（表面粗糙度为如 $1.6~0.8\mu m$）时，背吃刀量取为 0.1~0.4mm。

在下列情况下，粗车可能要分几次走刀：

(1) 加工余量太大时，一次走刀会使切削力太大，会产生机床功率不足或刀具强度不够；

(2) 工艺系统刚性不足，或加工余量极不均匀，以致引起很大振动时，如加工细长轴和薄壁工件；

(3) 断续切削，刀具会受到很大冲击而造成打刀时。

在上述情况下，如需分两次走刀，也应将第一次走刀的背吃刀量尽量取大些，第二次走刀的背吃刀量尽量取小些，以保证精加工刀具有高的刀具耐用度，高的加工精度及较小的加工表面粗糙度。第二次走刀（精走刀）的背吃刀量可取加工余量的 1/3~1/4 左右。

用硬质合金刀具、陶瓷刀、金刚石和立方氮化硼刀具精细车削和镗孔时，切削用量可取为 $a_p = 0.05~0.2mm$，$f = 0.01~0.1mm/r$，$v = 240~900m/min$；这时表面粗糙度可达 $Ra0.32~0.1\mu m$，精度达到或高于 IT5（孔到 IT6），可代替磨削加工。

(2) 进给量的选择

粗加工时，对工件表面质量没有太高要求，这时切削力往往很大，合理的进给量应是工艺系统所能承受的最大进给量，受到下列因素的限制：机床进给机构的强度、车刀刀杆的强度和刚度，硬质合金或陶瓷刀片的强度和工件的装夹刚度等。根据加工材料、车刀刀杆尺寸、工件直径及已确定的背吃刀量来选择进给量。

在半精加工和精加工时，则按粗糙度要求，根据工件材料、刀尖圆弧半径、切削速度，按相关表格来选择进给量。当刀尖圆弧半径增大，切削速度提高时，可以选择较大的进给量。

按经验确定的粗车进给量在一些特殊情况下，有时还需对所选定的进给量进行相应校验：

①刀杆的强度校验；

②刀杆刚度校验；

③刀片强度校验；

④工件装夹刚度（加工精度）校验；

⑤机床进给机构强度校验。

（3）切削速度的确定

根据已经选定的背吃刀量、进给量及刀具耐用度，就可按下述公式计算切削速度和机床转速。

$$v = \frac{C_v}{T^m f^{\sqrt{y_v}} a_p^{\sqrt{x_v}}} k_v$$

加工其他工件材料，和用其他车削方法加工时的系数及指数，见切削用量手册。其中 k_v 为切削速度的修正系数。

$$k_v = k_{Mv} k_{sv} k_{tv} k_{kv} k_{k_\Gamma v} k_{k'_\Gamma v} k_{\Gamma_g v} k_{Bv}$$

式中：k_{Mv}、k_{sv}、k_{tv}、k_{kv}、$k_{k_\Gamma v}$、$k_{k'_\Gamma v}$、$k_{\Gamma_g v}$、k_{Bv} 分别表示工件材料、毛坯表面状态、刀具材料、加工方式、车刀主偏角 k_r、车刀副偏角 k'_r、刀尖圆弧半径 r_g 及刀杆尺寸对切削速度的修正系数，其值可参见有关表格。

在实际生产中：

①粗车时，背吃刀量和进给量均较大，选择较低的切削速度；精加工时背吃刀量和进给量均较小，选择较高的切削速度。

②加工材料的强度及硬度较高时，应选较低的切削速度；反之则选较高的切削速度。材料的加工性越差，例如加工奥氏体不锈钢、钛合金和高温合金时，则切削速度也选得越低。易切碳钢的切削速度则较同硬度的普通碳钢为高；加工灰铸铁的切削速度较中碳钢为低；而加工铝合金和铜合金的切削速度则较加工钢的高得多。

③刀具材料的切削性能愈好时，切削速度也选得愈高。表中硬质合金刀具的切削速度比高速钢刀具要高好几倍，而涂层硬质合金的切削速度又比未涂层的刀片有明显提高。陶瓷、金刚石和立方氮化硼刀具的切削速度又比硬质合金刀具高得多。

此外，在选择切削速度时还应考虑以下几点：

① 精加工时，应尽量避免积屑瘤和鳞刺产生的区域；
② 断续切削时，为减小冲击和热应力，宜适当降低切削速度；
③ 在易发生振动的情况下，切削速度应避开自激振动的临界速度；
④ 加工大件、细长件和薄壁工件时，应选用较低的切削速度；
⑤ 加工带外皮的工件时，应适当降低切削速度。

切削速度确定之后，机床转速为：

$$n = 1000v/\pi d_w$$

式中　d_w——工件未加工前的直径。

（4）机床功率校验

切削功率 p_m 可按下式计算

$$p_m = F_z \times v \times 10^{-3}$$

式中　p_m——切削功率（kw）；
　　　F_z——切削力（N）
　　　v——切削速度（m/s）。

机床有效功率为

$$p'_E = p_E \times \eta_m$$

式中　p_E——机床电动机功率。

如 $p_m < p'_E$，则选择的切削用量可在指定的机床上使用。如果 $p_m < < p'_E$，则机床功率没有得到充分利用，这时可以规定较低的刀具耐用度（如采用机夹可转位刀片的合理耐用度可选为 $15 \sim 30 min$），或采用切削性能更好的刀具材料，以提高切削速度的办法使切削功率增大，以期充分利用机床功率，最终达到提高生产率的目的。

如 $p_m > p'_E$ 则选择的切削用量不能在指定的机床上采用。这时要么调换功率较大的机床，要么根据所限定的机床功率降低切削用量（主要是降低切削速度）。但这时虽然机床功率得到充分利用，刀具的切削性能却未能充分发挥。

3. 切削用量优化的概念

（1）关于最佳切削速度

① $v - T$ 关系中的极值。

由于 $vT^m = C_0$，即切削速度增大时，刀具耐用度下降。而这一条件只在较窄的速度和一定的进给量范围内才能成立。如在从低速到高速较宽速度范围内进行试验，或者切削耐热合金等难加工材料时，所得的 $v - T$ 关系就不是单调的函数关系，而是在某一速度范围内刀具耐用度有最大值（图 2 – 40）。

工件材料：$37Crl2Ni8Mn8MoVNb$

切削用量：$a_p = 1mm$，$f = 0.21mm$，$VB = 0.3mm$

（2）切削速度 v 与切削路程 l_m 的关系。

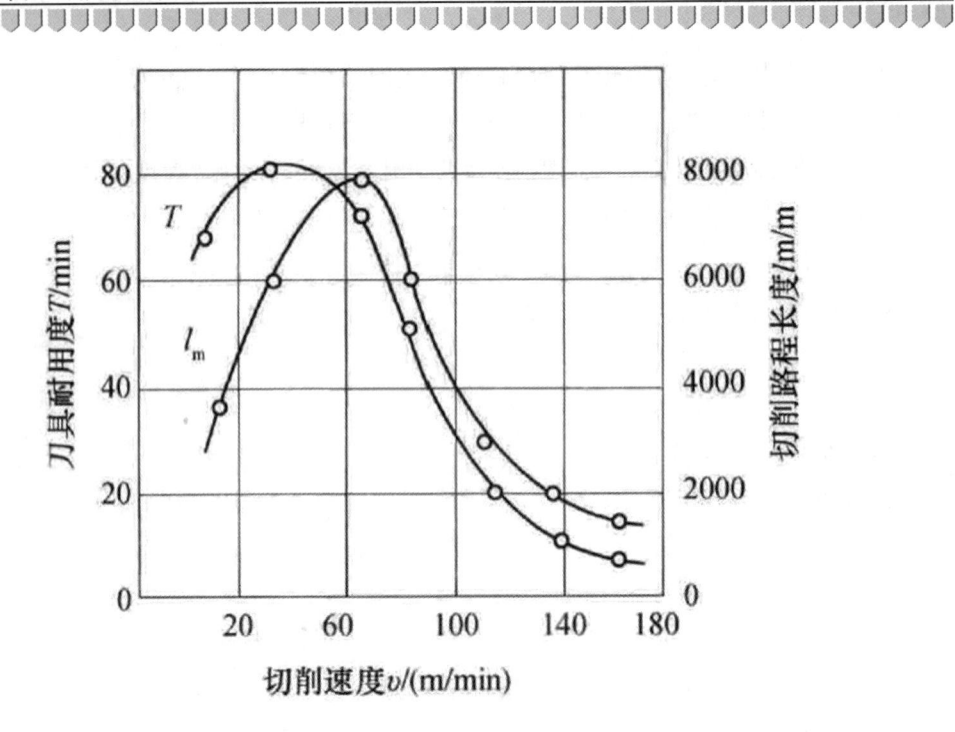

图 2-40 切削速度与刀具耐用度和切削路程长度的关系

图 2-40 中同时也绘出了 $v-l_m$ 关系曲线。由图可以看出,在某一切削速度时,l_m 也有最大值。而且 l_m 最大值与 T 最大值对应的 v 是不相同的。从生产率和经济性的观点,根据切削路程选择切削用量似比根据耐用度选择更为合理,在达到同样磨钝标准时,如果切削路程最长,也就是切削每单位长度工件的刀具磨损量最小,即相对磨损最小。实验证明,用相对磨损最小的观点建立的试验数据是符合刀具尺寸耐用度为最高的要求的。尺寸耐用度高则加工精度也高。尺寸耐用度可认为是根据加工精度要求和刀具径向磨损量来确定的耐用度。

(3) 最佳切削温度下的最佳切削速度。

大量切削试验证明,对给定的刀具材料和工件材料,用不同切削用量加工时,都可以得到一个切削温度,在这个切削温度下,刀具磨损强度最低。尺寸耐用度最高。这一切削温度有人称之为最佳切削温度。例如,用 YT15 加工 40Cr 钢时,在切削厚度为 0.037 ~ 0.5mm 内变化时,此温度均为 730℃ 左右。最佳切削温度时的切削速度则称为最佳切削速度。

(4) 各切削速度之间的关系。

图 2-41 表示出了切削速度对刀具耐用度、切削路程长度、刀具相对磨损、加工成本 C 及生产率的影响曲线。最高刀具耐用度的切削速度 v_T、最佳切削速度 v_o、经济切削速度 v_c、及最高生产率切削速度 v_p 之间存在下列关系 $v_T < v_o < v_c < v_p$。

刀具相对磨损、加工成本及生产率的影响示意图

① 切削时用最大刀具耐用度的切削速度 v_T 工作是不合理的。因为这时的生产率 p 和对

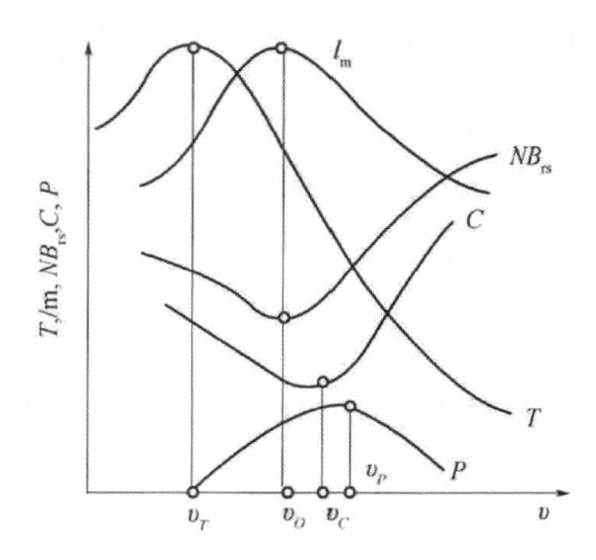

图2-41 切削速度对刀具耐用度、切削路程长度、

应刀具尺寸耐用度的切削路程长度 l_m 都很低,而加工成本 C 和刀具磨损强度 NB_{rs} 则较高。

②在用最佳切削速度 v_o 工作时,刀具磨损强度达最低值,刀具消耗少,切削路程最长,加工精度最高。因此这个速度是比较合理的。但这时的加工成本不是最低,也不是最高。

③在以经济切削速度 v_c 工作时,加工成本最低,切削路程也较长。但磨损强度稍有增加,加工精度有所下降。这一切削速度也算是比较合理的。

④如进一步将切削速度提高到最高生产率切削速度 v_p 时,虽然生产率可达到最高,但却导致刀具磨损的加剧和加工成本的显著提高。

由此可见,从生产率、加工经济性和加工精度综合考虑,根据最高耐用度和最大生产率选择切削用量就不如根据最大切削路程和加工经济性来选择。

对于一般加工材料,最佳切削速度 v_o 与经济切削速度 v_c 很相近,二者通常位于机床同一档速度范围;对于难加工材料二者是重合的。因此,采用最佳切削速度 v_o 可同时获得较好的经济效果。

(2) 切削用量的优化

要进行切削用量的优化选择,首先要确定优化目标,在该优化目标与切削用量之间建立起目标函数,并根据工艺系统和加工条件的限制建立起各约束方程,然后联立来解目标函数方程和诸约束方程,即可得出所需的最优解。

①目标函数。

切削加工中常用的优化目标:第一,最低的单件成本;第二,最高的生产率(最短的单件加工时间);第三,最大的单件利润。

在以上三者中,从提高经济效益的观点出发,比较合理的指标应该是最大利润指标。但是,追求最大利润必须有充足、可靠的市场信息,在现阶段还未能完全实现以最大利润为目标的切削用量的优化选取,而最高生产率在某些情况下也并不一定是人们所追求的,因此常用最低单件成本为优化目标。

在切削用量三要素中,背吃刀量 a_p 主要取决于加工余量,没有多少选择余地,一般都已事先选定,而不参与优化。因此切削用量的优化主要是指切削速度 v 及进给量 f 的优化组合。单件成本与切削速度、进给量之间的关系可如下建立:

$$C = \frac{B_1}{vf} + B_2 v^{x-1} f^{y-1} + B_3$$

上式中:B_1、B_2、B_3 均为常数。

为求成本最低时得切削速度和进给量,可将成本 C 分别对 v 和 f 求偏导数并令其等于零,即:

$$\frac{\partial C}{\partial v} = 0 \text{ 和} \frac{\partial C}{\partial f} = 0$$

但是,同时满足上式的最佳切削条件是不存在的。可行的方法是在已加工表面粗糙度、机床功率等允许的范围内尽量选用大的进给量,再根据这个进给量确定成本最低的最佳切削速度。

(2)约束条件。

生产中由于受各种条件的限制,切削速度 v 及进给量 f 的数值是不可能任意选取的。例如,最大进给量会受到加工表面粗糙度的限制,还会受到工件刚度、刀具强度及刚度的限制;切削速度会受到刀具耐用度的限制等。这些约束条件可能包括:

①机床方面。如机床功率、切削速度和进给量的范围、走刀机构强度等。

②工件方面。如工件刚度、尺寸和形状精度、加工表面粗糙度等。

③刀具方面。如刀具强度及刚度、刀具最大磨损、刀具耐用度等。

④切削条件方面。如最小背吃刀量、积屑瘤、磨钝标准、断屑等。

根据以上约束条件,可建立一系列的约束条件不等式。所获得的目标函数及约束方程若是线性的,可以用线性规划进行求解。若是非线性的,则首先对每个函数取对数,使其线性化,然后求解。运用计算机,根据线性规划原理,可以很快获得切削速度和进给量的最优解。

第3章 数控机床的夹具选用

3.1 数控机床的工件定位

3.1.1 工件的装夹方式

在进行机械加工前,必须把工件放在机床上,使它和刀具之间具有相对正确的位置,这个过程称为工件的定位。当工件定位后,由于在加工中受到切削力、重力等的作用,还应采取一定的机构用外力将工件夹紧,使工件在加工过程中保持定位位置不变,这一过程称为夹紧。工件从定位到夹紧的整个过程称为工件的装夹。

在各种不同的机床上加工零件时,随着批量的不同,加工精度要求的不同,工件大小的不同,工件的装夹方法也不同。

1. 直接找正装夹

此法是用划针盘上的划针或百分表,以目测法直接在机床上找正工件位置的装夹方法。一边校验,一边找正,工件在机床上应有的位置是通过一系列的尝试而获得的。

如图3-1所示,用四爪单动卡盘安装工件,要保证本工序加工后的 S 面与已加工过的 A 面的同轴度要求,先用百分表按外圆 A 进行找正,夹紧后车削外圆,从而保证方面与A面的同轴度要求。

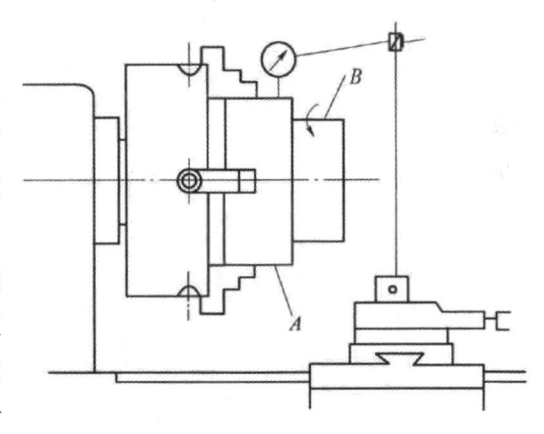

图3-1 直接找正法

直接找正装夹法比较费时,且定位精度的高低主要取决于所用工具或仪表的精度,以及工人的技术水平,定位精度不易保证,生产率较低,所以一般只用于单件、小批量生产中。

2. 划线找正装夹

此法是在毛坯上先划出中心线、对称线及各待加工表面的加工线,然后按照划好的线找正工件在机床上的位置。对于形状复杂的工件,常常需要经过几次划线。由于划线既费时,又需要技术水平高的划线工,划线找正的定位精度也不高,所以划线找正装夹只用在批量不大、形状复杂笨重的工件，或毛坯的尺寸公差很大、无法采用夹具装夹的工件。

3. 采用夹具装夹

夹具是机床的一种附加装置，它在机床上与刀具间正确的相对位置在工件未装夹前已预先调整好，所以在加工一批工件时，工件只需按定位原理在夹具中准确定位，不必再逐个找正定位，就能保证加工的技术要求。但由于夹具的设计、制造和维修需要一定的投资，所以只有在成批和大量生产中，才能取得比较好的效益。对于单件小批生产，若采用直接安装法难以保证加工精度，或非常费工时，也可以考虑采用专用夹具安装。

3.1.2 工件的定位

1. 六点定位原理

如图 3-2 所示，一个尚未定位的工件，其空间位置是不确定的，均有六个自由度，即 x、y、z 沿三个直角坐标轴方向的移动自由度 $\vec{x}$、$\vec{y}$、$\vec{z}$ 和绕这三个坐标轴的转动自由度 $\hat{x}$、$\hat{y}$、$\hat{z}$。因此，要完全确定工件的位置，就需要按一定的要求布置六个支承点（即定位元件）来限制工件的六个自由度，其中每一个支承点限制相应的一个自由度，这就是工件定位的"六点定位原理"。

如图 3-3 所示的长方体工件，欲使其完全定位，可以设置六个固定点，工件的三个面分别与这些点保持接触，在其底面设置三个不共线的点 1、2、3（构成一个面），限制工件的三个自由度：$\hat{z}$、$\vec{x}$、$\hat{x}$；侧面设置两个点 4、5（成一条线），限制了 $\vec{y}$、$\hat{z}$ 两个自由度；端面设置一个点 6，限制 $\vec{x}$ 自由度。于是工件的六个自由度便都被限制了。

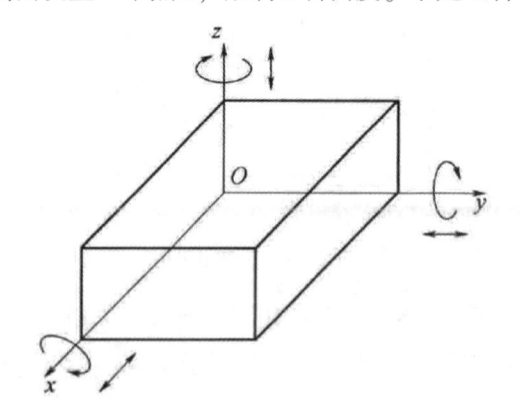

图 3-2　工件的六个自由度　　　图 3-3　长方体工件的定位

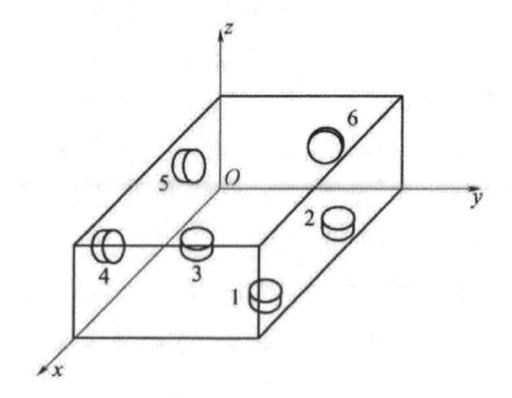

2. 六点定位原理的应用

（1）完全定位

工件的六个自由度全部被限制的定位，称为完全定位。当工件 x、y、z 在三个坐标方

向上均有尺寸要求或位置精度要求时，一般采用这种定位方式。

例如在图3-4所示的工件上铣槽，槽宽$20\pm0.05mm$取决于铣刀的尺寸；为了保证槽底面与A面的平行度和尺寸$60_{-0.2}^{0}mm$两项加工要求，必须限制$\vec{z}$、$\hat{x}$、$\hat{y}$三个自由度；为了保证槽侧面与B面的平行度和尺寸$30\pm0.1mm$两项加工要求，必须限制$\vec{x}$、$\hat{z}$两个自由度；由于所铣的槽不是通槽，在长度方向上，槽的端部距离工件右端面的尺寸是$50mm$，所以必须限制$\vec{y}$自由度。为此，应对工件采用完全定位的方式，选A面、B面和右端面作定位基准。

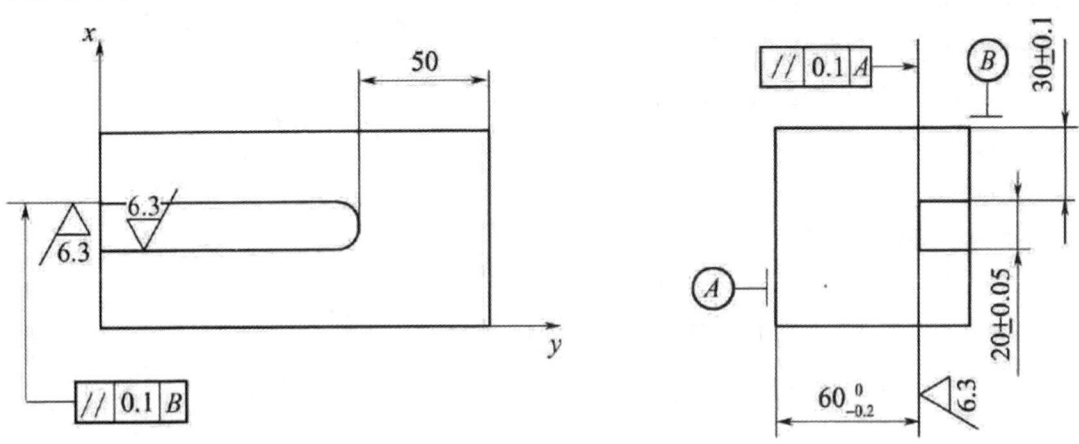

图3-4 完全定位示例分析

（2）不完全定位

根据工件的加工要求，并不需要限制工件的全部自由度，这样的定位，称为不完全定位。

图3-5为在车床上加工通孔，根据加工要求，不需要限制$\vec{x}$和$\hat{x}$两个自由度，故用三爪卡盘夹持限制其余四个自由度，就能实现四点定位。图3-6为平板工件磨平面，工件只有厚度和平行度要求，故只需限制$\vec{z}$、$\hat{x}$、$\hat{y}$三个自由度，在磨床上采用电磁工作台即可实现三点定位。

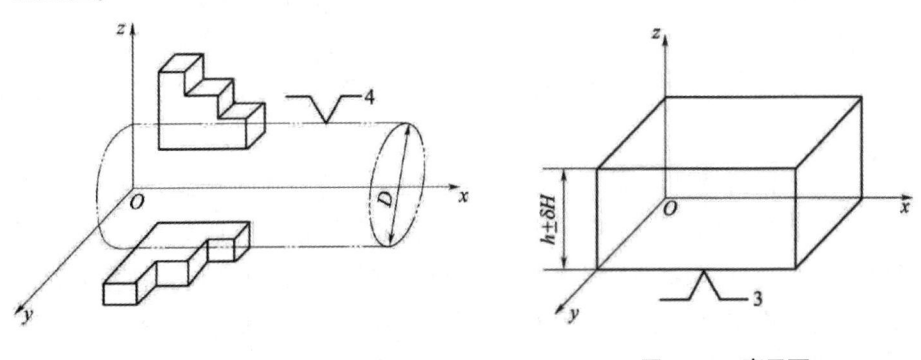

图3-5 在车床上加工通孔　　　图3-6 磨平面

(3) 欠定位

根据工件的加工要求,应该限制的自由度没有完全被限制的定位,称为欠定位。欠定位无法保证加工要求,所以是绝不允许的。

如图 3-7 所示,工件在支承 1 和两个圆柱销 2 上定位,按此定位方式,$\vec{x}$ 自由度没被限制,属欠定位。工件在 x 方向上的位置不确定,如图中的双点划线位置和虚线位置,因此钻出孔的位置也不确定,无法保证尺寸 A 的精度。只有在 x 方向设置一个止推销后,工件在 x 方向才能取得确定的位置。

(4) 过定位

夹具上的两个或两个以上的定位元件,重复限制工件的同一个或几个自由度的现象,称为过定位。如图 3-8 所示两种过定位的例子,

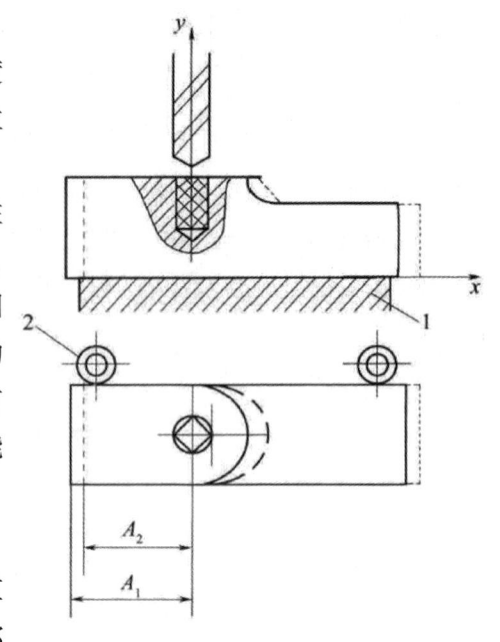

图 3-7 欠定位示例

图 (a) 为孔与端面联合定位情况,由于大端面限制 $\hat{z}$、$\hat{x}$、$\vec{y}$ 三个自由度,长销限制 $\vec{z}$、$\vec{x}$ 和 $\hat{z}$、$\hat{x}$ 四个自由度,可见 $\vec{z}$、$\vec{x}$ 被两个定位元件重复限制,出现过定位。图 (b) 为平面与两个短圆柱销联合定位情况,平面限制 $\vec{z}$、$\hat{x}$、$\hat{y}$ 三个自由度,两个短圆柱销分别限制 $\vec{x}$、$\vec{y}$ 和 $\hat{x}$、$\hat{y}$ 共四个自由度,则 $\vec{y}$ 自由度被重复限制,出现过定位。过定位可能导致下列后果:

①工件无法安装;

②造成工件或定位元件变形。

由于过定位往往会带来不良后果,一般确定定位方案时,应尽量避免。消除或减小过定位所引起的干涉,一般有两种方法:

①改变定位元件的结构,使定位元件重复限制自由度的部分不起定位作用。例如将图 3-8 (b) 右边的圆柱销改为削边销;对图 3-8 (a) 的改进措施如图 3-9 所示,其中图 (a) 是在工件与大端面之间加球面垫圈;图 (b) 将大端面改为小端面,从而避免过定位。

②合理应用过定位,提高工件定位基准之间以及定位元件的工作表面之间的位置精度。

图 3-10 所示滚齿夹具,是可以使用过定位这种定位方式的典型实例,其前提是齿坯加工时工艺上已保证了作为定位基准用的内孔和端面具有很高的垂直度,而且夹具上的定位芯轴和支承凸台之间也保证了很高的垂直度。此时,不必刻意消除被重复限制的自由度,利用过定位装夹工件,还提高了齿坯在加工中的刚性和稳定性,有利于保证加工精度,反而可以获得良好的效果。

(a) 长销和大端面定位　　(b) 平面和两短圆柱销定位　　(a) 大端面加球面垫圈　　(b) 大端面改为小端面

图 3-9　消除过定位的措施　　　　　　　　图 3-9　消除过定位的措施

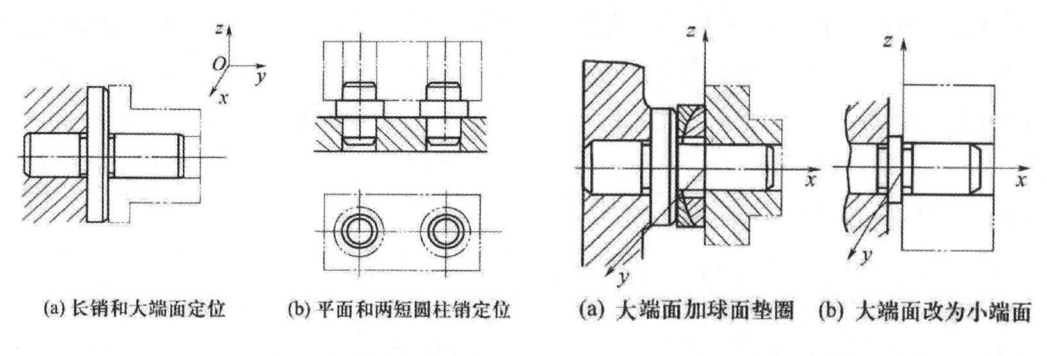

3. 定位与夹紧的关系

定位与夹紧的任务是不同的，两者不能互相取代。

若认为工件被夹紧后，其位置不能动了，所以自由度都已限制了，这种理解是错误的。如图 3-7 所示，工件在平面支承 1 和两个长圆柱销 2 上定位，工件放在实线和虚线位置都可以夹紧，但是工件在 x 方向的位置不能确定，钻出的孔其位置也不确定（出现尺寸 A_1 和 A_2）。只有在 x 方向设置一个挡销时，才能保证钻出的孔在 x 方向获得确定的位置。另一方面，若认为在挡销的反方向仍然有移动的可能性，因此位置不确定，这种理解也是错误的。定位时，必须使工件的定位基准紧贴在夹具定位元件上，否则不称其为定位，而夹紧则使工件不离开定位元件。

因此，在应用"六点定位原理"分析工件的定位时，应注意以下几点：

（1）定位支承点限制工件自由度的作用，应理解为定位支承点与工件定位基准面始终保持紧贴接触。若二者脱离，则意味着失去定位作用。

（2）一个定位支承点仅限制一个自由度，一个工件仅有六个自由度，所设置的定位支承点数目，原则上不应超过六个。

（3）分析定位支承点的定位作用时，不考虑力的影响。工件的某一自由度被限制，并非指工件在受到使其脱离定位支承点的外力时，不能运动。欲使其在外力作用下不能运动，是夹紧的任务；反之，工件在外力作用下不能运动，即被夹紧，也并非是说工件的所有自由度都被限制了。所以，定位和夹紧是两个概念，绝不能混淆。

3.1.3　定位基准的选择

1. 基准及其分类

基准，就是零件上用来确定其他点、线、面的位置所依据的点、线、面。根据基准功用不同，分为设计基准和工艺基准两大类。

（1）设计基准

设计基准是在零件设计图纸上所采用的基准，它是标注设计尺寸的起点。如图 3-11

(a) 所示的零件，平面2、3的设计基准是平面1，平面5、6的设计基准是平面4，孔7的设计基准是平面1和平面4，而孔8的设计基准是孔7的中心和平面4。在零件图上不仅标注的尺寸有设计基准，而且标注的位置精度同样具有设计基准，如图3-11（b）所示的钻套零件，轴心线 $O-O$ 是各外圆和内孔的设计基准，也是两项跳动误差的设计基准，端面4是端面S、C的设计基准。

（2）工艺基准

工艺基准是在工艺过程中所使用的基准。工艺过程是一个复杂的过程，按用途不同，工艺基准又可分为定位基准、工序基准、测量基准和装配基准。

工艺基准是在加工、测量和装配时所使用的，必须是实在的。然而作为基准的点、线、面有时在工件上并不一定实际存在（如孔和轴的中心线，两平面的对称中心面等），在定位时往往通过具体的表面来体现，用以体现基准的表面称为基面。如图3-11（b）所示钻套的中心线是通过内孔表面来体现的，内孔表面就是基面。

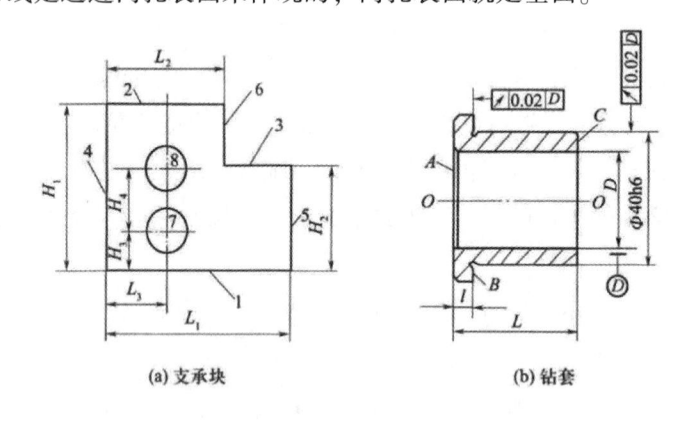

图3-11 基准分析

①定位基准。在加工中用作定位的基准，称为定位基准。它是工件上与夹具定位元件直接接触的点、线或面。如图3-11（a）所示零件，加工平面3和6时是通过平面1和4放在夹具上定位的，所以平面1和4是加工平面3和6的定位基准；如图3-11（b）所示的钻套，用内孔装在芯轴上磨削 $\phi 40h6$ 外圆表面时，内孔表面是定位基面，孔的中心线就是定位基准。

②工序基准。在工序图上，用来标定本工序被加工面尺寸、位置和形状所采用的基准，称为工序基准。它是某一工序所要达到加工尺寸（即工序尺寸）的起点。如图3-11（a）所示零件，加工平面3时按尺寸 H_2 进行加工，则平面1即为工序基准，加工尺寸 H_2 叫做工序尺寸。工序基准应当尽量与设计基准相重合，当考虑定位或试切测量方便时也可以与定位基准或测量基准相重合。

③测量基准。零件测量时所采用的基准，称为测量基准。如图3-11（b）所示，钻套以内孔套在芯轴上测量外圆的径向圆跳动，则内孔表面是测量基面，孔的中心线就是外圆的测量基准；用卡尺测量尺寸 l 和 L，表面A是表面B、C的测量基准。

④装配基准。装配时用以确定零件在机器中位置的基准，称为装配基准。如图3-11(b)所示的钻套，$\phi 40h6$外圆及端面B即为装配基准。

图3-12为上述各种基准之间的相互关系。

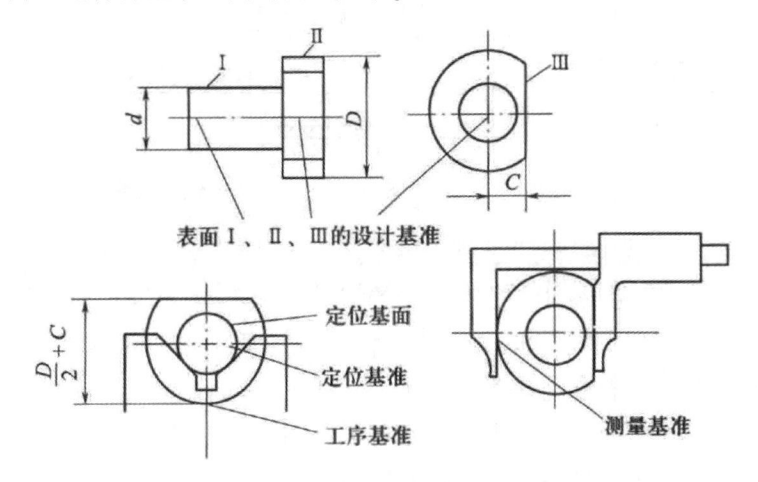

图3-12 各种基准之间的相互关系

2. 定位基准的选择

定位基准又分为粗基准和精基准。在机加工的第一道工序中，用作定位的表面只能用毛坯上未加工过的表面作为定位基准，称为粗基准；在随后的工序中，用已加工过的表面作为定位基准，则称为精基准。有时为方便装夹或易于实现基准统一，在工件上专门制出一种定位基准，称为辅助基准。

（1）粗基准的选择原则

粗基准的选择要保证用粗基准定位所加工出的精基准具有较高的精度，使后续各加工表面通过精基准定位具有较均匀的加工余量，并与非加工表面保持应有的相对位置精度。一般应遵循以下原则选择。

①相互位置要求原则。若工件必须首先保证加工表面与不加工表面之间的位置要求，则应选不加工表面为粗基准，以达到壁厚均匀，外形对称等要求。若有好几个不加工表面，则粗基准应选取位置精度要求较高者。如图3-13所示的套筒毛坯，在毛坯铸造时毛坯孔2和外圆1之间有偏心。以不加工的外圆1作为粗基准，不仅可以保证内孔2加工后壁厚均匀，而且还可以在一次安装下加工更多的表面。

②加工余量合理分配原则。若工件上每个表面都要加工，则应以余量最小的表面作为粗基准，以保证各加工表面有足够的加工余量。如图3-14所示的阶梯轴毛坯大小端外圆有$5mm$的偏心，应以余量较小的$\phi 58mm$外圆表面作为粗基准。如果选$\phi 114mm$外圆作为粗基准加工$\phi 58mm$外圆，则无法加工出$\phi 50mm$外圆。

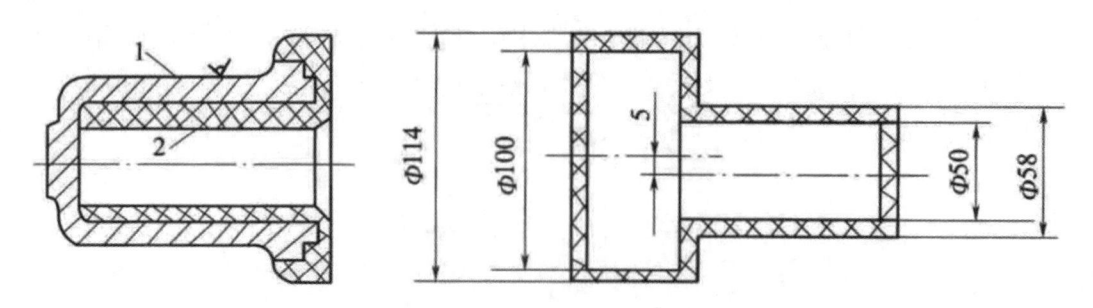

图 3-13 套筒粗基准的选择　　　　　图 3-14 阶梯轴粗基准的选择

③重要表面原则。选择重要加工面为粗基准，因为重要表面一般都要求加工余量均匀。例如，图 3-15 所示的床身导轨加工，铸造导轨毛坯时，导轨面向下放置，使其表面金相组织细致均匀，因此希望在加工时只切去一层薄而均匀的余量，保留组织细密耐磨的表层，且达到较高的加工精度。如图 3-15（a）所示，先选择导轨面为粗基准加工床身底平面，然后再以床身底平面为精基准加工导轨面，这样床身底平面加工余量可能不均匀，但加工后的床身底面与床身导轨的毛坯表面基本平行，以其为精基准才能保证导轨面加工时被切去的金属层尽可能薄而且均匀。而若以如图 3-15（b）所示的床身底面为粗基准，由于这两个毛坯平面误差很大，将导致导轨面的余量很不均匀甚至余量不够。

④不重复使用原则。粗基准为毛面，定位基准位移误差较大。如重复使用，将造成较大的定位误差，不能保证加工要求。如图 3-16 所示的小轴，如果重复使用毛坯面加工表面 4 和 C，则会使加工表面 4 和 C 产生较大的同轴度误差。当然若毛坯制造精度较高，而工件加工精度要求不高，则粗基准也可重复使用。

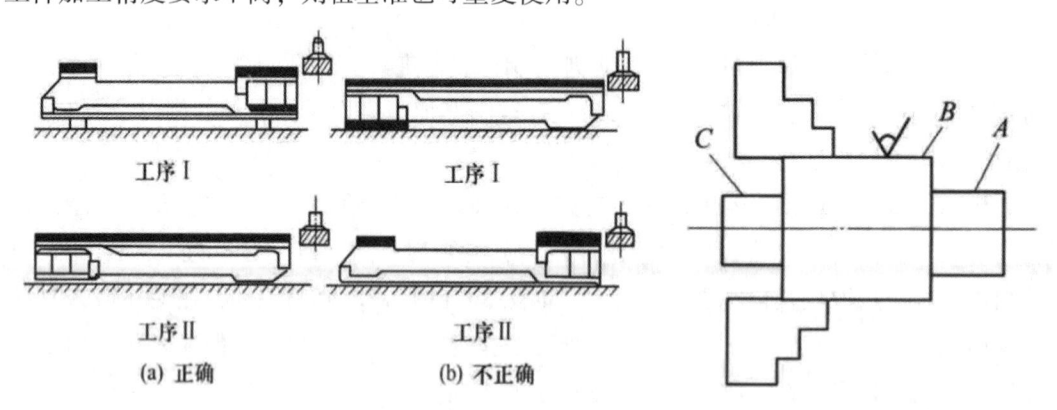

图 3-15 床身导轨面的粗基准选择　　　　　图 3-16 基准重复使用的误差

⑤便于工件装夹原则。作为粗基准的表面应尽量平整光滑，没有飞边、冒口、浇口或其他缺陷，以便使工件定位准确，夹紧可靠。

（2）精基准的选择原则

精基准的选择主要应考虑如何减少加工误差，保证加工精度（特别是加工表面的相互位置精度）以及实现工件装夹的方便、可靠与准确。其选择应遵循以下原则。

①基准重合原则。选设计基准为定位基准，可以避免由定位基准与设计基准不重合而引起的基准不重合误差。

例如，图 3-17（a）所示零件，欲加工孔 3，其设计基准是面 2，要求保证尺寸 A。若如图 3-17（b）所示，以面 1 为定位基准，在用调整法（先调整好刀具和工件在机床上的相对位置，并在一批零件的加工过程中保持这个位置不变，以保证工件被加工尺寸的方法）加工时，则直接保证的尺寸是 C，这时尺寸 A 是通过控制尺寸 B 和 C 来间接保证的。控制尺寸 B 和 C 就是控制它们的加工误差值。设尺寸 B 和 C 可能的误差值分别为它们的公差值 T_B 和 T_C，则尺寸 A 可能的误差值为

$$A_{max} - A_{min} = C_{max} - B_{min} - (C_{min} - B_{max}) = B_{max} - B_{min} + C_{max} - C_{min}$$

即
$$T_A = T_B + T_C$$

由此可以看出，用这种定位方法加工，尺寸 A 的加工误差值是尺寸 B 和 C 误差值之和。尺寸 A 的加工误差中增加了一个从定位基准（面 1）到设计基准（面 2）之间尺寸 B 的误差，这个误差就是基准不重合误差。由于基准不重合误差的存在，只有提高本道工序尺寸 C 的加工精度，才能保证尺寸 A 的精度；当本道工序 C 的加工精度不能满足要求时，还需提高前道工序尺寸 B 的加工精度，由此增加了加工的难度。

若按图 3-17（c）所示用面 2 定位，则符合基准重合原则，可以直接保证尺寸 A 的精度。

应用基准重合原则时，要具体情况具体分析。定位过程中产生的基准不重合误差，是在用夹具装夹、调整法加工一批工件时产生的。若用试切法（通过试切→测量→调整→再试切，反复进行到被加工尺寸达到要求为止的加工方法）加工，设计要求的尺寸一般可直接测量，不存在基准不重合误差问题。在带有自动测量功能的数控机床上加工时，可在工艺中安排坐标系测量检查工步，即每个零件加工前由 CNC 系统自动控制测量头检测设计基准并自动计算，修正坐标值，消除基准不重合误差。因此，可以不必遵循基准重合原则。

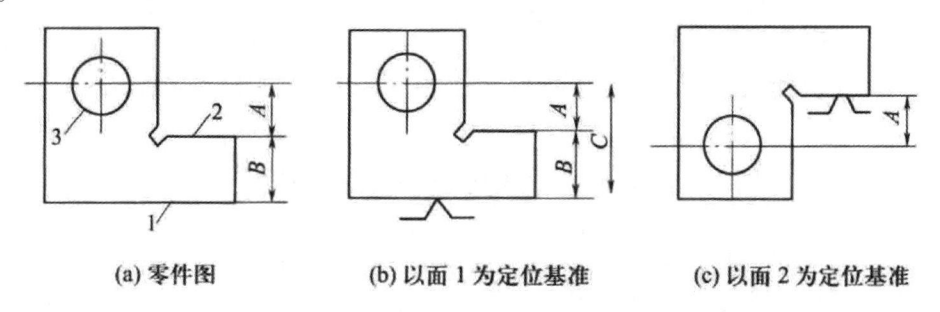

(a) 零件图　　(b) 以面 1 为定位基准　　(c) 以面 2 为定位基准

图 3-17　设计基准与定位基准的关系

②基准统一原则。同一零件的多道工序尽可能选择同一个定位基准，称为基准统一原则。这样既可保证各加工表面间的相互位置精度，避免或减少因基准转换而引起的误差，而且简化了夹具的设计与制造工作，降低了成本，缩短了生产准备周期。例如，轴类零件

加工，采用两端中心孔作为统一定位基准，加工各阶梯外圆表面，不但能在一次装夹中加工大多数表面，而且可保证各阶梯外圆表面的同轴度要求以及端面与轴心线的垂直度要求。采用同一定位基准必然会带来基准不重合，因此基准重合原则和基准统一原则是有矛盾的，应根据具体情况处理。

③自为基准原则。对于某些精度要求很高的表面，在精加工或光整加工工序，为了保证加工精度，要求加工余量小并且均匀，这时常以加工面本身定位，待到夹紧后将定位元件移去，再进行加工，称为自为基准原则。

例如，图3-18所示的床身导轨面磨削。先把百分表安装在磨头的主轴上，并由机床驱动作运动，人工找正工件的导轨面，然后磨去薄而均匀的一层磨削余量，以满足对床身导轨面的质量要求。采用自为基准原则时，只能提高加工表面本身的尺寸精度、形状精度，而不能提高加工表面的位置精度，加工表面的位置精度应由前道工序保证。此外，珩磨、铰孔及浮动镗孔等都是自为基准的例子。

④互为基准原则。为使各加工表面之间具有较高的位置精度，或为使加工表面具有小而均匀的加工余量，可采取两个加工表面互为基准反复加工的方法，称为互为基准反复加工原则。

例如车床要求主轴轴颈与前端锥孔同心，工艺上采用以前后轴颈定位，加工通孔、后锥孔和前锥孔，再以前锥孔和后锥孔（附加定位基准）定位加工前后轴颈。经过几次反复，由粗加工、半精加工至精加工，最后以前后轴颈定位，加工前锥孔，保证了较高的同轴度。

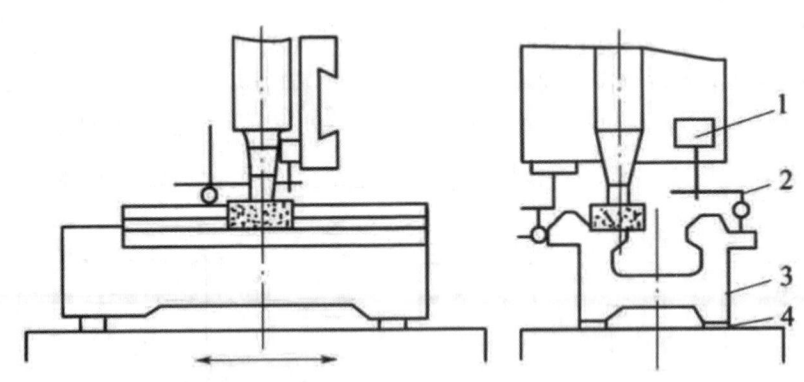

图3-18 床身导轨面自为基准的实例
1—磁力表座；2—百分表；3—床身；4—垫铁。

以上论述了定位基准的选择原则，在实际运用中应根据具体情况灵活掌握。

3.1.4 常见定位元件及定位方式

工件的定位是通过工件上的定位基准面和夹具上定位元件工作表面之间的配合或接触实现的，一般应根据工件上定位基准面的形状选择相应的定位元件。定位元件的选择及其

制造精度直接影响工件的定位精度和夹具的工作效率,以及制造使用性能等。下面按不同的定位基准面分别介绍其所用定位元件的结构形式。

1. 工件以平面定位

工件以平面作为定位基准面是生产中常见的定位方式之一。常用的定位元件(即支承件)有固定支承、可调支承、浮动支承和辅助支承等。除辅助支承外,其余均对工件起定位作用。

(1) 固定支承

固定支承有支承钉和支承板两种形式,如图3-19所示,在使用中都不能调整,高度尺寸是固定不动的。为保证各固定支承的定位表面严格共面,装配后需将其工作表面一次磨平。

图3-19中,平头支承钉和支承板用于已加工平面的定位;球头支承钉主要用于毛坯面定位;齿纹头支承钉用于侧面定位,以增大摩擦系数,防止工件滑动。简单型支承板的结构简单,制造方便,但孔边切屑不易清除干净,适用于工件侧面和顶面定位。带斜槽支承板便于清除切屑,适用于工件底面定位。

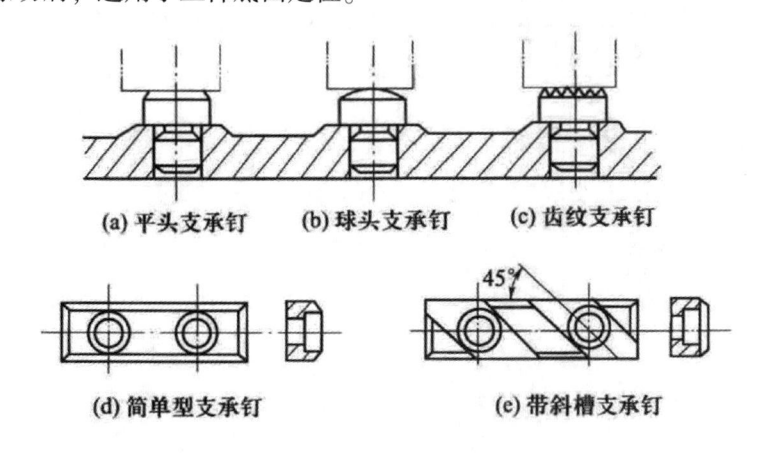

(a) 平头支承钉　(b) 球头支承钉　(c) 齿纹支承钉

(d) 简单型支承钉　(e) 带斜槽支承钉

图3-19　支撑钉和支撑板

(2) 可调支承

可调支承用于工件定位过程中支承钉高度需调整的场合,如图3-20所示。调节时松开锁紧螺母,将调整钉高度尺寸调整好后,用锁紧螺母固定,就相当于固定支承。可调支承大多用于毛坯尺寸、形状变化较大以及粗加工定位,以调整补偿各批毛坯尺寸误差。可调支承在同一批工件加工前调整一次,调整后需要锁紧,其作用与固定支承相同。

(3) 浮动支承(自位支承)

浮动支承是在工件定位过程中,能随着工件定位基准位置的变化而自动调节的支承。浮动支承常用的有三点式浮动支承和两点式浮动支承(图3-21)。这类支承的特点是:定位基面压下其中一点,其余点便上升,直至各点都与工件接触为止。无论哪种形式的浮动支承,其作用相当于一个固定支承,只限制一个自由度,由于增加了接触点数,可提高

(a) 圆头调整钉　　(b) 尖头调整钉

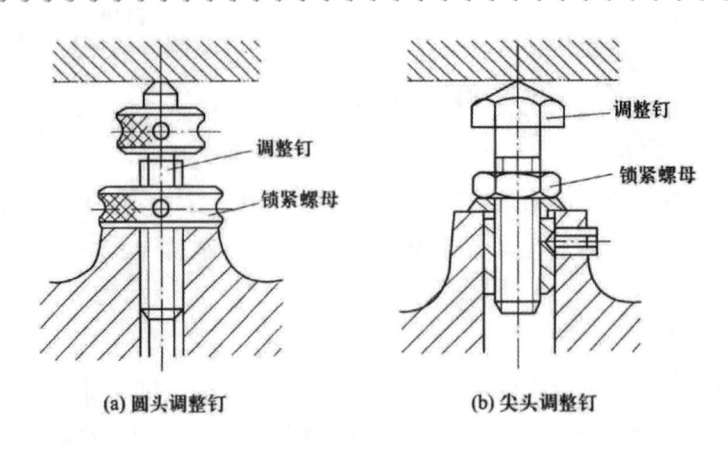

图 3-20　可调支承

工件的装夹刚度和稳定性，但夹具结构稍复杂，适用于工件以毛坯面定位或刚性不足的场合。

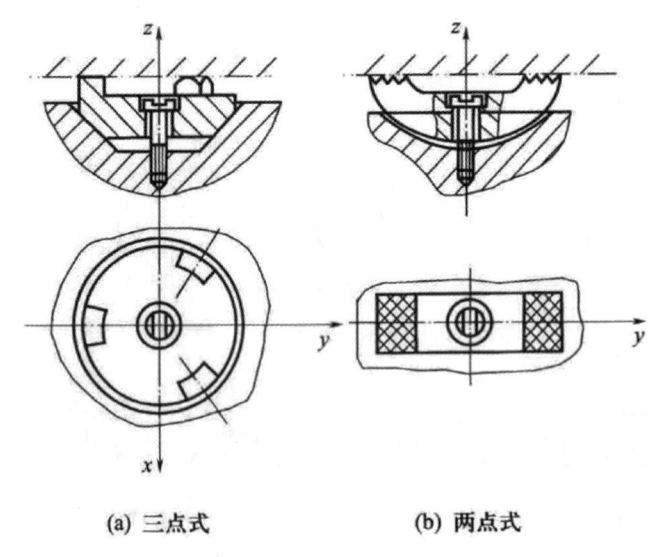

(a) 三点式　　(b) 两点式

图 3-21　浮动支承

（4）辅助支承

辅助支承是指由于工件形状、夹紧力、切削力和工件重力等原因，可能使工件在定位后还产生变形或定位不稳，为了提高工件的装夹刚性和稳定性而增设的支承。辅助支承的工作特点是每安装一个工件，待工件定位夹紧后，就调整一次辅助支承，使其与工件的有关表面接触并锁紧。此支承不限制工件的自由度，也不允许破坏原有定位。但一个工件加工完毕后一定要将所有辅助支承退回到与新装上去的工件保证不接触的位置。

2. 工件以圆孔定位

工件以圆孔定位时，其定位孔与定位元件之间处于配合状态，常用的定位元件有定位销、定位芯轴、圆锥销。一般为孔与端面定位组合使用。

（1）定位销

定位销分为短销和长销。短销只能限制两个移动自由度，而长销除限制两个移动自由度外，还可限制两个转动自由度，主要用于零件上的中小孔定位，一般直径不超过50mm。定位销的结构已标准化，图3-22为常用的标准化的定位销结构。图（a）、图（b）、图（c）是最简单的定位销，用于不经常需要更换的情况下。大批大量生产时，为了便于定位销的更换，可采用图（d）带衬套可换式定位销。当定位销直径为3～10mm，为避免在使用中折断，或热处理时淬裂，通常把根部倒成圆角Ⅰ这时夹具体上应设有沉孔，使定位销沉入孔内而不影响定位。为便于工件装入，定位销的头部有15°倒角。

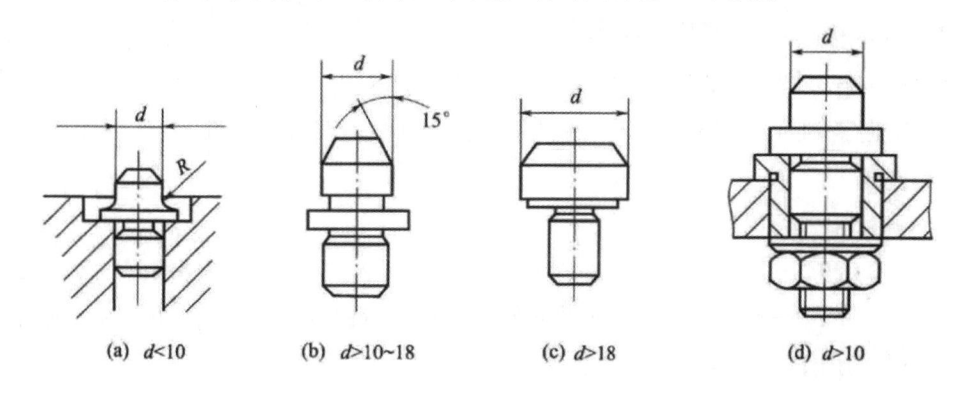

(a) d<10　(b) d>10~18　(c) d>18　(d) d>10

图3-22　常用标准化的定位销

（2）定位芯轴

定位芯轴主要用于套筒类和空心盘类工件的车、铣、磨及齿轮加工的定位。图3-23为常用刚性定位芯轴的结构形式。图3-23（a）为间隙配合芯轴，间隙配合拆卸工件方便，但定心精度不高。图3-23（b）是过盈配合芯轴，由引导部分1、工作部分2和传动部分3组成。这种芯轴制造简单，定心准确，不用另设夹紧装置，但装卸工件不便，易损伤工件定位孔，多用于定心精度要求高的精加工。图3-23（c）是花键芯轴，用于加工

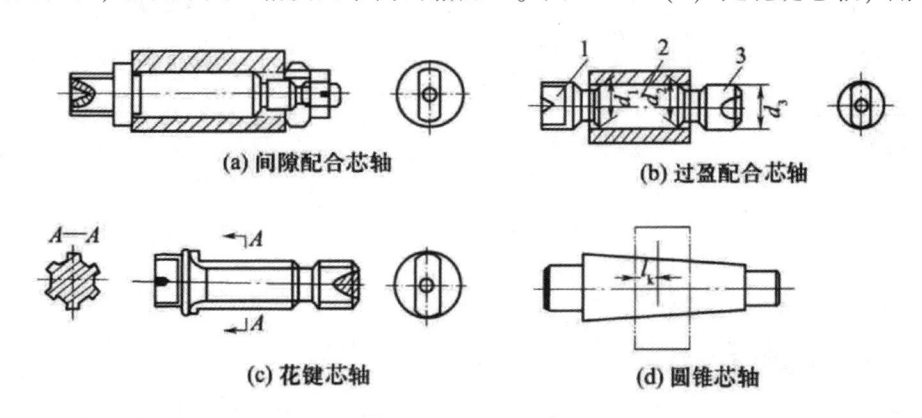

(a) 间隙配合芯轴　(b) 过盈配合芯轴

(c) 花键芯轴　(d) 圆锥芯轴

图3-23　常用刚性定位芯轴

1—引导部分；2—工作部分；3—传动部分。

以花键孔定位的工件。图3-23（d）是圆锥芯轴（小锥度芯轴），工件在锥度芯轴上定位，并靠工件定位圆孔与芯轴限位圆锥面的弹性变形夹紧工件。/k 为使孔与芯轴配合的弹性变形长度。这种定位方式的定心精度高，但工件的轴向位移误差较大，适用于工件定位孔精度不低于 IT7 的精车和磨削加工，不能加工端面。

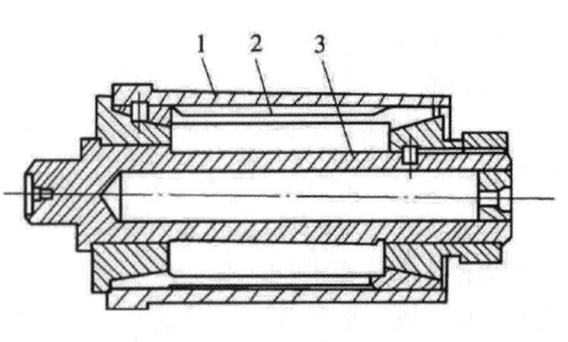

图3-24 弹簧芯轴
1—工件；2—夹头；3—芯轴

内孔的自动定心夹紧机构有三爪卡盘、弹簧芯轴等。图3-24所示为一种弹簧芯轴定位示例，其优点是所占位置小，操纵方便，可缩短夹紧时间，且不易损坏工件的被夹紧表面。但对被夹工件的定位表面有一定的尺寸和精度要求。

（3）圆锥销

如图3-25所示，工件以圆柱孔在圆锥销上定位。孔端与锥销接触，其交线是一个圆，相当于三个止推定位支承，限制了工件的三个自由度（$\vec{x}$、$\vec{y}$、$\vec{z}$）。图（a）用于粗基准，图（b）用于精基准。

但工件以单个圆锥销定位时易倾斜，故在定位时可成对使用，或与其他定位元件联合使用。如图3-26采用的圆锥销组合定位，均限制了工件的五个自由度。

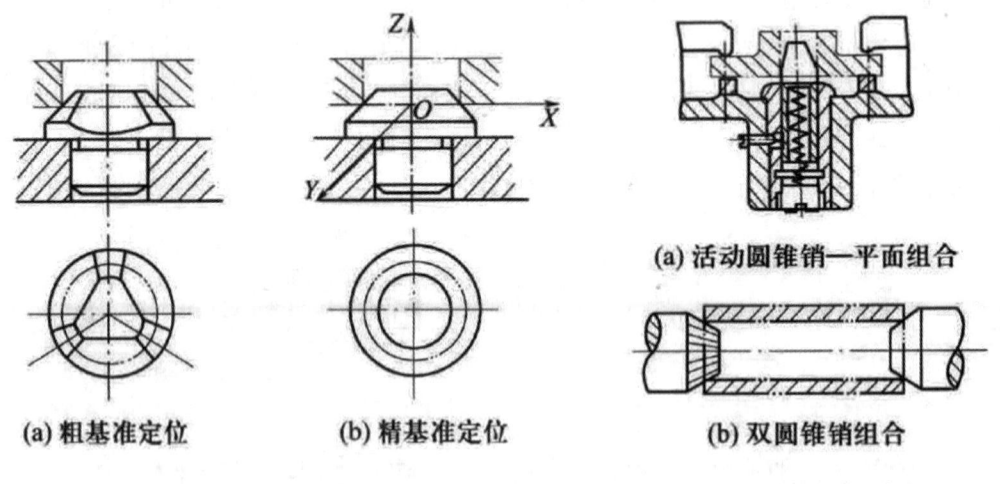

(a) 粗基准定位　　(b) 精基准定位

图3-25 圆锥销定位

(a) 活动圆锥销—平面组合

(b) 双圆锥销组合

图3-26 圆锥销组合定位

3. 工件以外圆柱面定位

工件以外圆柱面定位时有支承定位和定心定位两种。支承定位最常见的是 V 形块定位。定心定位能自动地将工件的轴线确定在要求的位置上，如常见的三爪自动定心卡盘和弹簧夹头等。此外也可用套筒、半圆孔衬套、锥套作为定位元件。

(1) V形块

V形块是外圆柱面定位时用得最多的定位元件，V形块定位的最大优点是对中性好。即使作为定位基面的外圆直径存在误差，仍可保证一批工件的定位基准轴线始终处在V形块的对称面上，并且使安装方便。

图3-27为常见V形块结构。图（a）用于较短工件精基准定位，图（b）用于较长工件粗基准定位，图（c）用于工件两段精基准面相距较远的场合。如果定位基准与长度较大，则V形块不必做成整体钢件，而采用铸铁底座镶淬火钢垫，如图（d）所示。长V形块限制工件的四个自由度，短V形块限制工件的两个自由度。V形块两斜面的夹角有60°、90°和120°三种，其中以90°为最常用。

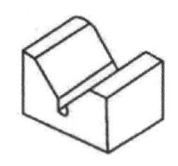

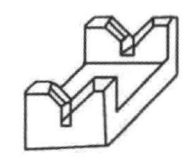

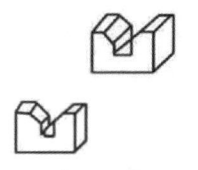

(a) 较短工件精基准定位　(b) 较长工件粗基准定位　(c) 工件两段精基准面相距较远的场合　(d) 定位基准与长度较大的场合

图3-27　常见V形块结构

V形块在使用中有固定式和活动式两种。图3-28为活动V形块的应用，其中图（a）是加工连杆孔的定位方式，活动V形块限制一个转动自由度，同时还起夹紧作用。图（b）的活动V形块限制工件的一个移动自由度。

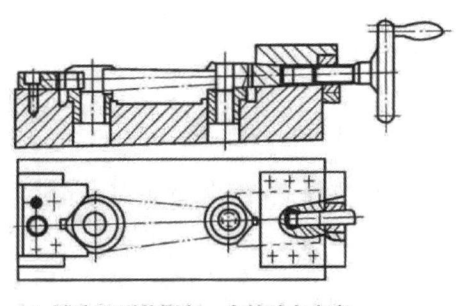

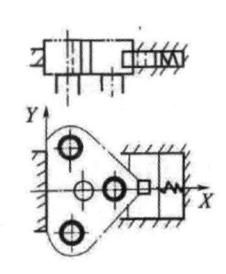

(a) 活动V形块限制一个转动自由度　(b) 活动V形块限制一个移动自由度

图3-28　活动V形块的应用

(2) 套筒定位和剖分套筒

图3-29是套筒定位的实例，其结构简单，但定心精度不高。为防止工件偏斜，常采用套筒内孔与端面联合定位。图（a）是短套筒孔，相当于两点定位，限制工件的两个自由度；图（b）是长套筒孔，相当于四点定位，限制工件的四个自由度。

剖分套筒为半圆孔定位元件，主要适用于大型轴类零件的精密轴颈定位，以便于工件的安装。如图3-30所示，将同一圆周表面的定位件分成两半，下半孔放在夹具体上，起定位作用，上半孔装在可卸式或铰链式的盖上，仅起夹紧作用。为便于磨损后更换，两半孔常都制成衬瓦形式，而不直接装在夹具体上。

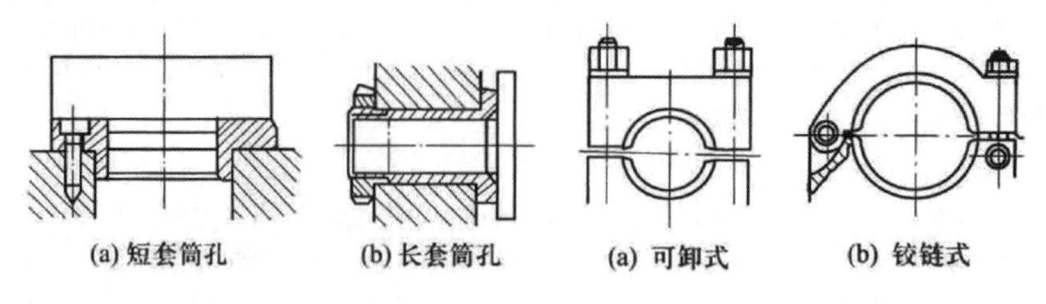

图 3-29 外圆表面的套筒定位　　　　图 3-30 剖分套筒

（3）定心夹紧机构

外圆定心夹紧机构有三爪卡盘、弹簧夹头等。图 3-31 为推式弹簧夹头，在实现定心的同时能将工件夹紧。

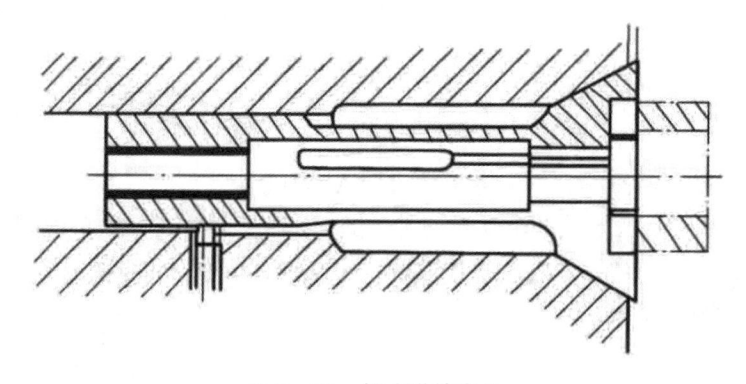

图 3-31 推式弹簧夹头

3.1.4 工件以一面两孔定位

一面两孔定位如图 3-32 所示，它是机械加工过程中最常用的定位方式之一，即以工件上的一个较大平面和与该平面垂直的两个孔组合定位。夹具上如果采用一个平面支承（限制 $\hat{x}$、$\hat{y}$ 和 $\hat{z}$ 三个自由度）和两个圆柱销（各限制 $\vec{x}$ 和 $\vec{y}$ 两个自由度）为定位元件，则在两销连心线方向产生过定位（重复限制 $\vec{x}$ 自由度）。为了避免由于过定位而引起的工件安装时的干涉，将其中一销做成削边销，削边销不限制 $\vec{x}$ 自由度而限制 $\hat{z}$ 自由度。削边销与孔的最小配合间隙可由下式计算：

$$X_{\min} = \frac{b(T_D + T_d)}{D}$$

式中　　b ——削边销的宽度；

T_D ——两定位孔中心距公差；

T_d ——两定位销中心距公差；

D ——与削边销配合的孔的直径。

3.1.5 定位误差

定位原理和定位元件只解决了加工过程中工件相对于刀具加工位置的正确性和合理性问题，然而，一批工件依次在夹具中定位时，因每一工件的具体表面都是在规定的公差范围内发生变化，故各个表面都有着不同的位置精度。因此还需讨论工件在正确定位的情况下，加工表面所能获得的尺寸精度以及相互位置精度的问题。

定位误差是指一批工件依次在夹具中进行定位时，由于定位不准而造成某一工序在工序尺寸（通常指加工表面对工序基准的距离尺寸）或位置方面的加工误差，用表示。

产生定位误差的原因是工序基准与定位基准不重合或工序基准自身在位置上发生偏转所引起。图 3-33 所示的是工件以平面 C 和 D 在夹具中进行定位，要求加工孔 A 和孔 B 时，以实线和虚线表示一批工件外形尺寸为最大和最小的两个极端位置情形。如平面 D 变到 D'，E 变到 E'，F 变到 F'，而平面 C 无位置上的任何变动。图中，对尺寸 A_1，工序基准和定位基准都是 D，属基准重合情形。但由于平面 D、C 间存在夹角误差，工件在定位的过程中，平面 D 自身产生偏转，对尺寸 A_1 有基准位移误差出现，其极限位置变动量为 ee'。对尺寸 A_2 来说，工序基准为 E，定位基准为 C，属基准不重合。因此，工序基准的极限位置变动量 EE' 是对加工位置尺寸 A_2 所产生的定位误差。对加工位置尺寸 B_1，工序基准为 F，定位基准为 D，也属基准不重合，此时所产生的定位误差为 FF'。而对于尺寸 B_2，工序基准和定位基准重合，都为平面而且平面 C 在夹具中的位置不发生变动，因此对尺寸 B_2 不产生影响，其定位误差等于零。

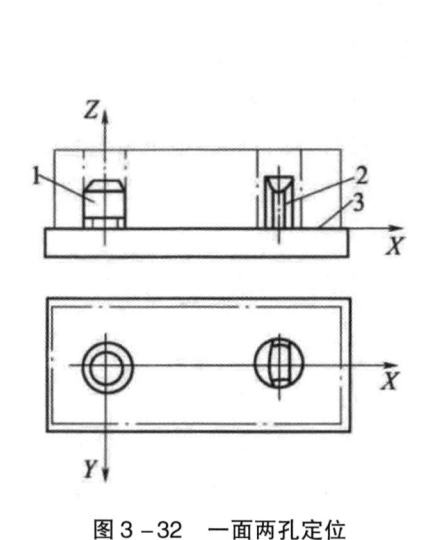

图 3-32 一面两孔定位

1—圆柱销；2—削边销；3—定位平面

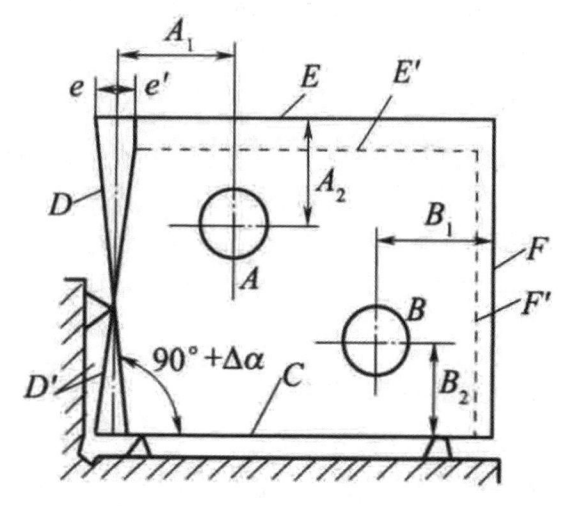

图 3-33 定位误差分析

通过以上分析，可得出以下结论：

（1）工件在定位时，不仅要限制工件的自由度，使工件在夹具中占有一致的正确加工位置，而且还必须尽量设法减少定位误差，以保证足够的定位精度。

（2）工件在定位时产生定位误差的原因有两个：

①定位基准与工序基准不重合，产生基准不重合引起的定位误差，即基准不重合误差 ΔB。

②由于工件的定位基准与定位元件的限位基准不重合而引起的定位误差，即基准位移误差 ΔY。

工件在夹具中定位时的定位误差，便是由上述两项误差所组成，即

$$\Delta D = \Delta B + \Delta Y$$

3.2　数控机床工件的夹紧

在机械加工过程中，工件会受到切削力、离心力、重力、惯性力等的作用，在这些外力作用下，为了使工件仍能在夹具中保持已由定位元件所确定的加工位置，而不致发生振动或位移，保证加工质量和生产安全，一般夹具结构中都必须设置夹紧装置将工件可靠夹牢。

3.2.1　夹紧装置的组成及基本要求

1. 夹紧装置的组成

图 3-34 为夹紧装置组成示意图，它主要由以下三部分组成：

（1）力源装置。产生夹紧作用力的装置。所产生的力称为原始力，如气动、液动、电动等，图中的力源装置是气缸 1。对于手动夹紧来说，力源来自人力。

（2）中间传力机构。介于力源和夹紧元件之间传递力的机构，如图中的连杆 2。在传递力的过程中，它能够改变作用力的方向和大小，起增力作用；还能使夹紧实现自锁，保证力源提供的原始力消失后，仍能可靠地夹紧工件，这对手动夹紧尤为重要。

（3）夹紧元件。夹紧装置的最终执行件，与工件直接接触完成夹紧作用，如图中的压板 3

2. 对夹具装置的要求

必须指出，夹紧装置的具体组成并非一成不变，须根据工件的加工要求、安装方法和生产规模等条件来确定。但无论其组成如何，都必须满足以下基本要求：

（1）夹紧时，应保持工件定位后所占据的正确位置。

（2）夹紧力大小要适当。夹紧机构既要保证工件在加工过程中不产生松动或振动，同时，又不得产生过大的夹紧变形和表面损伤。夹紧机构一般应有自锁作用。

（3）夹紧机构的自动化程度和复杂程度应和工件的生产规模相适应，并有良好的结构

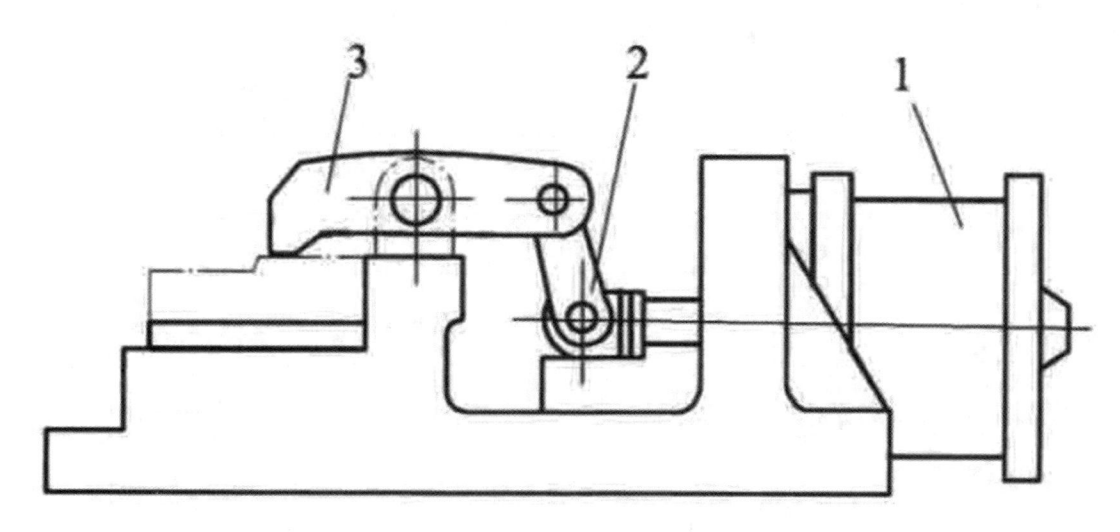

图 3-34　夹紧装置组成示意图

1—气缸；2—连杆；3—压板

工艺性，尽可能采用标准化元件。

(4) 夹紧动作要迅速、可靠，且操作要方便、省力、安全。

3.6.2　夹紧力的确定

夹紧力包括大小、方向和作用点，是一个综合性问题，必须结合工件的形状、尺寸、重量和加工要求，以及定位元件的结构及其分布方式、切削条件及切削力的大小等具体情况确定。

1. 夹紧力方向的确定

(1) 夹紧力的作用方向应垂直指向主要定位基准。如图 3-35 (a) 所示，在直角支座零件上镗孔，孔与左端面 A 有垂直度要求，因此加工时以 A 面为主要定位基面，夹紧力 F_1 朝向定位元件 A 面。如果夹紧力改朝 B 面，由于工件左端面 A 与底面 B 的夹角误差，夹紧时将破坏工件的定位，影响孔与 A 面的垂直度要求。又如图 3-35 (b) 所示，夹紧力 F_1 朝向 V 形块，使工件的装夹稳定可靠。但是，如果改为朝向 B 面，则夹紧时工件有可能会离开 V 形块的工作面而破坏工件的定位。

(2) 夹紧力的作用方向应尽量与切削力、工件重力方向一致，以减小所需夹紧力。如图 3-36 所示，钻削 A 孔时，当夹紧力与切削力心、工件重力 C 同方向时，加工过程所需的夹紧力可最小。

(3) 夹紧力的作用方向应尽量与工件刚度大的方向一致，以减小工件夹紧变形。如图 3-37 所示夹紧薄壁套筒时，图 (a) 用卡爪径向夹紧时工件变形大，若按图 (b) 沿轴向施加夹紧力，变形就会小得多。

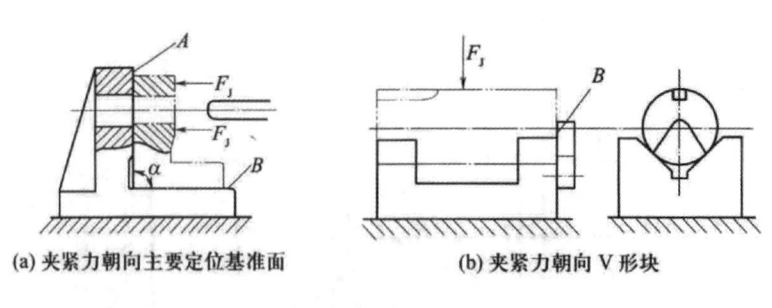

(a) 夹紧力朝向主要定位基准面　　　　(b) 夹紧力朝向 V 形块

图 3-35　夹紧力朝向主要定位面

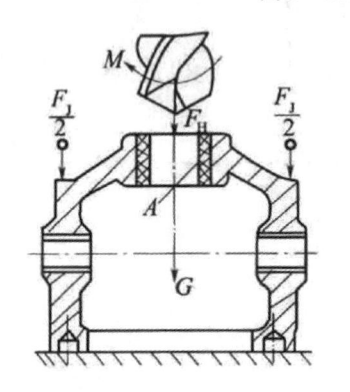

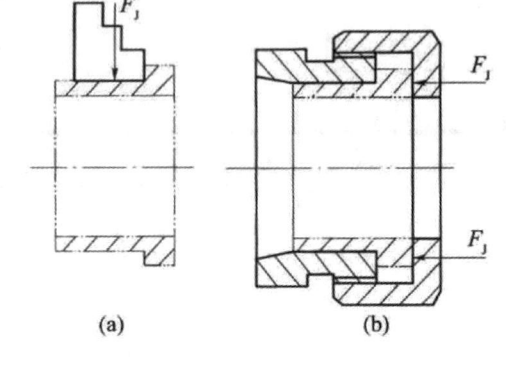

图 3-36　夹紧力方向对夹紧力大小的影响　　　图 3-37　套筒的夹紧

2. 夹紧力作用点的选择

（1）夹紧力的作用点应施加于工件刚性较好的部位上，这一原则对刚性差的工件特别重要。图 3-38（a）所示的薄壁箱体，夹紧力不应作用在箱体的顶面，而应作用于刚性较好的凸边上。箱体没有凸边时，可如图 3-38（b）那样，将单点夹紧改为三点夹紧，以减少工件的夹紧变形。对于薄壁零件，增加均布作用点的数目，常常是减小工件夹紧变形的有效方法。

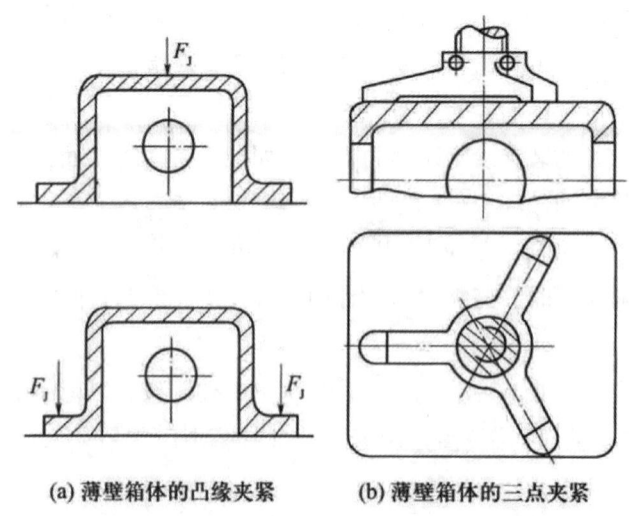

(a) 薄壁箱体的凸缘夹紧　　　(b) 薄壁箱体的三点夹紧

图 3-38　夹紧力作用点应在工件刚度大的地方

（2）夹紧力作用点应尽量靠近工件加工面，以减小切削力对工件造成的翻转力矩，提高工件加工部位的刚性，防止或减少工件产生振动。如图 3-39 所示拨叉装夹时，主要夹紧力 F_1 垂直作用于主要定位基面，而其作用点距加工表面较远，故在靠近加工面处设辅助支承，施加适当的辅助夹紧力 F_2，可提高工件的安装刚度。

（3）夹紧力的作用点应落在定位元件的支承范围内，并靠近支承元件的几何中心，以保证工件已获得的定位不变。如图 3-40 所示，夹紧力作用在支承面之外，导致了工件的倾斜和移动，破坏工件的定位。正确位置应是图中虚线所示的位置。

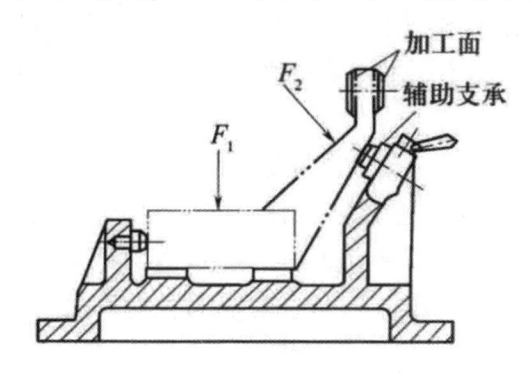

图 3-39 夹紧力作用点靠近加工表面

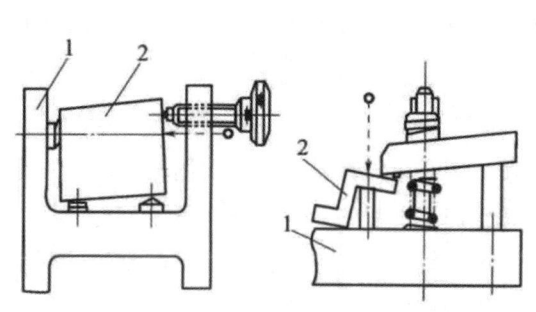

图 3-40 夹紧力作用点与工件稳定的关系
1—夹具；2—工件

3. 夹紧力大小的估算

估算夹紧力的一般方法是将工件视为分离体，并分析作用在工件上的各种力，按静力平衡原理，计算所需的理论夹紧力，乘上安全系数即为实际所需夹紧力。

3.6.3 机床夹具的类型及特点

1. 机床夹具的类型

机床夹具的种类繁多，可以从不同的角度对机床夹具进行分类。常用的分类方法有以下几种。

（1）按夹具的使用特点分类

根据夹具在不同生产类型中的通用特性，机床夹具可分为通用夹具、专用夹具、可调夹具、组合夹具和拼装夹具五大类。

①通用夹具。已经标准化、无需调整或稍加调整就可以用来装夹不同工件的夹具，其结构、尺寸已规格化，而且具有一定通用性，如三爪自定心卡盘、平口虎钳、四爪单动卡盘、台虎钳、万能分度头、顶尖、中心架和磁力工作台等。这类夹具适应性强，可用于装夹一定形状和尺寸范围内的各种工件。这类夹具作为机床附件，由专门工厂制造供应。其缺点是夹具的精度不高，生产率也较低，且较难装夹形状复杂的工件，故一般适用于单件

小批量生产中。

②专用夹具。是指专为某一工件的某一加工工序而设计制造的夹具。这类夹具结构紧凑，操作方便，但当产品变换或工序内容更动后，往往就无法再使用，因此主要用于产品固定、工艺相对稳定的大批量生产。

③可调夹具。是指加工完一种工件后，通过调整或更换个别元件就能装夹另外一种工件的夹具，主要用于加工形状相似、尺寸相近的工件，如滑柱式钻模、带各种钳口的虎钳等。可调夹具是针对通用夹具和专用夹具的缺陷而发展起来的一类新型夹具，它一般又可分为通用可调夹具和成组夹具两种。前者的通用范围比通用夹具更大，后者则是一种专用可调夹具。它按成组原理设计并能加工一族相似的工件，故在多品种，中、小批量生产中使用有较好的经济效果。

④组合夹具。组合夹具是指按一定的工艺要求，由一套预先制造好的通用标准元件和部件组装而成的夹具。它在使用完毕后，可方便地拆散成元件或部件，待需要时重新组合成其他加工过程的夹具，如此不断重复使用。这类夹具具有缩短生产周期，减少专用夹具的品种和数量的优点，适用于新产品的试制和多品种、小批量的生产，在数控铣床、加工中心用得较多。

⑤拼装夹具。用专门的标准化、系列化的拼装零部件拼装而成的夹具，称为拼装夹具。它具有组合夹具的优点，但比组合夹具精度高、效能高、结构紧凑，它的基础板和夹紧部件中常带有小型液压缸。此类夹具更适合在数控机床上使用。

（2）按使用机床分类

夹具按使用机床不同，可分为车床夹具、铣床夹具、钻床夹具、镗床夹具、加工中心夹具、自动机床夹具、自动线随行夹具以及其他机床夹具等。

（3）按夹紧的动力源分类

夹具按夹紧的动力源可分为手动夹具、气动夹具、液压夹具、气液增力夹具、电磁夹具、真空夹具和自夹紧夹具（靠切削力本身夹紧）等。

2. 数控加工夹具的特点

作为机床夹具，首先要满足机械加工时对工件的装夹要求。同时，数控加工的夹具还有它本身的如下特点：

（1）数控加工适用于多品种、中小批量生产，为能装夹不同尺寸、不同形状的多品种工件，数控加工的夹具应具有柔性，经过适当调整即可夹持多种形状和尺寸的工件。

（2）传统的专用夹具具有定位、夹紧、导向和对刀四种功能，而数控机床上一般都配备有接触试测头、刀具预调仪及对刀部件等设备，可以由机床解决对刀问题。数控机床上由程序控制的准确的定位精度，可实现夹具中的刀具导向功能。因此数控加工中的夹具一般不需要导向和对刀功能，只要求具有定位和夹紧功能，就能满足使用要求，这样可简化夹具的结构。

(3) 为适应数控加工的高效率，数控加工夹具应尽可能使用气动、液压、电动等自动夹紧装置快速夹紧，以缩短辅助时间。

(4) 夹具本身应有足够的刚度，以适应大切削用量切削。数控加工具有工序集中的特点，在工件的一次装夹中既要进行切削力很大的粗加工，又要进行达到工件最终精度要求的精加工，因此夹具的刚度和夹紧力都要满足大切削力的要求。

(5) 为适应数控多方面加工，要避免夹具结构包括夹具上的组件对刀具运动轨迹的干涉，夹具结构不要妨碍刀具对工件各部位的多面加工。

(6) 夹具的定位要可靠，定位元件应具有较高的定位精度，定位部位应便于清屑，无切屑积留。如工件的定位面偏小，可考虑增设工艺凸台或辅助基准。

(7) 对刚度小的工件，应保证最小的夹紧变形，如使夹紧点靠近支承点，避免把夹紧力作用在工件的中空区域等。当粗加工和精加工同在一个工序内完成时，如果上述措施不能把工件变形控制在加工精度要求的范围内，应在精加工前使程序暂停，让操作者在粗加工后、精加工前变换夹紧力（适当减小），以减小夹紧变形对加工精度的影响。

3.6.4 机床夹具的组成

机床夹具的种类虽然很多，但其基本组成是相同的，这些组成部分既相互独立又相互联系。下面以一个后盖钻夹具为例说明机床夹具的组成。

1. 定位元件

定位元件保证工件在夹具中处于正确的位置。如图3-41所示，钻后盖上的 $\phi 10\mathrm{mm}$ 孔，其钻夹具如图3-42所示。夹具上的圆柱销5、菱形销9和支承板4都是定位元件，通过它们使工件在夹具中占据正确的位置。

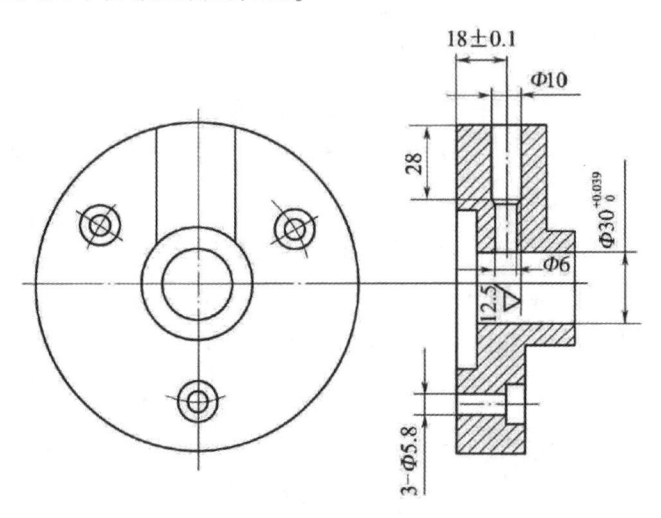

图3-41 后盖零件钻径向孔的工序图

2. 夹紧装置

夹紧装置的作用是将工件压紧夹牢，保证工件在加工过程中受到外力（切削力等）作用时不离开已经占据的正确位置。图3-42中的螺杆8（与圆柱销合成一个零件）、螺母7和开口垫圈6就起到了上述作用。

3. 对刀或导向装置

对刀或导向装置用于确定刀具相对于定位元件的正确位置。如图3-42中钻套1和钻模板2组成导向装置，确定了钻头轴线相对定位元件的正确位置。铣床夹具上的对刀块和塞尺为对刀装置。

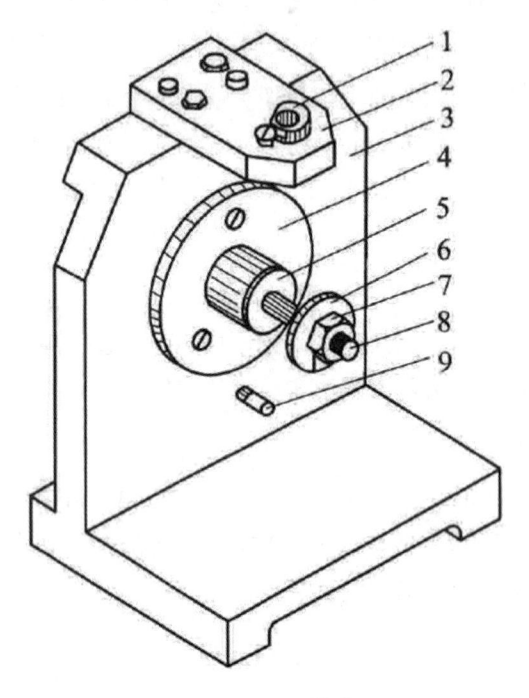

图3-42 后盖钻夹具

1—钻套；2—钻模板；3—夹具体；4—支承板；5—圆柱销；6—开口垫圈；7—螺母；8—螺杆；9—菱形销。

4. 连接元件

连接元件是确定夹具在机床上正确位置的元件。如图3-42中夹具体3的底面为安装基面，保证了钻套1的轴线垂直于钻床工作台以及圆柱销5的轴线平行于钻床工作台。因此，夹具体可兼作连接元件。车床夹具上的过渡盘、铣床夹具上的定位键都是连接元件。

5. 夹具体

夹具体是机床夹具的基础件，如图3-42中的件3，通过它将夹具的所有元件连接成一个整体。

6. 其他装置或元件

它们是指夹具中因特殊需要而设置的装置或元件。若需加工按一定规律分布的多个表面时，常设置分度装置；为了能方便、准确地定位，常设置预定位装置；对于大型夹具，常设置吊装元件等。

3.6.5 典型夹紧机构简介

1. 车床夹具

车床主要用于加工内外圆柱面、圆锥面、回转成形面、螺纹及端平面等。上述各表面都是绕车床主轴轴心的旋转而形成的，根据这一加工特点和夹具在车床上安装的位置，将车床夹具分为两种基本类型：一类是安装在车床主轴上的夹具，这类夹具和车床主轴相连接并带动工件一起随主轴旋转，除了各种卡盘、顶尖等通用夹其或其他机床附件外，往往根据加工的需要设计出各种芯轴或其他专用夹具；另一类是安装在滑板或床身上的夹具，对于某些形状不规则和尺寸较大的工件，常常把夹具安装在车床滑板上，刀具则安装在车床主轴上作旋转运动，夹具作进给运动。车床夹具的典型结构如下：

（1）三爪自定心卡盘。如图 3-43 所示，三爪自定心卡盘是一种常用的自动定心夹具，装夹方便，应用较广，适用于装夹轴类、盘套类零件。但由于它夹紧力较小，不便于夹持外形不规则的工件。

（2）四爪单动卡盘。如图 3-44 所示，其四个爪都可单独移动，安装工件时需找正，夹紧力大，适用于装夹毛坯、外形不规则、非圆柱体、偏心、有孔距要求（孔距不能太大）及位置与尺寸精度要求高的零件。

（3）花盘。如图 3-45 所示，与其他车床附件一起使用，适用于外形不规则、偏心及需要端面定位夹紧的工件，装夹工件时需反复校正和平衡。

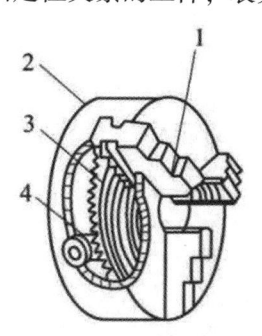

图 3-43 三爪卡盘
1—卡爪；2—卡盘体；
3—锥卡端面螺纹圆盘；
4—小锥齿轮。

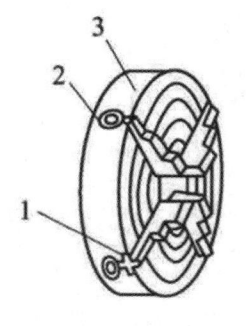

图 3-44 四爪卡盘
1—卡爪；2—螺杆；3—卡盘体。

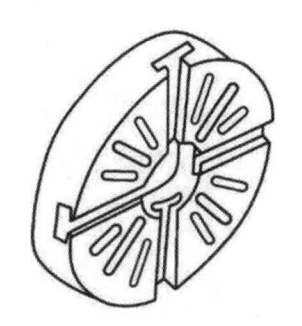

图 3-45 花盘

（4）芯轴。常用芯轴有圆柱芯轴、圆锥芯轴和花键芯轴。圆柱芯轴（图3-46）主要用于套筒和盘类零件的装夹；圆锥芯轴（小锥度芯轴）的定心精度高，但工件的轴向位移误差较大，多用于以孔为定位基准的工件；花键芯轴（图3-47）用于以花键孔定位的工件。

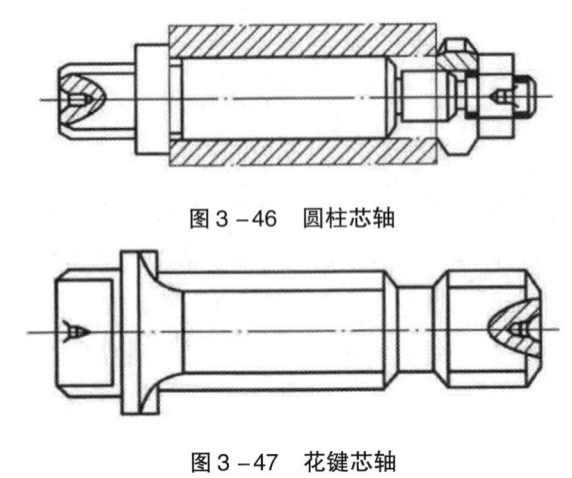

图3-46 圆柱芯轴

图3-47 花键芯轴

2. 铣床夹具

铣床夹具主要用于加工零件上的平面、键槽、缺口及成形表面等。由于铣削过程中，夹具大都与工作台一起作进给运动，而铣床夹具的整体结构又常取决于铣削加工的进给方式。因此常按不同的进给方式将铣床夹具分为直线进给式、圆周进给式和仿形进给式三种类型。

直线进给式铣床夹具用得最多。根据夹具上同时安装工件的数量，又可分为单件铣夹具和多件铣夹具。图3-48（a）所示为铣工件上斜面的单件铣夹具。工件以一面两孔定位，为保证夹紧力作用方向指向主要定位面，两个压板的前端作成球面。此外，为了确定对刀块的位置，在夹具上设置了工艺孔 O。

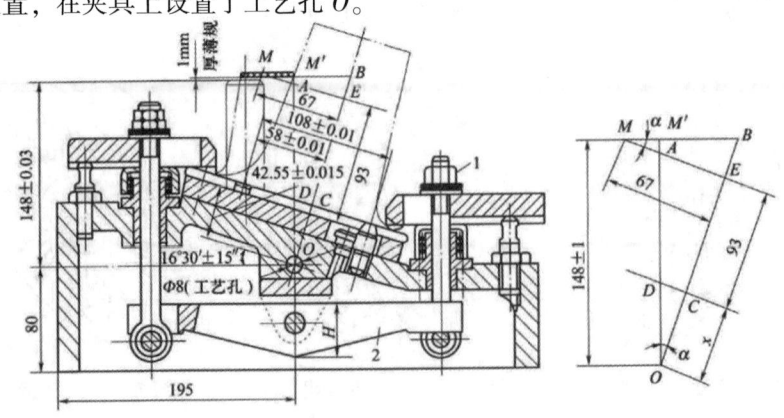

(a) 夹具结构图　(b) 工艺尺寸计算简图

图3-48 铣洗面夹具

1—螺母；2—杠杆

圆周式进给铣床夹具通常用在具有回转工作台的铣床上，一般均采用连续进给，有较高的生产率。图3-49所示为一圆周进给式铣夹具的简图。回转工作台2带动工件（拨叉）作圆周连续进给运动，将工件依次送入切削区，当工件离开切削区后即被加工好。在非切削区内，可将加工好的工件卸下，并装上待加工的工件。这种加工方法使机动时间与辅助时间相重合，从而提高了机床利用率。

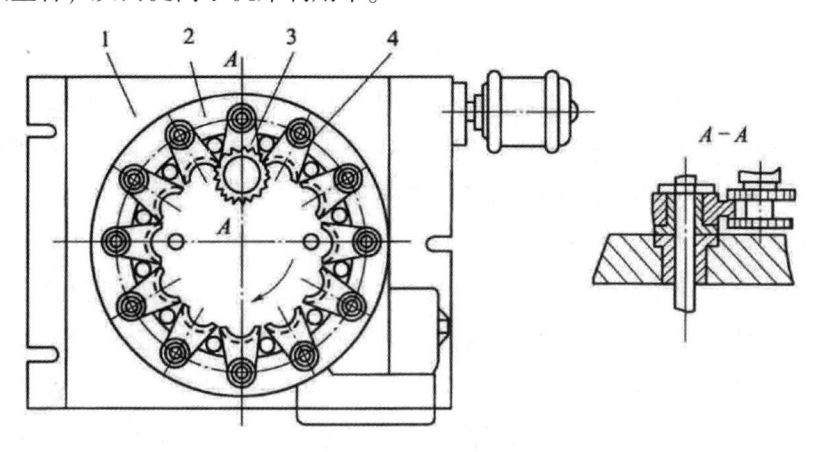

图3-49　圆周进给式铣夹具的简图
1—夹具；2—回转工作台；3—铣刀；4—工件

3. 加工中心夹具

数控回转工作台是各类数控铣床和加工中心的理想配套附件，有立式工作台、卧式工作台和立卧两用回转工作台等不同类型产品。立卧回转工作台在使用过程中可分别以立式和水平两种方式安装于主机工作台上。工作台工作时，利用主机的控制系统或专门配套的控制系统，完成与主机相协调的各种必须的分度回转运动。

为了扩大加工范围，提高生产效率，加工中心除了沿 x、y、z 三个坐标轴的直线进给运动之外，往往还带有 A、B、C 三个回转坐标轴的圆周进给运动。数控回转工作台作为机床的一个旋转坐标轴由数控装置控制，并且可以与其他坐标联动，使主轴上的刀具能加工到工件除安装面及顶面以外的周边。回转工作台除了用来进行各种圆弧加工或与直线坐标进给联动进行曲面加工以外，还可以实现精确的自动分度。因此，回转工作台已成为加工中心一个不可缺少的部件。

3.2.6　组合夹具简介

由于近代科学技术的高速发展，机械工业产品日益繁多，更新换代越来越快，传统的大批量生产模式逐步被中小批量生产模式所取代，机械制造系统欲适应这种变化需具备较高的柔性。国外已把柔性制造系统（FMS）作为开发新产品的有效手段，并将其作为机械制造业的主要发展方向。柔性化的着眼点主要在机床和工装两个方面，组合夹具是工装柔性化的重点。

组合夹具是由一套预先制造好的各种不同形状、不同规格、不同尺寸、具有完全互换性的标准元件和组合件,按工件的加工要求组装而成的夹具。它可以拆卸、清洗,并可重新组装成新的夹具。由于组合夹具的平均设计和组装时间是专用夹具所花时间的 5% ~ 20%,可以认为组合夹具就是柔性夹具的代名词。

1. 组合夹具的特点

组合夹具应用范围很广,它不仅成熟地应用于机床、汽车、农机、仪表等行业,而且在重型、矿山等机械行业也进行了推广应用。组合夹具按其结构型式分为孔系组合夹具、槽系组合夹具、组合冲模三大系列。槽系组合夹具又分 16mm、12mm、8mm 三种型式,也就是通常所说的大型、中型、小型组合夹具。组合夹具具有以下几方面的特点:

(1) 通用性强,可重复利用。组合夹具是在机床夹具元件高度标准化的前提下发展起来的。组合夹具的元件具有较高的尺寸精度和几何精度,较高的硬度和耐磨性,而且具有完全互换性。元件的平均使用寿命可达 15 年以上。组合夹具的组装如同搭积木一样,由于它拼装起来变化多,夹具结构型式变化无穷,它能满足各种零部件的加工要求。

(2) 适用范围广。组合夹具可适用于机械制造业中的车、铣、刨、磨、镗、钻等工种,在划线、检验、装配、焊接等工种也可应用。

(3) 可降低生产成本,提高劳动效率。组合夹具用后拆散,元件可以继续使用,这样既能减少夹具库存和因夹具报废造成的浪费,同时又能节省夹具制造的时间和费用,从而降低生产成本,提高劳动效率。

组合夹具也存在一些不足之处,如比较笨重,刚性不如专用夹具好,但随着组合夹具元件品种的不断发展和组装技术的不断提高,必将逐步得到改善。此外,组装成套的组合夹具,必须有大量元件储备,因此开始投资费用较大。

2. 组合夹具元件的分类

组合夹具元件,按其用途不同,可分为八大类。

(1) 基础件

基础件包括各种规格尺寸的方形、矩形、圆形基础板和基础角铁等,如图 3 - 50 所示。基础件主要用作夹具体,但还有其他用途,例如用方形或矩形基础板可组成一个角度,作为角度支承使用。基础件上的 T 形槽、键槽、光孔和螺孔起定位和紧固其他元件的作用。

(2) 支承件

支承件包括各种规格尺寸的垫片、垫板、方形和矩形支承、角度支承、角铁、菱形板、V 形块、螺孔板、伸长板等,如图 3 - 51 所示。支承件主要用作不同高度的支承和各种定位支承平面,是夹具体的骨架。另外,也可把尺寸大的支承件用作基础件。支承件在

组合夹

具元件中型式多、用途广，组装时应充分发挥其作用。支承件上一般也有T形槽、键槽、光孔和螺孔，以便将各支承件与基础件和其他元件连成整体。

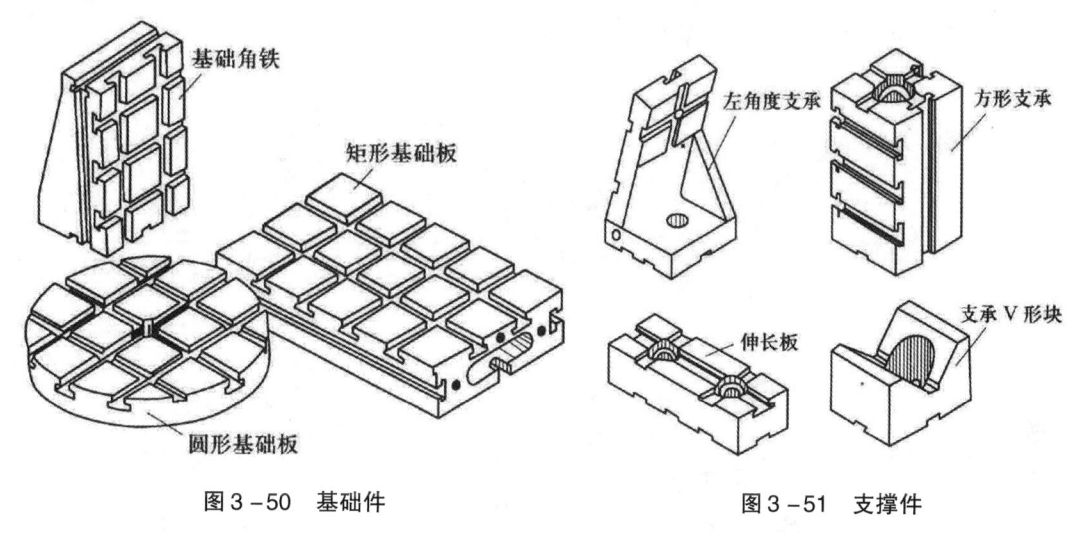

图3-50 基础件

图3-51 支撑件

（3）定位件

定位件包括各种定位销、定位键、各种定位支座、定位支承、锁孔支承、顶尖等，如图3-52所示。定位件主要用于确定元件与元件、元件与工件之间的相对位置尺寸，以保证夹具的装配精度和工件的加工精度，另外还用于增强元件之间的联接强度和整个夹具的刚度。

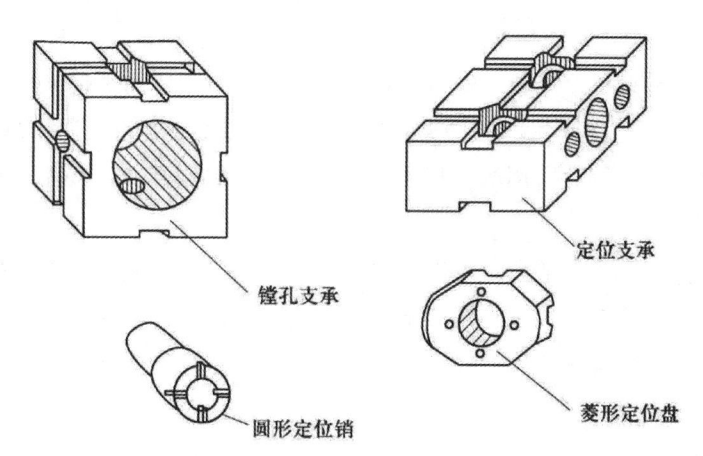

图3-52 定位件

（4）导向件

导向件包括各种钻模板、钻套、铰套和导向支承等，如图3-53所示。导向件主要用来确定刀具与工件的相对位置，加工时起到引导刀具的作用，有时也可用作定位件。

(5) 夹紧件

夹紧件包括各种形状尺寸的压板,如图3-54所示。夹紧件主要用来将工件夹紧在夹具上,保证工件定位后的正确位置在外力作用下不变动。由于各种压板的主要表面都经过磨光,因此也常作定位挡板、连接板或其他用途。

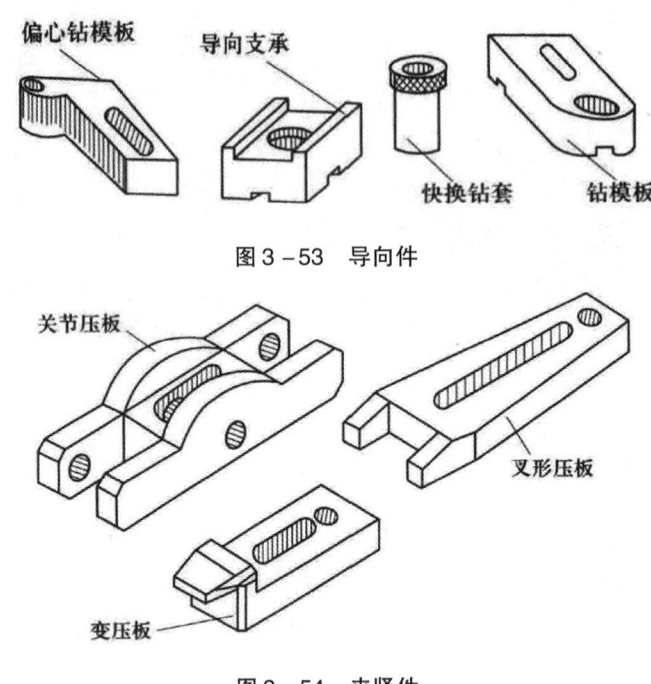

图3-53 导向件

图3-54 夹紧件

(6) 紧固件

紧固件包括各种螺栓、螺钉、螺母和垫圈等。紧固件主要用来把夹具上各种元件连接紧固成一整体,并可通过压板把工件夹紧在夹具上。组合夹具上使用的紧固件要求强度高、寿命长、体积小,因此所用的材料比一般标准紧固件的要好,且有较高的加工要求。

(7) 其他件

包括除了上述六类以外的各种用途的单一元件,例如连接板、回转压板、浮动块、各种支承钉、支承帽、二爪支承、三爪支承、平衡块等,如图3-55所示。其中有些有比较明显的用途,而有些常无固定用途,但只要用得合适,在组装中常能起到极为有利的辅助作用。

(8) 组合件

组合件指在组装过程中不拆散使用的独立部件,按其用途可分为定位合件、导向合件、夹紧合件和分度合件等,图3-56所示为分度合件。在合件中,使用最多的是导向合件和分度合件。

图 3-55 其他件

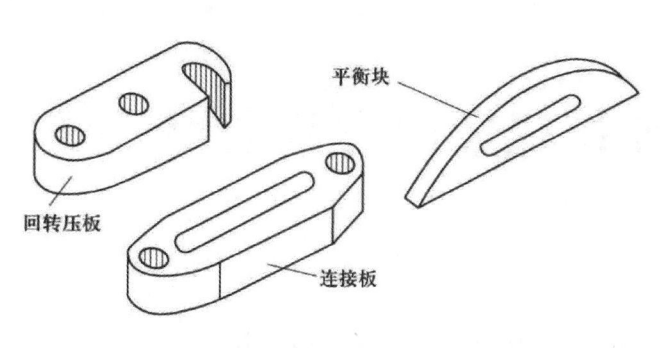

图 3-56 分度和件

由于经济及技术的发展以及数控加工中心机床的特点，组合夹具能适应不同机床、不同产品或同一产品不同规格的需要，组合夹具的运用具有广泛的前景。

3.6.7 夹具的选择

现代自动化生产中，数控机床的应用已越来越广泛。数控机床夹具必须适应数控机床的高精度、高效率、多方向同时加工、数字程序控制及单件小批生产的特点。为此，对数控机床夹具提出了以下一系列新的要求。

①单件小批量生产时，优先选用组合夹具、可调夹具和其他通用夹具，以缩短生产准备时间和节省生产费用。

②在成批生产时，才考虑采用专用夹具，并力求结构简单。

③零件的装卸要快速、方便、可靠，以缩短机床的停顿时间。

④夹具上各零部件应不妨碍机床对零件各表面的加工，即夹具要敞开，其定位、夹紧机构元件不能影响加工中的走刀（如产生碰撞等）。

⑤提高数控加工的效率，批量较大的零件加工可以采用多工位、气动或液压夹具。

⑥标准化、系列化和通用化。

第 4 章 数控机床的刀具选用

4.1 常见数控机床刀具的材料

4.1.1 数控刀具的种类

除数控磨床和数控电加工机床之外,其他的数控机床加工时通常都采用数控刀具,数控刀具主要是指数控车床、数控铣床、加工中心等机床上所使用的刀具。数控刀具按不同的分类方式可分为以下几类。

1. 从结构上分类

(1) 整体式。由整块材料制成,使用时可根据不同用途将切削部分修磨成所需要形状。

(2) 镶嵌式。它分为焊接式和机夹式。机夹式又根据刀体结构的不同,可分为不转位和可转位两种。

(3) 减振式。当刀具的工作臂长度与直径比大于 4 时,为了减少刀具的振动,提高加工精度,所采用的一种特殊结构的刀具,主要用于镗孔。

(4) 内冷式。刀具的切削冷却液通过机床主轴或刀盘传递到刀体内部,由喷孔喷射到切削刃部位。

(5) 特殊形式。包括强力夹紧、可逆攻丝、复合刀具等。

目前数控刀具主要采用机夹可转位刀具。

2. 从刀具的材料上分类

(1) 高速钢刀具;
(2) 硬质合金刀具;
(3) 陶瓷刀具;
(4) 立方氮化硼刀具;
(5) 聚晶金刚石刀具。

目前数控机床用得最普遍的是硬质合金刀具。

3. 从切削工艺上分类

（1）车削刀具。有外圆车刀、端面车刀和成型车刀等。

（2）钻削刀具。有普通麻花钻、可转位浅孔钻、扩孔钻等。

（3）镗削刀具。有单刃镗刀、双刃镗刀、多刃组合镗刀等。

（4）铣削刀具。分面铣刀、立铣刀、键槽铣刀、模具铣刀、成型铣刀等刀具。

4. 数控刀具的广义含义

随着数控机床结构、功能的发展，现在数控机床所使用的刀具，已不是普通机床所采用的那样"一机一刀"的模式，而是多种不同类型的刀具同时在数控机床的主轴上（或刀盘上）轮换使用，可以达到自动换刀的目的。因此对"数控刀具"的含义应理解为"数控工具系统"。由于数控设备特别是加工中心加工内容的多样性，使其配备的刀具和装夹工具种类也很多，并且要求刀具更换迅速。因此，刀辅具的标准化和系列化十分重要。把通用性较强的刀具和配套装夹工具系列化、标准化，就成为通常所说的工具系统。采用工具系统进行加工，虽然工具成本高些，但它能可靠地保证加工质量，最大限度地提高加工质量和生产率，使加工中心的效能得到充分的发挥。

4.1.2 数控刀具的特点

为了使数控机床真正发挥效率，能够达到加工精度高、加工效率高、加工工序集中及零件装夹次数少等要求，数控机床上所用的刀具在性能上应具有以下特点。

1. 很高的切削效率

由于数控机床价格昂贵，则希望提高加工效率。随着机床向高速、高刚度和大功率发展，目前车床和车削中心的主轴转速都在 8000r/min 以上，加工中心的主轴转速一般都在 15000～20000r/min，还有 40000r/min 和 60000r/min 的。预测硬质合金刀具的切削速度将由 200～300m/min 提高到 500～600m/min，陶瓷刀具的切削速度将提高到 800～1000m/min。因此，现代刀具必须具有能够承受高速切削和强力切削的性能。一些发达工业国家在数控机床上使用涂层硬质合金刀具、超硬刀具和陶瓷刀具所占的比例不断增加。据报道，在美国数控机床上陶瓷刀具应用的比例已达 20%，涂层硬质合金刀具已达 40%。现在辅助工时因自动化而大大减少，刀具切削效率的提高，将使产量提高并明显降低成本。因此，在数控加工中应尽量使用优质高效刀具。

2. 很高的精度和重复定位精度

现在高精密加工中心，加工精度可以达到 3～5μm，因此刀具的精度、刚度和重复定位精度必须与这样高的加工精度相适应。另外，刀具的刀柄与快换夹头间或与机床锥孔间的连接部分有高的制造、定位精度。所加工的零件日益复杂和精密，这就要求刀具必须具备较高的形状精度。国外研制的用于数控车床不需要预调的精化刀具，其刀尖的位置精度要求很高（图4-1）。对数控机床上所用的整体式刀具也提出了较高的精度要求，有些立铣刀其径向尺寸精度高达5μm。

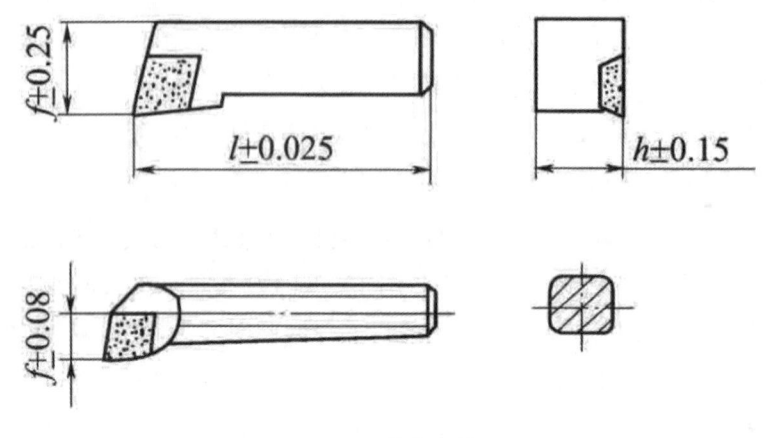

图4-1 精化刀具

3. 很高的可靠性和耐用度

为了保证产品质量，在数控机床上对刀具实行强迫换刀制，或由数控系统对刀具寿命进行管理，所以，刀具工作的可靠性已上升为选择刀具的关键指标。为满足数控加工及对难加工材料加工的要求，刀具材料应具有高的切削性能和刀具耐用度。不但其切削性能要好，而且一定要性能稳定，同一批刀具在切削性能和刀具寿命方面不得有较大差异，以免在无人看管的情况下，因刀具先期磨损和破损造成加工工件的大量报废甚至损坏机床。

4. 实现刀具尺寸的预调和快速换刀

刀具结构应能预调尺寸，以能达到很高的重复定位精度。如果数控机床采用人工换刀，则使用快换夹头。对于有刀库的加工中心，则实现自动换刀。

5. 具备一个比较完善的工具系统

模块式工具系统能更好地适应多品种零件的生产，且有利于工具的生产、使用和管理，能有效地减少使用厂的工具储备。配备完善、先进的工具系统是用好数控机床的重要一环。

6. 建立刀具管理系统

在加工中心和柔性制造系统出现后，刀具管理相当复杂。刀具数量大，不仅要对全部刀具进行自动识别、记忆其规格尺寸、存放位置、已切削时间和剩余切削时间等，还需要管理刀具的更换、运送，刀具的刃磨和尺寸预调等。

7. 建立刀具在线监控及尺寸补偿系统

系统用以解决刀具损坏时能及时判断、识别并补偿，防止工件出现废品和意外事故。

4.1.3 数控刀具的材料

1. 数控刀具材料的性能

切削时，刀具切削部分不仅要承受很大的切削力，而且要承受切削变形和摩擦所产生的高温。要使刀具能在这样的条件下工作而不致很快地变钝或损坏，保持其切削能力，就必须使刀具材料具有以下性能。

（1）较高的硬度。刀具材料的硬度必须高于被加工材料的硬度，以便在高温状态下依然可以保持其锋利。通常常温状态下刀具材料的硬度都在60HRC以上。

（2）较好的耐磨性。在通常情况下，刀具材料硬度越高，耐磨性也越好。刀具材料组织中碳化物越多，颗粒越细，则分布越均匀，其耐磨性也越高。

（3）足够的强度和韧性。刀具切削部^的材料在切削时要承受很大的切削力和冲击力。因此，刀具材料必须要有足够的强度和韧性。在工艺上一般用刀具材料的抗弯强度表示刀片的强度大小；用冲击韧性表示刀片韧性的大小。刀片韧性的大小反映出刀具材料抗脆性断裂和抗崩刃的能力。

（4）良好的耐热性和导热性。耐热性表示刀片在高温状态下保持其切削性能的能力。耐热性越好，刀具材料在高温时抗塑性变形的能力、抗磨损的能力也越强。另外，刀片材料的导热性也是表示刀具使用性能的一个方面。导热性越好，切削时产生的热量越容易传导出去，从而降低切削部分的温度，减轻刀具磨损，刀具抗变形的能力也越强。

（5）良好的加工工艺性。刀片的加工工艺性主要反映在其成型和刃磨的能力上，包括锻压、焊接、切削加工、热处理、可磨性等。

（6）抗黏结性。防止工件与刀具材料分子间在高温高压作用下互相吸附产生黏结。

（7）化学稳定性。指刀具材料在高温下，不易与周围介质发生化学反应。

（8）经济性。价格便宜，易于加工和运输。

2. 各种数控刀具材料

现今所采用的刀具材料，大体上可分为五大类：高速钢（High Speed Steel）、硬质合金（Cemented Carbide）、陶瓷（Ceramics）、立方氮化棚（Cubic Boron Nitride，CBN）、聚晶金刚石（Polymerize Crystal Diamond，PCD）。

（1）高速钢（High Speed Steel）

目前国内外应用比较普遍的高速钢刀具材料以 WMo 系、WMoAl 系、WMoCo 系为主，其中 WMoAl 是我国所特有的品种。高速钢的主要特征有：合金元素含量多且结晶颗粒比其他工具钢细，淬火温度极高（1200℃）而淬透性极好，可使刀具整体的硬度一致。回火时有明显的二次硬化现象，甚至比淬火硬度更高且耐回火软化性较高，在 600℃ 仍能保持较高的硬度，较之其他工具钢耐磨性好，且比硬质合金韧性高，但压延性较差，热加工困难，耐热冲击较弱。因此高速钢刀具仍是数控机床刀具的选择对象之一。

（2）硬质合金（Cemented Carbide）

硬质合金是将钨钴类（WC）、钨钛钴类（WC－TiC）、钨钛钽（铌）钴类（WC－TiC－TaC）等硬质碳化物以 Co 为结合剂烧结而成的物质，其主体为 WC－Co 系，在铸铁、非铁金属和非金属的切削中大显身手。1929 年—1931 年前后，TiC 以及 TaC 等添加的复合碳化物系硬质合金在铁系金属的切削之中显示出极好的性能，于是硬质合金得到了很大程度的普及。

按 ISO 标准主要以硬质合金的硬度、抗弯强度等指标为依据，硬质合金刀片材料大致分为 K、P、M 三大类。

又分别在 K、P、M 三种代号之后附加 01、05、10、20、30、40、50 等数字更进一步细分。一般来讲，数字越小者，硬度越高但韧性越低；而数字越大则韧性越高但硬度越低。表 4－1 中显示了硬质合金刀具的成分及其物理性能。

表 4－1　硬质合金刀具的成分及其物理性能

ISO 分类		成分（/%）			密度/（g/cm³）	硬度 HY30/10MPa	抗弯强度/MPa	抗压强度/MPa	弹性模量/GPa	热膨胀系数（×10⁻⁶·℃）	热导率 W/(m·K)
		WC	WC+TaC	Co							
P 类	P10	63	28	9	10.7	1600	1300	4600	530	6.5	29.3
	P20	76	14	10	11.9	1500	1500	1800	540	6	33.49
	P30	82	8	10	13.1	1450	1750	5000	560	5.5	58.62
	P40	75	12	13	12.7	1400	1950	4900	560	5.5	58.62
	P50	68	15	17	12.5	1300	2200	4000	520	—	—
M 类	M10	84	10	6	13.1	1700	1350	5000	580	5.5	50.24
	M20	82	10	8	13.4	1550	1600	5000	570	5.5	62.8
	M30	81	10	9	14.4	1450	1800	4800	—	—	—
	M40	79	6	15	13.6	1300	2100	4400	540	—	—
K 类	K01	92	4	4	15.0	1800	12(8)	—	—	—	79.55
	K10	92	2	6	14.8	1650	1500	5700	630	5	79.55
	K20	92	2	6	14.8	1550	1700	5000	620	5	79.55
	K30	89	2	9	14.4	1400	1900	4700	580	—	71.18
	K40	88	—	12	14.3	1300	2100	4500	570	5.5	58.82

注：表内数据为平均值

①K类。国家标准YG类，成分为WC+Co，适于加工短切屑的黑色金属、有色金属及非金属材料。主要成分为碳化钨和（3~10)%钴，有时还含有少量的碳化钽等添加剂。

②P类。国家标准YT类，成分为WC+TiC，适于加工长切屑的黑色金属。主要成分为碳化钛、碳化钨和钴（或镍），有时加入碳化钽等添加剂。

③M类。国家标准YW类，成分为WC+TiC+TaC，适于加工长切屑或短切屑的黑色金属和有色金属。成分和性能介于K类和P类之间，可用来加工钢和铸铁。

以上为一般切削工具所用硬质合金的大致分类。此外，还有超微粒子硬质合金，可以认为从属于K类。但因其烧结性能上要求结合剂Co的含量较高，故高温性能较差，大多只适用于钻、铰等低速切削工具。

涂层硬质合金刀片是在韧性较好的工具表面涂上一层耐磨损、耐溶着、耐反应的物质，使刀具在切削中同时具有既硬而又不易破损的性能（英文名称为Coated tool）。涂层的方法分为两大类：一类为物理涂层（PVD），是在550℃以下将金属和气体离子化后喷涂在工具表面；另一类为化学涂层（CVD），是将各种化合物通过化学反应沉积在工具上形成表面膜，反应温度一般都在1000~1100℃左右。

常见的涂层材料有TiC、TiN、TiCN、AL_2O_3、$TiAlO_x$等陶瓷材料。由于这些陶瓷材料都具有耐磨损（硬度高）、耐化学反应（化学稳定性好）等性能，所以就硬质合金的分类来看，既具备K类的功能，也能满足P类和M类的加工要求。也就是说，尽管涂层硬质合金刀具基体是P、M、K中的某一种类，而涂层之后其所能覆盖的种类就相当广了，既可以属于K类，也可以属于P类和M类。故在实际加工中对涂层刀具的选取不应拘泥于P（YT）、M（YW）、K（YG）等划分，而是应该根据实际加工对象、条件以及各种涂层刀具的性能进行选取。

从使用的角度来看，希望涂层的厚度越厚越好。但涂层厚度一旦过厚，则易引起剥离而使涂层工具丧失本来的功效。一般情况下，用于连续高速切削的涂层厚度为5~15μm，多为CVD法制造。在冲击较强的切削中，特别要求涂膜有较高的附着强度以及涂层对工具的韧性不产生太大的影响，涂层的厚度大多控制在2~3μm左右，且多为PVD涂层。

涂层刀具的使用范围相当广，从非金属、铝合金到铸铁、钢以及高强度钢、高硬度钢和耐热合金、钛合金等难加工材料的切削均可使用，且普遍较硬质合金的性能要好。

(3) 陶瓷（Ceramics）

陶瓷是含有金属氧化物或氮化物的无机非金属材料。从20世纪30年代就开始研究以陶瓷作为切削工具。陶瓷刀具基本上由两大类组成：一类为纯氧化铝类（白色陶瓷）；另一类为Tic添加类（黑色陶瓷）；还有在Al_2O_3中添加SiCW（晶须）、ZrO_2（青色陶瓷）来增加韧性的，以及以$Si3N4$为主体的陶瓷刀具。

陶瓷材料具有高硬度（刀片硬度可达 78HRC 以上），高温强度好（能耐 1200～1450℃高温）的特性，化学稳定性亦很好，故能达到较高的切削速度。但抗弯强度低，怕冲击，易崩刃。对此，热等静压技术的普及对改善结晶的均匀细密性、提高陶瓷的各向性能均衡乃至提高韧性起到了很大的作用，作为切削工具用的陶瓷抗弯强度已经提高到 900MPa 以上。

一般来说，陶瓷刀具相对硬质合金和高速钢来说仍是极脆的材料，因此多用于高速连续切削，例如铸铁的高速加工。另外，陶瓷的热传导率相对硬质合金来说非常低，是现有工具材料中最低的一种，故在切削加工中加工热容易被积蓄，且对于热冲击的变化较难承受。所以，加工中陶瓷刀具很容易因热裂纹产生崩刃等损伤，且切削温度亦较高。陶瓷刀具因其材质的化学稳定性好、硬度高，在耐热合金等难加工材料的加工中有广泛的应用。

金属陶瓷是为解决陶瓷刀具的脆性大而出现的，其成分以 TiC（陶瓷）为基体，Ni、Mo（金属）为结合剂，故取名为金属陶瓷。金属陶瓷刀具最大优点是与被加工材料的亲和性极低，故不易产生粘刀和积屑瘤现象，使加工表面非常光洁平整，在一般刀具材料中可谓精加工用的佼佼者。但由于韧性差而限制了它的使用范围。通过添加 WC、TaC、TiN、TaN 等异种碳化物，使其抗弯强度达到了硬质合金的水平，因而得到广泛的运用。日本黛杰（DUET）公司新近推出通用性更为优良的 CX 系列金属陶瓷，以适应各种切削状态的加工要求。

（4）立方氮化硼（CBN）

立方氮化硼是靠超高压、高温技术人工合成的新型高硬度刀具材料，其结构与金刚石相似，此工具由美国 GE 公司研制开发，它的硬度略逊于金刚石，可达 7300～9000HV，但热稳定性远高于金刚石，可耐 1300～1450℃高温，并且与铁族元素亲和力小，不易产生"积屑瘤"，是迄今为止能够加工铁系金属最硬的一种刀具材料。它的出现使无法进行正常切削加工的淬火钢、耐热钢的高速切削变成可能。硬度 60～65HRC、70HRC 的淬硬钢等高硬度材料均可采用 CBN 刀具来进行切削。所以，在很多场合都以 CBN 刀具进行切削来取代迄今为止只能采用磨削来加工的工序，使加工效率得到了极大的提高。

切削加工普通灰铸铁时，一般来说线速度 300m/min 以下采用涂层硬质合金，300～500m/min 以内采用陶瓷，500m/min 以上用 CBN 刀具材料。而且最近的研究表明，用 CBN 切削普通灰铸铁，当速度超过 800m/min 时，刀具寿命随着切削速度的增加反而更长。其原因一般认为在切削过程中，刃口表面会形成 Si3N4、Al2O3 等保护膜替代刀刃的磨损。因此，可以说 CBN 将是超高速加工的首选刀具材料。

（5）聚晶金刚石（PCD）

1975 年，美国 GE 公司开发了用人造金刚石颗粒，通过添加 Co、硬质合金、NiCr、

Si – SiC 以及陶瓷结合剂在高温（120CTC 以上）、高压下烧结成形的 PCD 刀具，得到了广泛的使用。

金刚石刀具与铁系金属有极强的亲和力，切削中刀具中的碳元素极易发生扩散而导致磨损，因此一般不适宜加工黑色金属。但与其他材料的亲和力很低，切削中不易产生粘刀现象，切削刃口可以磨得非常锋利，所以主要用于高效地加工有色金属和非金属材料，能得到高精度、高光亮的加工面，特别是 PCD 刀具消除了金刚石的性能异向性，使其在高精加工领域中得到了普。金刚石在大气中温度超过 600℃时将被碳化而失去其本来面目，故金刚石刀具不宜用于可能会产生高温的切削中。

从总体上分析，上述五大类刀具材料的硬度、耐磨性，以金刚石最高，递次降低到高速钢。而材料的韧性则是高速钢最高，金刚石最低。图 4-2 中显示了目前实用的各种刀具材料根据硬度和韧性排列的大致位置。涂层刀具材料具有较好的实用性能，也是将来能使硬度和韧性并存的手段之一。在数控机床中，采用最广泛的是硬质合金类，因为这类材料目前从经济性、适应性、多样性、工艺性等各方面，综合效果都优于陶瓷、立方氮化硼、聚晶金刚石。

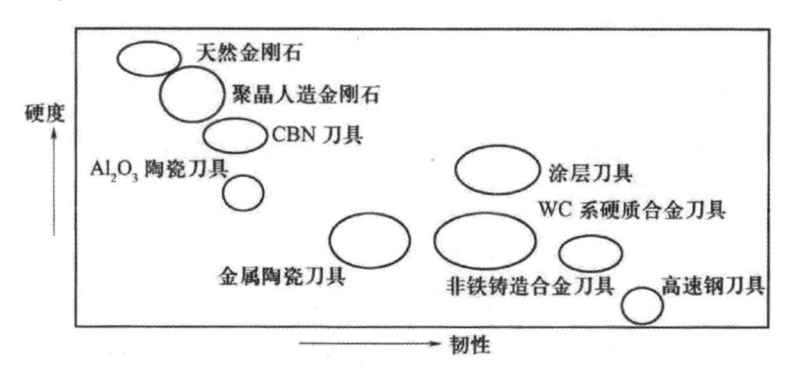

图 4-2 刀具材料的硬度与韧性的关系

4.2 数控机床刀具系统与选择

4.2.1 数控工具系统

目前数控机床采用的工具系统有车削类工具系统、镗铣类工具系统。

1. 车削类工具系统

随着车削中心的产生和各种全功能数控车床数量的增加，人们对数控车床和车削中心所使用的刀具提出了更高的要求，形成了一个具有特色的车削类刀具系统。目前，已出现了几种车削类工具系统，它们具有换刀速度快，刀具的重复定位精度高，连接刚度高等特点，提高了机床的加工能力和加工效率。被广泛采用的一种整体式车削工具系统是 CZG

车削工具系统,它与机床的连接接口的具体尺寸及规格可参考相关资料。车削加工中心用的模块化快换刀具结构由刀具头部、连接部分和刀体组成。这种刀体还可装车钻镗攻丝检测头等多种工具。

2. 镗铣类工具系统

镗铣类工具系统一般由与机床主轴连接的锥柄、延伸部分的连杆和工作部分的刀具组成。它们经组合后可以完成钻孔、扩孔、铰孔、镗孔、攻螺纹等加工工艺。镗铣类工具系统分为整体式结构和模块式结构两大类。图4-3所示是TSG82工具系统。

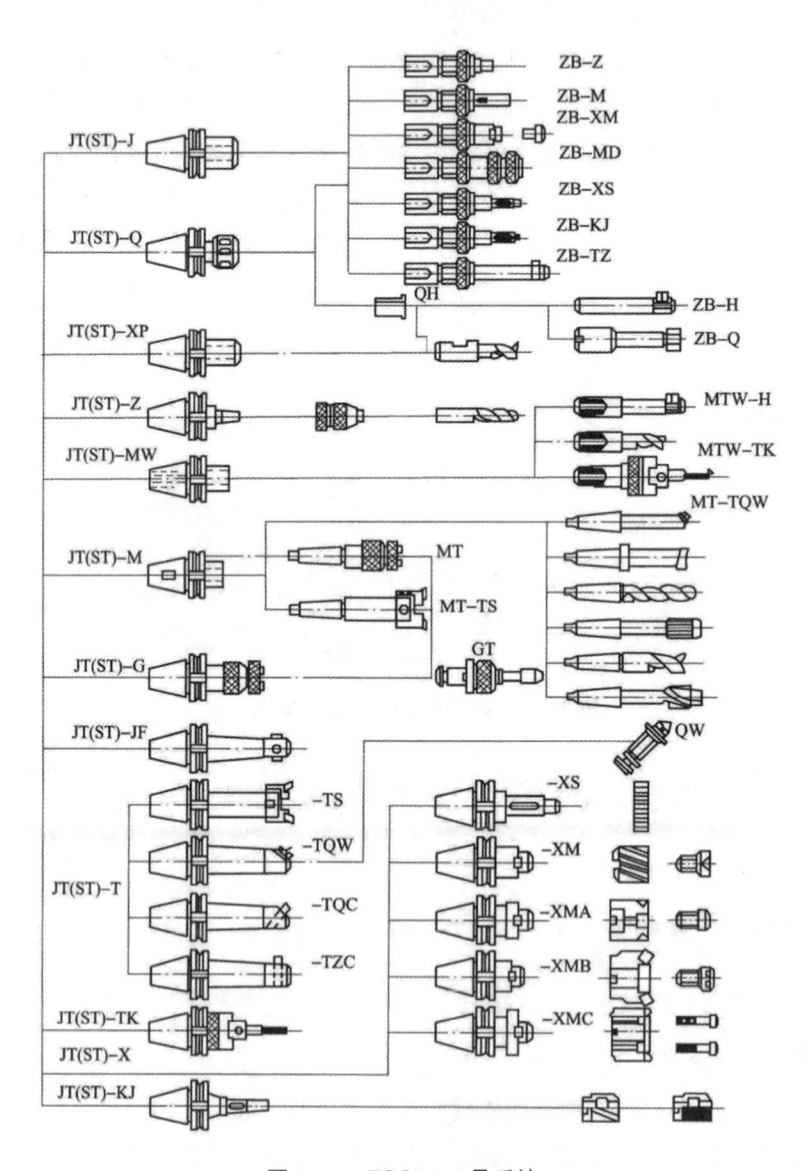

图4-3 TSG82工具系统

(1) 整体式结构

我国 TSG82 工具系统就属于整体式结构的工具系统。它的特点是将锥柄和接杆连成一体，不同品种和规格的工作部分都必须带有与机床相连的柄部。其优点是结构简单、使用方便、可靠、更换迅速等。缺点是锥柄的品种和数量较多，选用时一定要按图示进行配置。表 4-2 是 TSG82 工具系统的代码和意义。

表 4-2 TSG82 工具系统的代码和意义

代码	代码的意义	代码	代码的意义	代码	代码的意义
J	装接长刀杆用锥柄	KJ	用于装扩、铰刀	TF	浮动镗刀
Q	弹簧夹头	BS	倍速夹头	TK	可调镗刀
KH	7:24 锥柄快换夹头	H	倒锪端面刀	X	用于装铣削刀具
Z（J）	用于装钻夹头（莫氏锥度注 J）	T	镗孔刀具	XS	装三面刃铣刀
MW	装无扁尾莫氏锥柄刀具	TZ	直角镗刀	XM	装面铣刀
M	装有扁尾莫氏锥柄刀具	TQW	倾斜式微调镗刀	XDZ	装直角端铣刀
G	攻螺纹夹头	TQC	倾斜式粗镗刀	XD	装端铣刀
C	切内槽工具	TZC	直角形粗镗刀		
规格	用数字表示工具的规格，其含义随工具不同而异。有些工具该数字为轮廓尺寸 D-L；有些工具该数字表示应用范围。还有表示其他参数值的，如锥度号等					

(2) 模块式结构

模块式结构把工具的柄部和工作部分分开，制成系统化的主柄模块、中间模块和工具模块，每类模块中又分为若干小类和规格，然后用不同规格的中间模块组装成不同用途、不同规格的模块式刀具，这样就方便了制造、使用和保管，减少了工具的规格、品种和数量的储备，对加工中心较多的企业有很高的实用价值。

目前，模块式工具系统已成为数控加工刀具发展的方向。国外有许多应用比较成熟和广泛的模块化工具系统。例如瑞士的山特维克（SANDVIK）公司有比较完善的模块式工具系统，在我国的许多企业得到了很好的应用。国内的 TGM10 和 TGM21 工具系统就属于这一类。图 4-4 所示为 TGM 工具系统的示意图。

发展模块式工具的主要优点是：

(1) 减少换刀时间和刀具的安装次数，缩短生产周期，提高生产效率。

(2) 促使工具向标准化和系列化发展。

(3) 便于提高工具的生产管理及柔性加工的水平。

(4) 扩大工具的利用率，充分发挥工具的性能，减少用户工具的储备量。

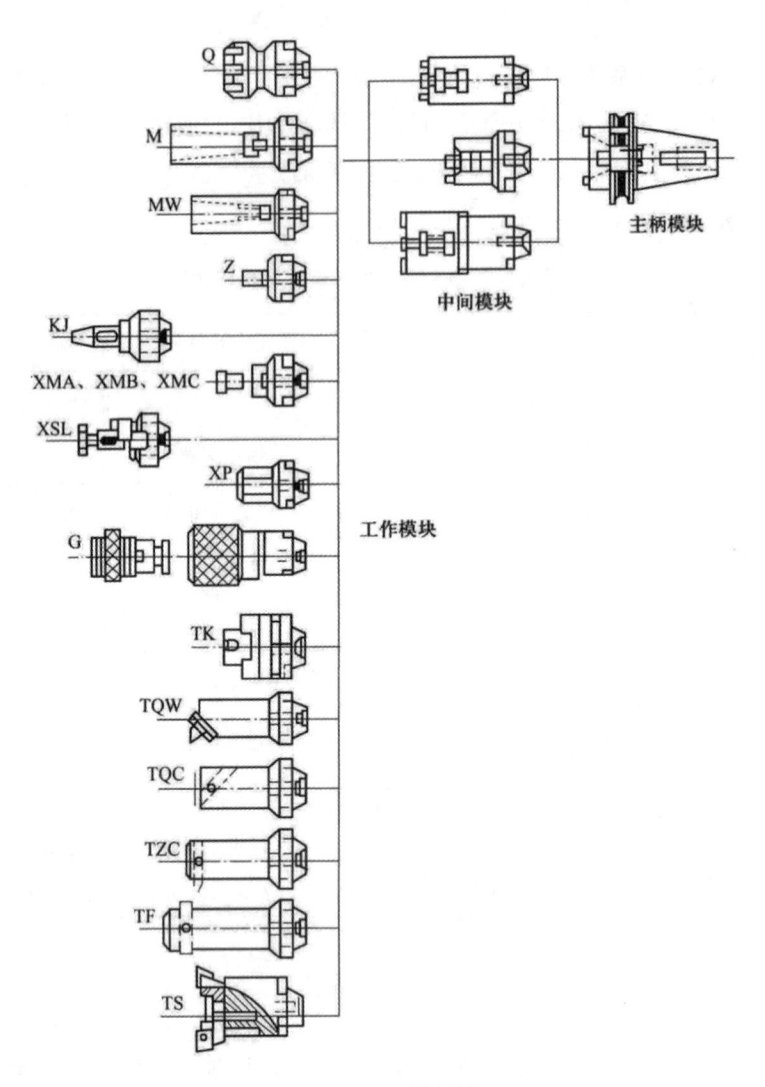

图4-4 TGM 工具系统

4.2.2 刀柄的分类及选择

刀柄是机床主轴和刀具之间的连接工具,是数控机床工具系统的重要组成部分之一,是加工中心必备的辅具。它除了能够准确地安装各种刀具外,还应满足在机床主轴上的自动松开和拉紧定位、刀库中的存储和识别以及机械手的夹持和搬运等需要。刀柄分为整体式和模块式两类,如图4-5所示。整体式刀柄针对不同的刀具配备,其品种、规格繁多,给生产、管理带来不便;模块式刀柄克服了上述缺点,但对连接精度、刚性、强度都有很高的要求。刀柄的选用要和机床的主轴孔相对应,并且已经标准化和系列化。

加工中心上一般采用7:24圆锥刀柄,如图4-6所示。这类刀柄不能自锁,换刀比较方便,与直柄相比具有较高的定心精度和刚度。其锥柄部分和机械抓拿部分均有相应的国

图 4-5 刀柄结构组成

际和国家标准。GB10944《自动换刀机床用7:24圆锥工具柄部40、45和50号圆锥58柄》和 GB10945《自动换刀机床用7:24圆锥工具柄部40、45和50号圆锥柄用拉钉》对此作了规定。这两个国家标准与国际标准 ISO7388/1 和 ISO7388/2 等效。选用时，具体尺寸可以查阅有关国家标准。

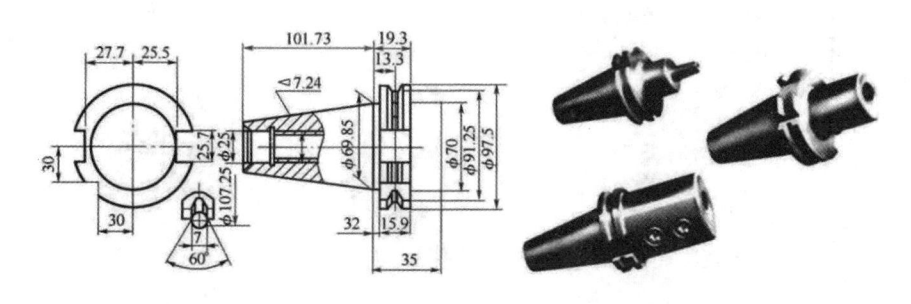

图 4-7 自动换刀机床用于7:24圆锥工具柄部（JT）

图 4-8 是一些常见刀柄及其用途。

(1) ER 弹簧夹头刀柄，如图 4-8（a）所示，它采用 ER 型卡簧，夹紧力不大，适用于夹持直径在以下的铣刀。ER 型卡簧如图 4-8（b）所示。

(2) 强力夹头刀柄，其外形与 ER 弹簧夹头刀柄相似，但采用 KM 型卡簧，可以提供较大夹紧力，适用于夹持以上直径的铣刀进行强力铣削。KM 型卡簧如图 4-8（c）所示。

(3) 莫氏锥度刀柄，如图 4-8（d）所示，它适用于莫氏锥度刀杆的钻头、铣刀等。

(4) 侧固式刀柄，如图 4-8（e）所示，它采用侧向夹紧，适用于切削力大的加工，但一种尺寸的刀具需对应配备一种刀柄，规格较多。

(5) 面铣刀刀柄，如图 4-8（f）所示，与面铣刀刀盘配套使用。

（6）钻夹头刀柄，如图4-8（g）所示，它有整体式和分离式两种，用于装夹直径在</>13mm以下的中心钻、直柄麻花钻等。

（7）丝锥钻夹头刀柄，如图4-8（h）所示，适用于自动攻丝时装夹丝锥，一般具有切削力限制功能。

（8）镗刀刀柄，如图4-8（i）所示，适用于各种尺寸孔的镗削加工，有单刃、双刃及重切削等类型，在孔加工刀具中占有较大的比重，是孔精加工的主要手段，其性能要求也很高。

（9）增速刀柄，如图4-8（j）所示，当加工所需的转速超过了机床主轴的最高转速时，可以采用这种刀柄将刀具转速增大4~5倍，扩大机床的加工范围。

（10）中心冷却刀柄，如图4-8（k）所示，为了改善切削液的冷却效果，特别是在孔加工时，采用这种刀柄可以将切削液从刀具中心喷入到切削区域，极大地提高了冷却效果，并有利于排屑。使用这种刀柄，要求机床具有相应的功能。

(a) ER弹簧夹头刀柄　　(b) ER卡簧　　(c) KM卡簧

(d) 莫氏锥度刀柄　　(e) 侧固式刀柄　　(f) 面铣刀刀柄

(g) 钻夹头刀柄　　(h) 丝锥钻夹头　　(i) 镗刀刀柄

(j) 增速刀柄　　(k) 中心冷却刀柄

图4-8 各类刀柄

4.2.3 数控刀具的选择

数控机床与普通机床相比较对刀具提出了更高的要求，不仅要精度高、刚性好、装夹调整方便，而且要求切削性能强、耐用度高。因此，数控加工中刀具的选择是非常重要的内容。刀具选择合理与否不仅影响机床的加工效率，而且还直接影响加工质量。

1. 选择数控刀具应考虑的因素

选择刀片或刀具应考虑的因素是多方面的，归纳起来应该考虑的要素有以下几点：

（1）被加工工件常用的工件材料有有色金属（铜、铝、钛及其合金）、黑色金属（碳钢、低合金钢、工具钢、不锈钢、耐热钢等）、复合材料、塑料类等。

（2）被加工件材料性能，包括硬度、韧性、组织状态等。

（3）切削工艺的类别有车、钻、铣、镗，粗加工、精加工、超精加工，内孔、外圆，切削流动状态，刀具变位时间间隔等。

（4）被加工工件的几何形状（影响到连续切削或间断切削、刀具的切入或退出角度）、零件精度（尺寸公差、形位公差、表面粗糙度）和加工余量等因素。

（5）要求刀片（刀具）能承受的切削用量（切削深度、进给量、切削速度）。

（6）生产现场的条件（操作间断时间、振动电力波动或突然中断）。

（7）被加工工件的生产批量，影响到刀片（刀具）的经济寿命。

2. 数控车削刀具的选择

目前在数控机床上采用的刀具，从材料方面主要采用硬质合金，从结构方面主要是镶嵌式机夹可转位刀片的刀具。选用机夹可转位刀片，首先要了解各类型的机夹可转位刀片的代码。可转位刀片用于车、铣、钻、镗等不同的加工方式，其代码的具体内容也略有不同。车削系统的刀具主要是刀片的选取，本节先介绍可转位刀片，然后介绍车削加工中刀片的选择方法，其他切削加工的刀片也可参考。

（1）可转位刀片代码

按国际标准 ISO1832—1985，可转位刀片的代码是由 10 位字符串组成的，以车刀可转位刀片 CNMG120408□RPF 为例介绍，其排列如下：

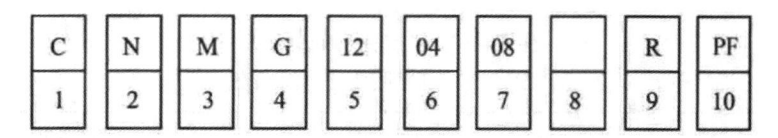

C	N	M	G	12	04	08		R	PF
1	2	3	4	5	6	7	8	9	10

式中 1 为刀片形状的代码（图 4-9），如代码 C 表示刀尖角为 80°；

式中 2 为主切削刃后角的代码（图 4-10），如代码 N 表示后角为 0°；

式中 3 为刀片尺寸公差的代码（表 4-3），如代码 M 表示刀片厚度公差为 ±0.130；

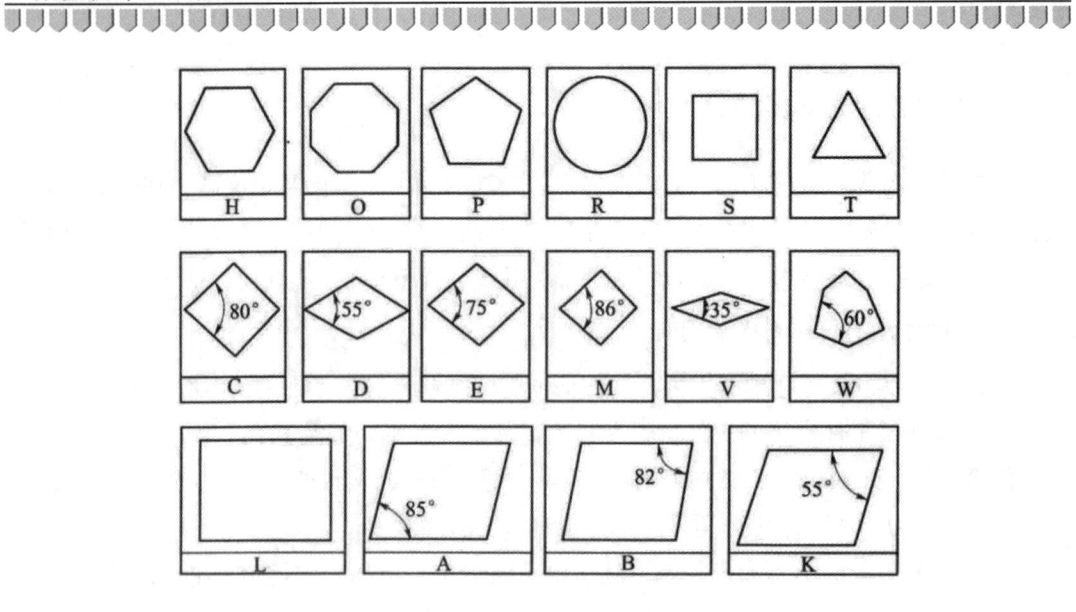

图4-9 刀片形状代码

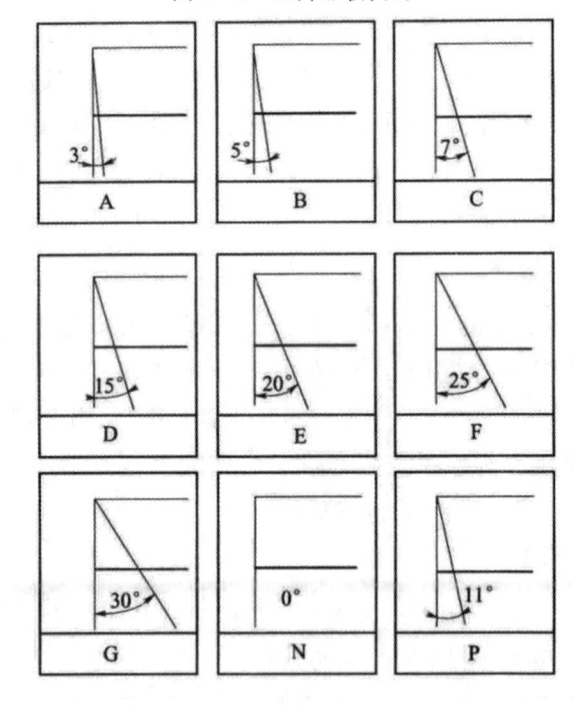

图4-10 主切削刃后角代码

表4-3 刀片尺寸公差代码表

级别符号	公差/mm			公差/英寸		
	m	S	d	m	S	d
A	±0.005	±0.025	±0.025	±0.0002	±0.001	±0.0010
F	±0.005	±0.025	±0.013	±0.0002	±0.001	±0.0005

续表

级别符号	公差/mm			公差/英寸		
	m	S	d	m	S	d
C	±0.013	±0.025	±0.025	±0.0005	±0.001	±0.0010
H	±0.013	±0.025	±0.013	±0.0005	±0.001	±0.0005
E	±0.025	±0.025	±0.025	±0.0010	±0.001	±0.0010
G	±0.025	±0.013	±0.025	±0.0010	±0.005	±0.0010
J	±0.005	±0.025	±0.05 ±0.13	±0.0002	±0.001	±0.002 ±0.005
K	±0.013	±0.025	±0.05 ±0.13	±0.0005	±0.001	±0.002 ±0.005
L	±0.025	±0.025	±0.05 ±0.13	±0.0010	±0.001	±0.002 ±0.005
M	±0.08 ±0.18	±0.013	±0.05 ±0.13	±0.003 ±0.007	±0.005	±0.002 ±0.005
N	±0.08 ±0.18	±0.025	±0.05 ±0.13	±0.003 ±0.007	±0.001	±0.002 ±0.005
U	±0.013 ±0.38	±0.013	±0.08 ±0.25	±0.005 ±0.015	±0.005	±0.003 ±0.010

注：表中 s 为刀片厚度 y 为刀片内切圆直径，m 为刀片尺寸参数（图 4-11）

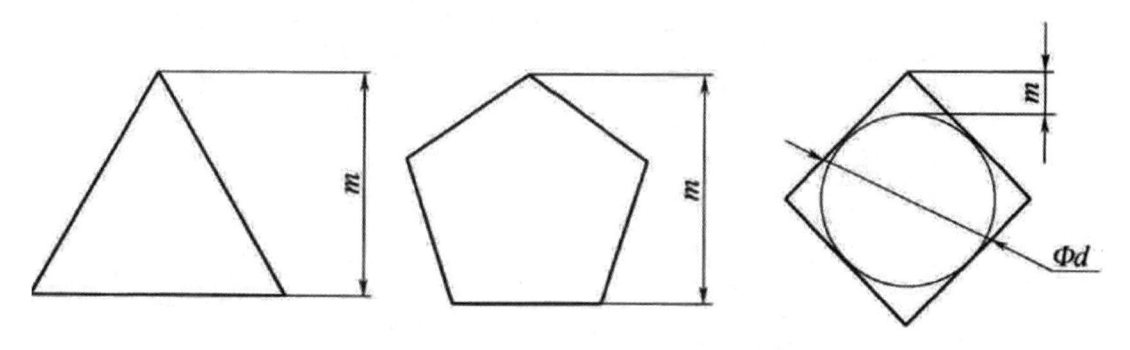

图 4-11 刀片尺寸参数

式中 4 为刀片断屑及夹固形式的代码（图 4-12），如代码 G 表示双面断屑槽，夹固形式为通孔；

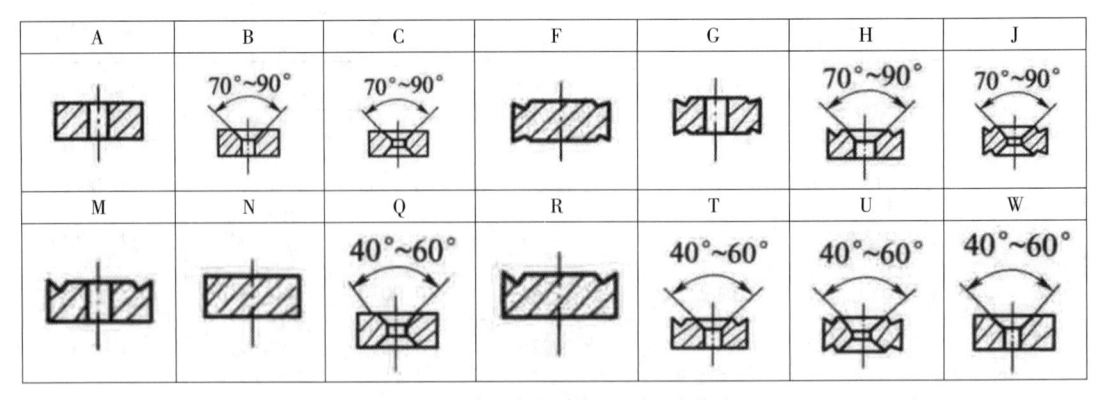

图4-12 刀片断屑及夹固形式代码

式中5为切削刃长度表示方法（图4-13），如代码12表示切削刃长度为12mm；

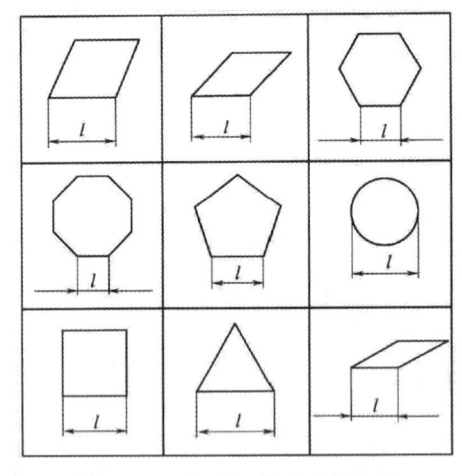

图4-13 切削刃长度表示方法

式中6为刀片厚度的代码（图4-14），如代码04表示刀片厚度为4.76mm；
式中7为修光刃的代码（图4-15），如代码08表示刀尖圆弧半径为0.8mm；

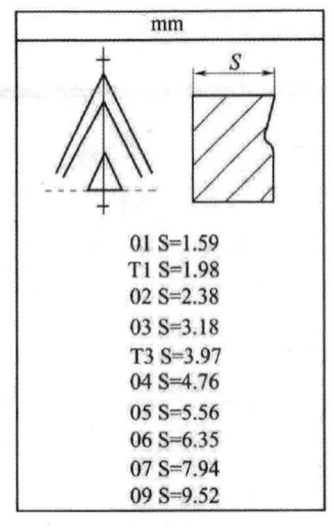

图4-14 刀片厚度代码　　图4-15 秀光刃代码

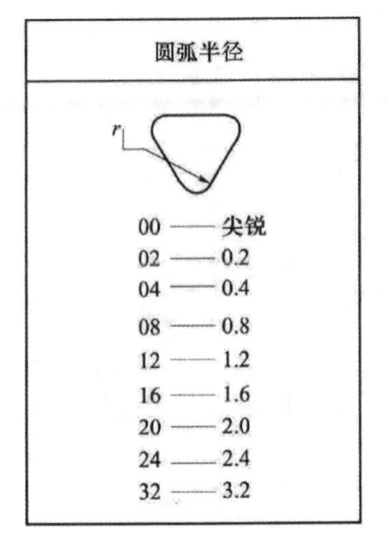

式中 8 为表示特殊需要的代码；

式中 9 为进给方向的代码，如代码 R 表示右进刀，代码 L 表示左进刀，代码 N 表示中间进刀；

式中 10 为断屑槽型的代码（表 4-4）。

表 4-4 刀片断屑槽选用推荐表

断屑槽型	工件材料				
	长屑材料	不锈钢	短屑材料	耐热材料	软材料
	ABCDE	ABCDE	BCDE	ABCD	ABCD
PF	543 - -	543 - -	21 - -	43 - -	21 - -
PMF	353 -	353 -	21 -	54 - -	-33 -
PM	-253	1552 -	22 - -	2552	-232
PMR	-144 -	-134 -	4554	-221	- - - -
PR	-1455	-1343	1122	-22 -	-33 -
HF	54 - -	54 - -	3 - -	43 - -	21 - -
HM	-54 -	354 -	21 -	343 -	344 -
HR	1451 -	2641 -	441 -	1231	2342
31	-145	-133	4444	-11 -	- - - -
53	54 - -	54 - -	3 - -	43 - -	21 - -
TCGR	54 - -	54 - -	3 - -	43 - -	21 - -
PMR	1442 -	2442 -	322 -	1322	2342
PGR	1442 -	2442 -	322 -	1322	2342
NUN	-1343	- - - -	4554	- - - -	- - - -
NGN	-1343	- - - -	4554	- - - -	- - - -
PUN	-1443	-3553	4431	-355	-222
PGN	-1443	-3553	4431	-355	-222
11	431 -	-452 -	321 -	-431	-421
12	-342 -	-243 -	-353	-253	-242
RCMT	13442	13432	3332	-222	2232
RCMX	-1343	-2322	3433	-222	-111
RNMG	-1242	-221 -	233 -	-231	—

注：表中断屑槽型为株洲硬质合金厂可转位刀片的断屑槽代码

2. 可转位刀片型号的选用

可转位刀片型号的选用分为四个步骤：选择刀片夹固系统，选择刀片型号，选择刀片刀尖圆弧和选择刀片材料牌号。

(1) 选择刀片夹固系统

根据切削加工要求选择合适的刀片夹固方式（表4-5），刀片夹固系统的结构如图4-16所示，刀片夹固系统的使用性能分成1级~5级，其中5级是最佳选择。

表4-5 刀片夹固系统选用推荐表

夹固方式	杠杆式 楔钩式 螺销上压式	压孔式	压板上压式	仿形上压式
外圆粗车	5	2	2	4
外圆精车	4	5	4	4
内圆粗车	5	2	2	4
内圆精车	4	5	5	4
切屑流向	5	5	3	3

(a) 杠杆式　　(b) 螺销上压式　　(c) 上压式

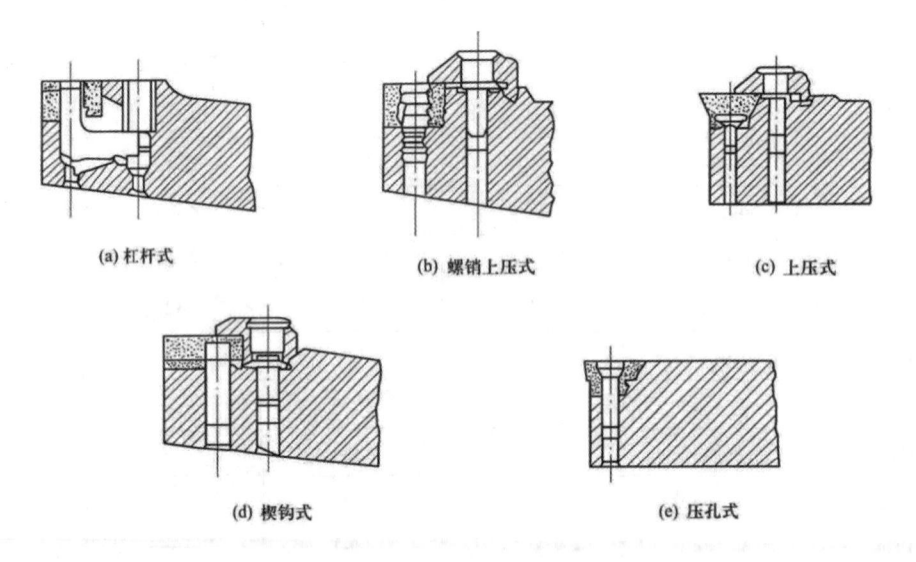

(d) 楔钩式　　(e) 压孔式

图4-16 刀片夹固系统

(2) 选择可转位刀片型号

选择可转位刀片型号时要考虑多方面的因素，根据加工零件的形状选择刀片形状代码；根据切削加工的材料选择主切削刃后角代码；根据零件的加工精度选择刀片尺寸公差代码；根据加工要求选择刀片断屑及夹固形式代码；根据选用的切削用量选择刀片切削刃长度代码；此外还要选择刀片断屑槽型；通过理论公式计算刀片切削刃长度。

①选择刀片断屑槽型。如表4-6所列，根据切削用量把加工要求分为超精加工、精加工、半精加工、粗加工、重力切削五个等级，分别用代码A、B、C、D、E表示。又根据工件材料的切削性能选用合适的刀片断屑槽型（表4-4），刀片断屑槽型的使用性能分

成1级~5级，其中5是最佳选择。

表4-6 切削用量选用参考表

代码	加工要求	进给量（mm/r）	切削深度 a_p/mm
A	超精加工	0.05~0.15	0.25~2.0
B	精加工	0.1~0.3	0.5~2.0
C	半精加工	0.2~0.5	2.0~4.0
D	粗加工	0.4~1.0	4.0~10.0
E	重力切削	>1.0	6.0~20.0

② 切削刃长度计算。通过刀具主偏角 κ 和切削深度 a 计算刀片有效切削刃长度 L（图4-17），并推算刀刃的实际长度，然后根据刀刃的实际长度选用合适的切削刃长度代码。

$$L = \frac{a}{\sin \kappa}$$

$$L_{\max} = 0.25 \sim 0.5L$$

$$L_{\max} = 0.4d$$

式中 d 为圆形刀片直径；

L——刀片切削刃长度。

(3) 选择刀片刀尖圆弧

在粗加工时按刀尖圆弧半径选择刀具最大进给量（表4-7），或通过经验公式计算刀具进给量；精加工时，按工件表面粗糙度要求计算精加工进给量。

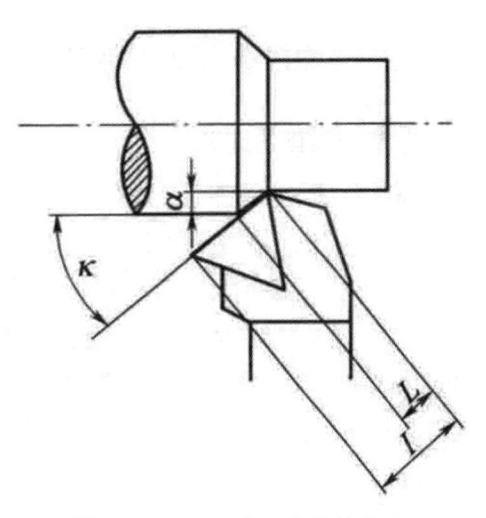

图4-17 κ、a 和 L 之间的关系

表4-7 选用最大进给量参考表

刀尖圆弧半径/mm	0.4	0.8	1.2	1.6	2.4
最大进给量/（mm/r）	0.25~0.35	0.4~0.7	0.5~1.0	0.7~1.3	1.0~1.8

① 粗加工。粗加工进给量经验计算公式：

$$f_{粗} = 0.5R$$

式中 R——刀尖圆弧半径（mm）；

$f_{粗}$——粗加工进给量（mm）。

② 精加工。根据表面粗糙度理论公式推算精加工进给量f公式：

$$R_t = \frac{f^2}{8r_\varepsilon}$$

式中 R_t——轮廓深度（μm）；
　　　f——进给量（mm/r）；
　　　r_ε——刀尖圆弧半径（mm）。

（4）选择刀片材料牌号

车刀刀片的材料主要有高速钢、硬质合金、涂层硬质合金、陶瓷、立方氮化硼和金刚石等。其中应用最多的是硬质合金和涂层硬质合金刀片。选择刀具材料，主要依据被加工工件的材料、被加工表面的精度要求、切削载荷的大小以及切削过程有无冲击和振动等。具体使用时可查阅有关刀具手册，根据车削工件的材料及其硬度、选用的切削用量来选择可转位刀片材料的牌号。

3.2.4 数控铣削刀具的选择

1. 铣刀类型的选择

铣刀类型应与被加工工件尺寸与表面形状相适应。各种数控铣刀的形状如图4-18所示。选用数控铣刀时应注意以下几点：

（1）铣削平面时，应采用可转位式硬质合金刀片铣刀。一般采用两次走刀，一次粗铣、一次精铣。当连续切削时，粗铣刀直径要小些以减小切削扭矩，精铣刀直径要大一些，最好能包容待加工表面的整个宽度。加工余量大且加工表面又不均匀时，刀具直径要选得小一些，否则，当粗加工时会因接刀刀痕过深而影响加工质量。

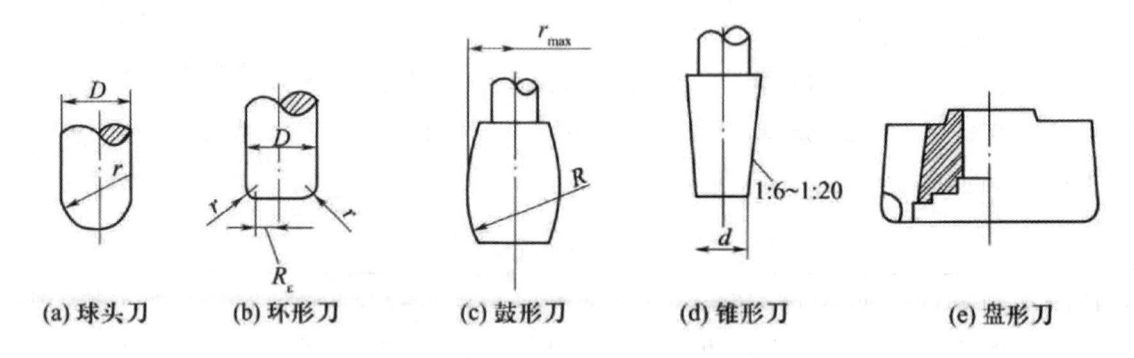

(a) 球头刀　(b) 环形刀　(c) 鼓形刀　(d) 锥形刀　(e) 盘形刀

图4-18 各种球头刀的形状

（2）高速钢立铣刀多用于加工凸台和凹槽，最好不要用于加工毛坯面，因为毛坯面有硬化层和夹砂现象，会加速刀具的磨损。

（3）加工余量较小，并且要求表面粗糙度较低时，应采用立方氮化硼（CBN）刀片端铣刀或陶瓷刀片端铣刀。

（4）镶硬质合金立铣刀可用于加上凹槽、窗口面、凸台面和毛坯表面。镶硬质合金的立铣刀可以进行强力切削，铣削毛坯表面和用于孔的粗加工。

（5）加工精度要求较高的凹槽时，可采用直径比槽宽小一些的立铣刀，先铣槽的中间

部分，然后利用刀具的半径补偿功能铣削槽的两边，直到达到精度要求为止。

(6) 在数控铣床上钻孔一般不采用钻模，钻孔深度为直径的 5 倍左右的深孔加工容易折断钻头，可采用固定循环程序，多次自动进退，以利于冷却和排屑。钻孔之前最好先用中心钻钻一个中心孔或采用一个刚性好的短钻头锪窝引正。锪窝除了可以解决毛坯表面钻孔引正问题，还可以代替孔口倒角。

(7) 曲面加工常采用球头铣刀，但加工曲面较平坦部位以球头顶端刃切削时，切削条件较差，因而应采用环形刀。

(8) 在单件或小批量生产中，为取代多坐标联动机床，常采用鼓形刀或锥形刀来加工飞机上一些变斜角零件，加镶齿盘铣刀适用于在五坐标联动的数控机床上加工一些球面，其效率比用球头铣刀高近十倍，并可获得好的加工精度。

(9) 加工空间曲面、模具型腔或凸模成形表面等多选用模具铣刀；加工封闭的键槽选择键槽铣刀。

2. 铣刀参数的选择

数控铣床上使用最多的是可转位面铣刀和立铣刀，故以下主要介绍面铣刀和立铣刀参数的选择。

(1) 面铣刀主要参数的选择

标准可转位面铣刀直径为 $\phi 16mm \sim \phi 630mm$。粗铣时切削力大，故铣刀直径要小些，可减小切削扭矩。精铣时，铣刀直径要大些，尽量包容工件整个加工宽度，以提高加工精度和效率，并减小相邻两次进给之间的接刀痕迹。

根据工件材料、刀具材料及加工性质的不同来确定面铣刀几何参数。由于铣削时有冲击，故前角数值一般比车刀略小，尤其是硬质合金面铣刀，前角要更小些。铣削强度和硬度高的材料可选用负前角。前角的具体数值可参考表 4-8。铣刀的磨损主要发生在后刀面上，因此适当加大后角，可减少铣刀磨损。常取 $\alpha_0 = 5° \sim 12°$，工件材料软取大值，工件材料硬取小值；粗齿铣刀取小值，细齿铣刀取大值。铣削时冲击力大，为了保护刀尖，硬质合金面铣刀的刃倾角常取 $\lambda_s = -5° \sim -15°$。只有在铣削强度低的材料时，取 $\lambda_s = -5°$。主偏角在 κ_r 在 $45° \sim 90°$ 范围内选取，铣削铸铁常用 $45°$，铣削一般钢材常用 $75°$，铣削带凸肩的平面或薄壁零件时要用 $90°$。

表 4-8 面铣刀前角的选择

工件材料 刀具材料	钢	铸铁	黄铜、青铜	铝合金
高速钢	10°–20°	5°–15°	10°	25°~30°
硬质合金	−15°–15°	−5°~5°	4°~6°	15°

（2）立铣刀主要参数的选择

根据工件材料和铣刀直径选取前、后角都为正值，其具体数值可参考表3-10。为了使端面切削刃有足够的强度，在端面切削刃前刀面上一般磨有棱边，其宽度为0.4～1.2mm，前角为6°。

表3-10　立铣刀前角、后角的选择

工件材料	前角/（°）	铣刀直径/mm	后角/（°）
钢	10-20	<10	25
铸铁	10-15	10～20	20
铸铁	10-15	>20	16

4.3　数控机床的对刀

数控加工中的对刀与普通机床或专用机床中的对刀有所不同，普通机床或专用机床中的对刀只是找正刀具与加工面间的位置关系，而数控加工中的对刀本质是建立工件坐标系，确定工件坐标系在机床坐标系中的位置，使刀具运动的轨迹有一个参考依据。对刀问题处理得好坏直接影响到加工精度、程序编制的难易程度以及加工操作的方便性等。

4.3.1　数控加工中与对刀有关的概念

1. 刀位点

刀位点一般是刀具上的一点，代表刀具的基准点，也是对刀时的注视点。尖形车刀刀位点为假想刀尖点，刀尖带圆弧时刀位点为圆弧中心；钻头刀位点为钻尖；平底立铣刀刀位点为端面中心；球头铣刀刀位点为球心。数控系统控制刀具的运动轨迹，准确说是控制刀位点的运动轨迹。手工编程时，程序中所给出的各点（节点）坐标值就是指刀位点的坐标值；自动编程时程序输出的坐标值就是刀位点在每一有序位置的坐标数据，刀具轨迹就是由一系列有序的刀位点的位置点和连接这些位置点的直线（直线插补）或圆弧（圆弧插补）组成的。

2. 起刀点

起刀点是刀具相对零件运动的起点，即零件加工程序开始时刀位点的起始位置，而且往往还是程序运行的终点。有时也指一段循环程序的起点。

3. 对刀点与对刀

对刀点是用来确定刀具与工件的相对位置关系的点，是确定工件坐标系与机床坐标系的关系的点。对刀就是将刀具的刀位点置于对刀点上,以便建立工件坐标系。

以数控车床对刀为例,当采用"G92XαZβ"指令建立工件坐标系时,对刀点就是程序开始时,刀位点在工件坐标系内的起点(此时对刀点与起刀点重合),其对刀过程就是在程序开始前,将刀位点置于 G92XαZβ 指令要求的工件坐标系内的 XαZβ 坐标位置上,也就是说,工件坐标系原点是根据起刀点的位置来确定的,由刀具的当前位置来决定;当采用 G54~G59 指令建立工件坐标系时,对刀点就是工件坐标系原点,其对刀过程就是确定出刀位点与工件坐标系原点重合时机床坐标系的坐标值,并将此值输入到 CNC 系统的零点偏置寄存器对应位置中,从而确定工件坐标系在机床坐标系内的位置。以此方式建立工件坐标系与刀具的当前位置无关,若采用绝对坐标编程,程序开始运行时,刀具的起始位置不一定非得在某一固定位置,工件坐标系原点并不是根据起刀点来确定的,此时对刀点与起刀点可不重合,因此对刀点与起刀点是两个不同的概念,尽管在编程中它们常常选在同一点,但有时对刀点是不能作为起刀点的。

4. 对刀基准(点)

对刀时为确定对刀点的位置所依据的基准,该基准可以是点、线或面,它可设在工件上(如定位基准或测量基准)或夹具上(如夹具定位元件的起始基准)或机床上。图 4-19(图中单位为 mm)所示为工件坐标系原点 O、刀位点、起刀点、对刀点和对刀基准点之间的关系与区别。该件采用 G92X100 Z150(直径编程)建立工件坐标系,通过试切工件右端面、外圆确定对刀点位置。试切时一方面

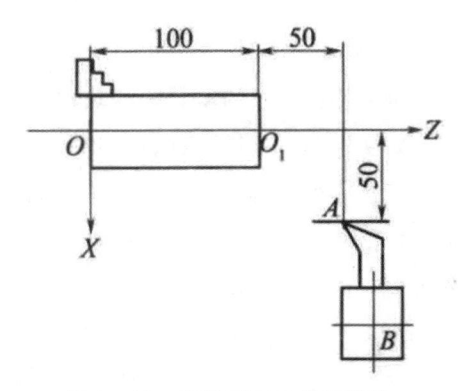

图 4-19 有关对刀各点的关系

保证间 Z 向距离为 100,同时测量外圆直径,另一方面根据测出的外圆直径,以 O_1 为基准将刀尖沿 Z 正方向移 50,X 正方向半径移 50,使刀位点与对刀点重合并位于起刀点上。所以,O_1 为对刀基准点;O 为工件坐标系原点 A 为对刀点,也是起刀点和此时的刀位点。工件采用夹具定位装夹时一般以定位元件的起始基准为基准对刀,因此定位元件的起始基准为对刀基准。也可以将工件坐标系原点(如 G54~G59 指令时)直接设为对刀基准(点)。

4.3.2 对刀的基本原则

在数控加工中,刀具刀位点的运动轨迹自始至终需要精确控制,并且是在机床坐标系下进行的,但编程尺寸却按人为定义的工件坐标系确定。如何确定工件坐标系与机床坐标系之间的位置关系,需通过对刀来完成,也就是确定刀具刀位点在工件坐标系中的起始位

置，这个位置又称为对刀点，它是数控加工时刀具相对运动的起点，也是程序的起点。编制程序时，要正确选择对刀点，对刀点的选择一般要求符合如下原则：

（1）应使编制程序的运算最为简单，避免出现尺寸链计算误差；

（2）对刀点应选在容易找正，加工中便于检查的位置上；

（3）尽量使对刀点与工件的尺寸基准重合；

（4）引起的加工误差最小。

对于（1）、（2），如在相对坐标下编程，对刀点应选在零件中心孔上或垂直平面的交线上。在绝对坐标下，应选在机床坐标系的原点或距原点为确定值的点上。对于（3）、（4），对刀点应选在零件的设计基准或工艺基准上，如以孔定位的零件，选用孔的中心作为对刀点。

4.3.3 对刀方法

对刀的基本方法有手动对刀、机外对刀仪对刀、ATC 对刀和自动对刀等。

1. 手动对刀

根据所用的位置检测分为相对式和绝对式两种。

相对式对刀可采用三种方法：①用钢板尺直接测量，这种方法简便但不精确；②手动移动刀具，直到刀尖与定位块的工作面对齐为止，并将坐标显示值清零，再回到起始位，读取坐标值，这种方法对刀的准确度取决于刀尖与定位块工作面对齐的精确度；③将工件工作面光一刀，测量出工件尺寸，再间接计算出对刀尺寸，这种方法已包括让刀修正，所以最为准确。

在绝对式手动对刀中，先定义基准刀，再用直接或间接的方法测量出被测刀具刀尖与基准刀尖的距离，即为该刀具的刀补量。总之，手动对刀通过试切工件来实现，采用"试切→测量→调整（补偿）的对刀模式，占用机床时间较多，但方法简单，成本低，适合经济型数控机床。

2. 机外对刀仪对刀

把刀预先在机床外面校对好，使之装上机床就能使用，可节省对刀时间。机外对刀须用机外对刀仪。图 4-20 是一种比较典型的车床用机外对刀仪，它由导轨、刻度尺、光源、投影放大镜、微型读数器、刀具台安装座和底座等组成。这种对刀仪可通用于各种数控车床。

机外对刀的本质是测量出刀具假想刀尖点到刀台上某一基准点（相当于基准刀的刀位点）之间 Z 及 Z 方向的距离，这也称为刀具 Z 及 Z 向的长度，即刀具的长度补偿值。

机外对刀时必须连刀夹一起校对，所以刀具必须通过刀夹再安装在刀架上。某把刀具固紧在某刀夹上，尔后一起不管安装到哪个刀位上，对刀得到的刀具长度应该是一样的。

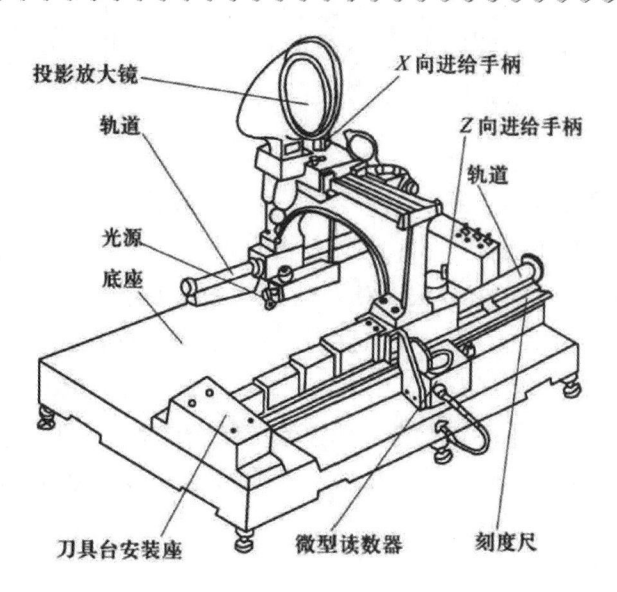

图4-20 一种车床用机外对刀仪

针对某台具体的数控车床(主要是具体的刀架及其相应的刀夹)还应制作相应的对刀刀具台,并将其安装在刀具台安装座上。这个对刀刀具台与刀夹的连接结构和尺寸应该同机床刀台每个刀位的结构和尺寸完全相同,甚至制造精度也要求与机床刀台该部位一样。

机外对刀的顺序是这样的:将刀具随同刀夹一起紧固在对刀刀具台上,摇动Z向和Z向进给手柄,使移动部件载着投影放大镜沿着两个方向移动,直到假想刀尖点与放大镜中的十字线交点重合为止。对称刀(如螺纹刀)的假想刀尖点在刀尖实体上,它在放大镜中的正确投影见图4-21(b)。不少假想刀尖点不在刀具(尖)实体上,所以,所谓它与十字线交点重合,实际是刀尖圆弧与从十字线交点出发的某两条放射线相切,如端面外径刀和端面内径刀在放大镜中的正确投影(图4-21(a)和图4-21(c))。此时,通过Z向和Z向的微型读数器分别读出的X向和Z向刻度值,就是这把刀的对刀长度。如果这把刀具马上使用,那么将它连同刀夹一起移装到机床某刀位上之后,把对刀长度输到相应的刀补号或程序中即可。

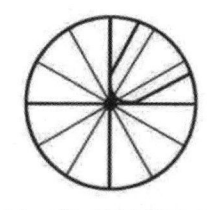

图4-21 刀尖在放大镜中的对刀投影
(a) 端面外径刀尖 (b) 对称刀尖 (c) 端面内径刀尖

使用机外对刀仪对刀的最大优点是对刀过程不占用机床的时间,从而可提高数控车床的利用率;缺点是刀具必须连同刀夹一起进行。如果采用机外对刀仪对刀,那么刀具和刀夹都应准备双份：一份在机床上用，另一份在下面对刀。采用对刀仪对刀，成本高，结构复杂，换刀难，但占用机床的时间小，精度高。

3. ATC 对刀

如上所述，在机外对刀场合，用投影放大镜（对刀镜）能较精确地校订刀具的位置，但装卸带着刀夹的刀具比较费力，因此又有 ATC 对刀。它是在机床上利用对刀显微镜自动计算出车刀长度的一种对刀方法。对刀镜实际是一架低倍显微镜（一般放大 10 倍左右），不过对刀镜内有如图 4-21 所示的 6 条 30°等分线，有的还有坐标尺对刀时，用手动方式将刀尖移到对刀镜的视野内，再用手动脉冲发生器微移刀架使假想刀尖点如图 4-21 所示的那样与对刀镜内的中心点重合，数控系统便能自动算出刀位点相对机床原点的距离，并存入相应的刀补号区域。该对刀方法装卸对刀镜以及对刀过程还是用手动操作和目视，故会产生一定的对刀误差。

4. 自动对刀

使用对刀镜作机外对刀或机内对刀，由于整个过程基本上还是手工操作，所以仍没有跳出手工对刀的范畴。自动对刀是利用 CNC 装置通过刀尖检测系统实现的，刀尖以设定的速度向接触式传感器接近，当刀尖与传感器接触并发出信号，数控系统立即记下该瞬间的坐标值，并自动修正刀具补偿值，可实现不停顿加工，对刀效率高、误差小，适合高档机床。

第 5 章　数控车床的加工使用技术

5.1　数控车床概述

5.1.1　数控车床类型

数控车床是目前使用最广泛的数控机床之一。数控车床主要用于轴类、盘类等具有回转面零件的车削加工。数控车床能自动控制完成内外圆柱面、圆锥面、成形表面、螺纹和端面等工序的切削加工，并能进行车槽、钻孔、扩孔、铰孔等工作。

1. 各种控制功能的数控车床

随着数控机床制造技术的不断发展，为了满足不同用户的加工需要，数控车床的品种规格繁多，数控车床可分为有以下几种。

（1）经济型数控车床：出于经济因素考虑，经济型数控车床并不过于追求机床功能，其主运动、进给伺服控制相对简单，数控系统档次较低，结构简单，功能较少。

（2）全功能型数控车床：与经济型数控车床相比，功能比较齐全，具有高刚度、高精度和高效率等优点。

（3）车削中心：以全功能型数控车床为主体，并配置刀库、换刀装置、分度装置、铣削动力头和机械手等，实现多工序复合加工的机床。

（4）FMC 车床：由数控车床、机械手或机器人等构成的柔性加工单元。它能实现工件搬运、装卸的自动化和加工调整准备的自动化。

2. 立、卧式数控车床

数控车床有立、卧式之分，数控卧式车床应用更为普遍。

（1）卧式数控车床：卧式数控车床的主轴轴线处于水平位置，它的床身和导轨有多种布局形式，是应用最广泛的数控车床。

（2）立式数控车床：立式数控车床的主轴垂直于水平面，并有一个直径很大的圆形工作台，供装夹工件用。这类数控机床主要用于加工径向尺寸较大、轴向尺寸较小的大型复杂零件。图 5-1 所示的立式数控车床简图。

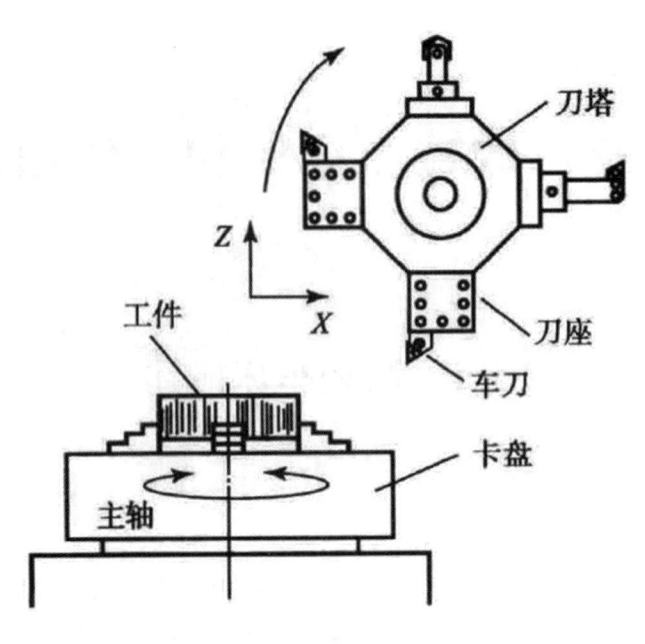

图 5-1 立式车床简图

5.1.2 典型的数控车床组成

图 5-2 所示的典型的双主轴、双刀塔数控车床。CNC 车床的主要组成部分有 CNC 控制、床身、主轴箱、进给运动装置、刀架、卡盘与卡爪、尾座、电源控制箱、液压和润滑系统以及其他设置。下面以典型的全功能卧式数控车床为例，简介数控车床的组成。

图 5-2 一个典型的 CNC 车床

1. CNC 控制系统

现代数控车削控制系统中，除了具有一般的直线、圆弧插补功能外，还具有同步运行螺纹切削功能，外圆、端面、螺纹切削固定循环功能，用户宏程序功能。另外，还有一些提高加工精度的功能，如，恒线速度控制功能，刀具形状、刀具磨损和刀尖半径补偿功能，存储型螺距误差补偿功能，刀具路径模拟功能。

2. 进给运动装置

CNC 车床的两个主要进给轴是 X 轴和 Z 轴。X 轴用于控制横溜板．控制刀具横向进给移动，改变工件的直径；Z 轴用于控制拖板，会沿长度方向移动刀具来控制工件的长度。

闭环进给伺服系统通常采用交流伺服电机来驱动滚珠丝杠，滚珠丝杠又驱动刀架刀具沿导轨进给运动。各轴向运动控制分别采用单独的驱动电机、滚珠丝杠、导轨。

3. 主轴箱

主轴箱包含用于旋转卡盘和工件的主轴，以及传递齿轮或皮带。主轴电机驱动主轴箱主轴，数控车床的主传动与进给传动采用了各自独立的伺服电机，使传动链变得简单、可靠。

全功能 CNC 车床主轴实现无级变速控制，具有恒线速度、同步运行等控制功能。

4. 床身

床身用于支撑和对正机床的 X 轴、Z 轴及刀具部件。此外，床身可以吸收由于金属切削而引起的冲击与振动。如图 5-2，大多数全功能 CNC 车床采用斜床身设计，这种设计有利于切屑和冷却液从切削区落到切屑传送带。

5. 卡盘与卡爪

卡盘安装在主轴上，并配备有一套卡爪来夹持工。可以将卡盘设计成有 2 个卡爪、3 个卡爪、4 个卡爪、6 个卡爪形式。

6. 尾座

如图 5-3，尾座用于支撑刚性较低的工件，利用顶尖来支撑工件的一端。车床顶尖有多种样式，以适用于各种车削加工的需要。最常用的顶尖是活动顶尖，它可以在轴承中旋转，从而能够减小摩擦。尾座可以沿 Z 轴滑动并支撑工件。尾座可以由操作员手动或自动定位并紧固在床身上。

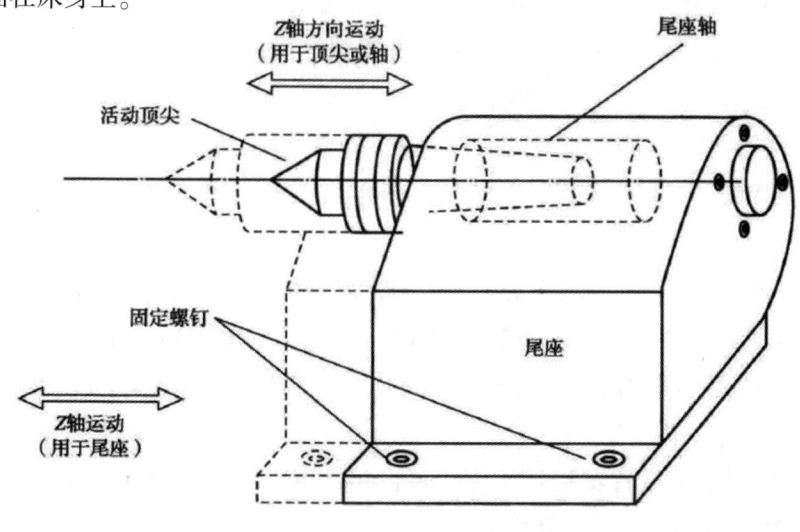

图 5-3 CNC 车床尾座

7. 刀架

数控车床都采用了自动回转刀架，在加工过程中可自动换刀，连续完成多道工序的加工，大大提高了加工精度和加工效率。

如图5-4，数控车床多采用自动回转刀架来夹持各种不同用途的刀具，它们可能是外圆加工刀具，也可能是内孔加工刀具，转塔刀架可以夹持4把、6把、8把、12把以致更多的刀具。回转刀架上的工位数越多，加工的工艺范围越大，但同时刀位之间的夹角越小，则在加工过程中刀具与工件的干涉越大。

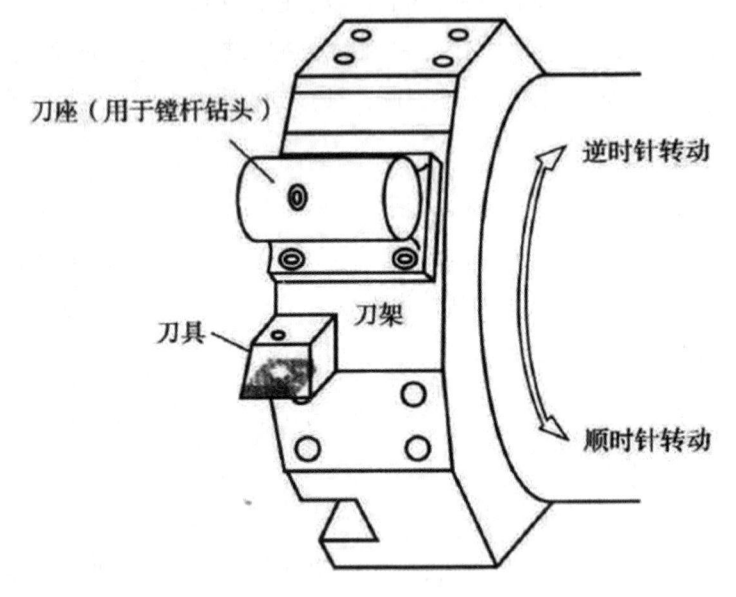

图5-4 数控车床的自动回转刀架

8. 其他设置

（1）自动棒料进给器：此配置用于减少将工件材料装卡到卡盘时的操作时间。棒料进给器的目的是在CNC加工程序结束时快速、自动地装卡棒料。

（2）零件接收器：零件接收器的目的是当零件被切断后快速接收到它，以避免损坏零件、刀具和（或）机床部件。此配置一般配备在棒料进给类型的车床。

（3）第二刀架：主刀架和第二刀架均彼此独立地工作，可以同时切削两个零件，以减小循环时间。

（4）对刀器：对刀器是机床上的一个传感装置，可自动标记设置中的每一把刀具。操作员可根据需要手动将刀具沿X轴和Z轴方向移动到对刀器并与其接触，控制器会自动在偏置存储内存中记录此距离值。这种装置可以减少机床设置时间，提高所加工零件的质量。

（5）动力刀头：此配置安装动力刀夹进行主动切削，配合主机完成铣、钻、镗等各种复杂工序，动力刀头安装在动力转塔刀架。

(6) 切屑传送带：切屑传送带用于将加工工件时产生的金属切屑从 CNC 车床的工作区运走。可减少需要清理和维护 CNC 车床工作区的时间。

5.2 外圆车削工艺及编程

5.2.1 车削外圆表面工艺

外圆表面是轴类零件的主要工作表面，外圆表面的加工中，车削得到了广泛的应用。车削不仅是外圆表面粗加工、半精加工的主要方法，也可以实现外圆表面的精密加工。如图 5-5 所示为车刀车削外圆。

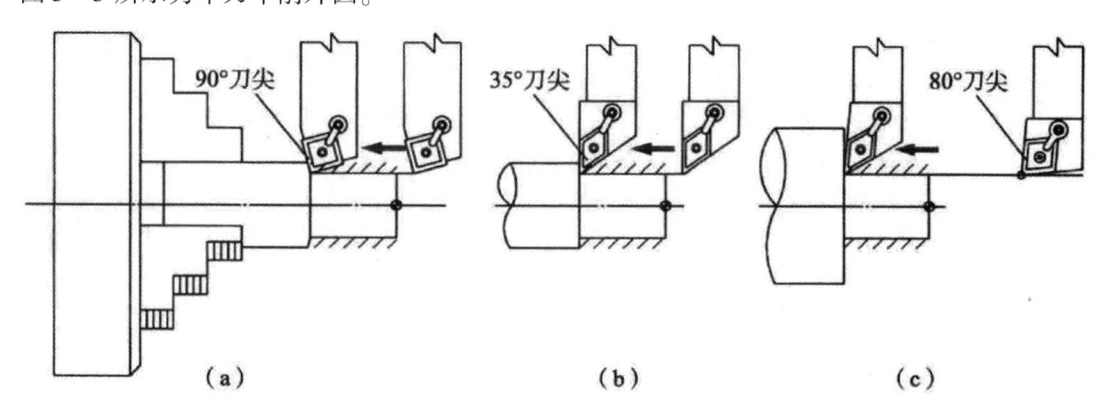

图 5-5 车削外圆

(a) 75°偏刀车外圆；(b) 90°偏刀车带低阶台外圆；(c) 95°偏刀车带低阶台外圆

粗车可采用较大的背吃刀量和进给量，用较少的时间切去大部分加工余量，以获得较高的生产率。半精车可以提高工件的加工精度，减小表面粗糙度，因而可以作为中等精度表面的最终工序，也可以作为精车的预加工。精车可以使工件表面具有较高的精度和较小的粗糙度。通常采用较小的背吃刀量和进给量，较高的切削速度进行加工，可作为外圆表面的最终工序或光整加工的预加工。

如图 5-5 (a)，车外圆而不需要考虑阶台时，可选用主偏角 75°车刀，其刀尖角大于等于 90°，刀头强度好，较耐用，适宜对铸锻件进行强力车削。

如图 5-5 (b)，车外圆同时又需要考虑车低阶台时，可选用 90°车刀。

如图 5-5 (c)，车外圆同时又需要考虑车较高阶台时，应选用主偏角大于 90°车刀，如主偏角 93°或 95°车刀。

粗加工阶段应选用强度大、排屑好的车刀。刀具刀尖角大的刀具强度大，如图 5-5 中 90°、80°刀尖的刀具比 35°刀尖刀具强度大。但 35°刀尖刀具因为主、副偏角大，刀刃不容易干涉轮廓，更适合轮廓复杂的型面加工。

精加工刀刃要锋利，刀具前后角要大。刀尖要带修光刃，如带有合适大小的刀尖圆弧。同时刃倾角要大一些，使排屑顺畅，切屑流向待加工面。

5.2.2　G01 车削外圆

（1）刀具切削起点

编程时，对刀具快速接近工件加工部位的点应精心设计，应保证刀具在该点与工件的轮廓应有足够的安全间隙。如图5-6，工件毛坯直径50mm，工件右端面为Z_0，外圆有2.5mm的余量，刀具初始点在换刀点（X100，Z100）。可设计刀具切削起点为：（X54，Z2）。

（2）刀具趋近运动工件的程序段

首先将刀具以G00的方式运动到点（X54，Z2），然后G00移动X轴到切深，准备粗加工。

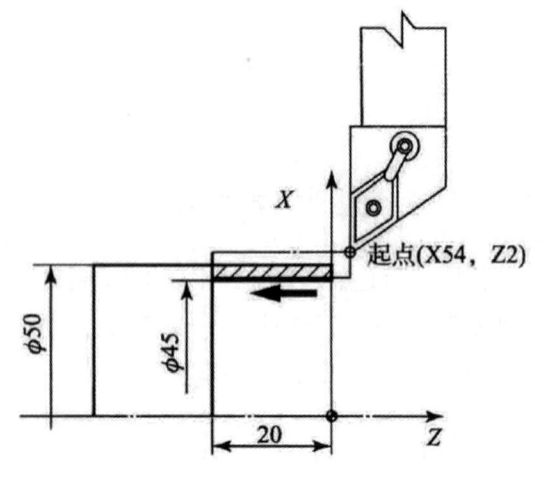

图5-6　G01 车削外圆

……

N37 T0101 G97 S700 M03；

N38 G00 X54.0 Z2.0 M08；

N39 X46.0；

N40…

（3）刀具切削程序段

N40 G01 Z-20 F100；

刀具以指令进给速度切削到指定的长度位置。

（4）刀具的返回运动

刀具的返回运动时，先X向退到工件之外，再+Z向以G00方式回到起点。

N41 G01 X54.0；

N42 G00 Z2.0；

N43…

程序段N40为实际切削运动，切削完成后执行程序段N41，刀具将脱离工件。

5.2.3　G90 单一循环车削圆柱面

1. G90 单一车削循环

如图5-3所示，外圆车削路线可总结成四个动作：①第一动作：刀具从起点以G00方式X方向移动到切削深度；②第二动作：刀具G01方式切削工件外圆（Z方向）；③第三动作：刀具G01切削工件端面；④第四动作：刀具G00方式快速退刀回起点。四个动作路线围成一个封闭的矩形刀路，如图 5-7 所示，刀路矩形可看成由起点与对角点确定的矩形。

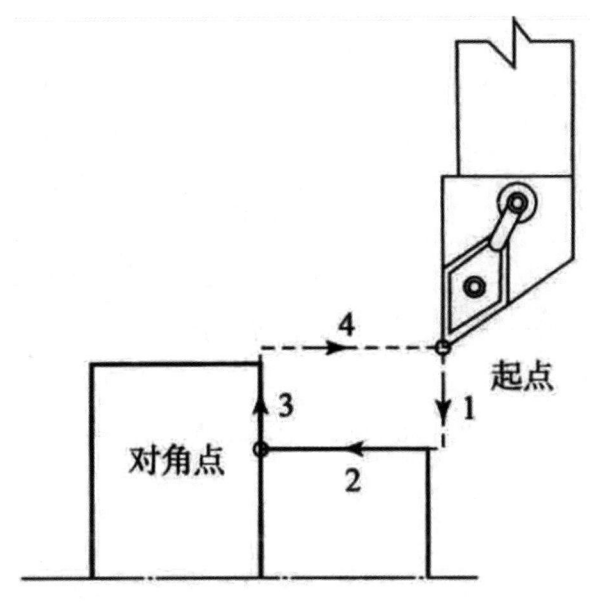

图 5-7 G90 单一循环车削圆柱面路线

G90 单一车削循环是这样一个指令，可用它来调用圆柱面车削一系列四个动作。

G90 单一车削循环格式：

G90 X（U）~Z（W）~F~；

G90 单一车削循环参数说明：

当刀具已经运动到车削循环矩形路线的起点，本指令"X（U）~Z（W）~F"的形路线的对角点，从而确定矩形的刀路轨迹。指令中的"F~"字给定工作进给的速率。

2. G90 单一循环车削圆柱面应用实例

用 G90 指令加工如图 5-8（a）所示工件的（/>30 外圆，设刀具的起点为与工件具有安全间隙的 S 点（X55，Z2）。图 5-8（b）为粗加工分层路线及精加工余量示意图。

O5401；

G21 G97 G98；

T0101 S800 M03；

G00 X55.0 Z2.0；（快速运动至循环起点）

G90 X46.0 Z-19.8 F150；（X 向单边切深量 2mm，端面留余量 0.2mm 用来精加工）

X42.0；（G90 模态有效，Z 向切深至直径 42）

X38.0；（G90 模态有效，X 向切深至直径 38）

X34.0；（G90 模态有效，X 向切深至直径 34）

X31.0；（X 向留单边余量 0.5mm 用于精加工）

X30.0 Z-20.0 F100 S1200；（精车）

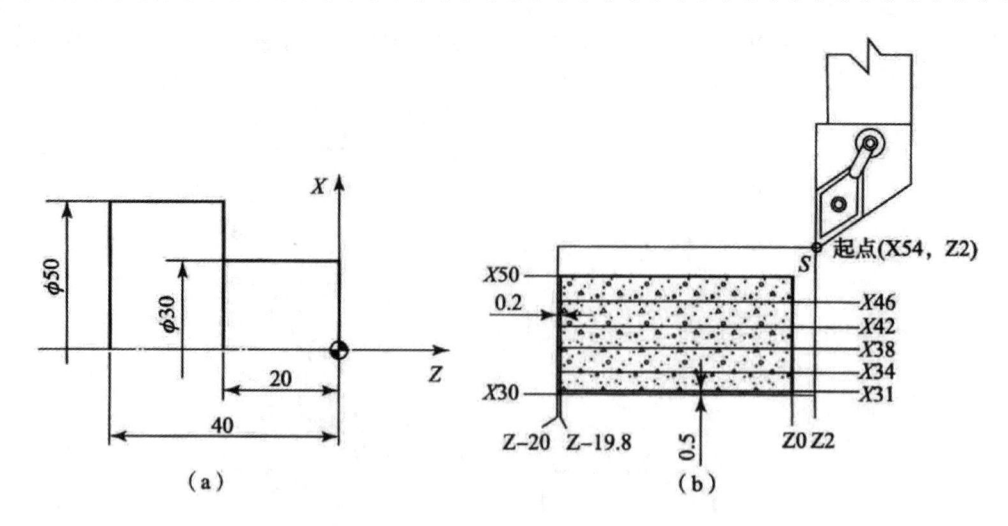

图 5-8 G90 车台阶轴使用举例

G00 X100.0 Z100.0；
M05；
M30；

5.2.4 G90 单一循环车削圆锥面

1. G90 车削锥面循环的 R 值

G90 单一车削循环不仅可调用圆柱面车削一系列四个动作，还可用 G90 单一车削循环调用圆锥面车削一系列四个动作。

如图 5-9，外圆锥面可看成由起始点与对角点形成的基本矩形区域牵引而成，牵引点为矩形运动路线中，第一个运动到达的点，牵引点把基本矩形区域向尤负向牵引形成锥面，则为负。

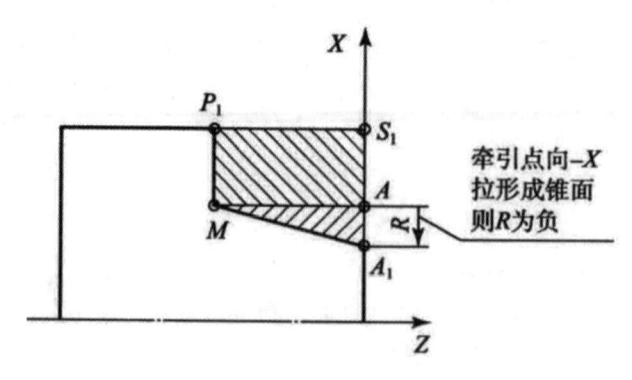

图 5-9 常见的外径锥面车削的 R 值判断

如图 5-10 中为常见的内孔锥面，R 值判断为正。R 值的大小就是牵引点移动的距离。

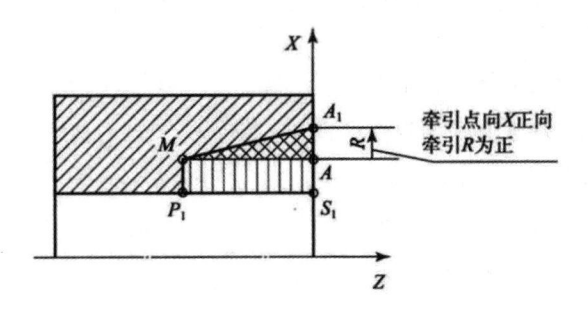

图 5-10 常见的内径锥面车削的 R 值判断

G90 单一循环车削锥面格式：G90X（U）~Z（W）~R~F~；

G90 单一循环车削锥面参数说明：值的大小：代表被加工锥面两端直径差的 1/2，即表示单边量锥度差值。如图 5-9 和图 5-10。

2. G90 单一循环车外锥轴应用实例

用 G90 指令加工如图 5-11 所示工件的外锥面。

（1）R 值正、负判断：如图 5-12，牵引点把基本矩形区域向 X 负向牵引形成锥面，则 K 为负。

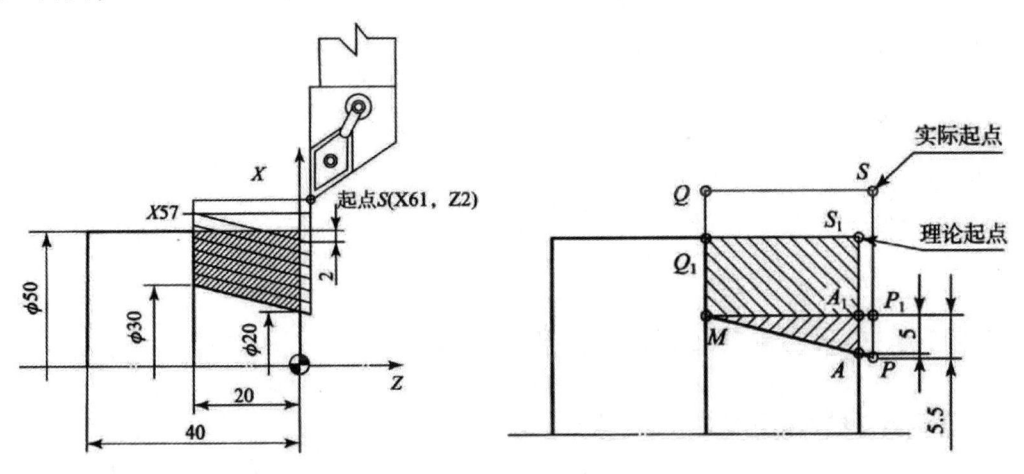

图 5-11 G90 车外锥应用实例

图 5-12 锥面切削区域定义及 R 值

（2）R 值计算：为保证刀具切削起点与工件间的安全间隙，刀具起点的 Z 向坐标值宜取 $Z_1 \sim Z_5$，而不是 ZQ，因此，实际锥面的起点 Z 向坐标值与图样不吻合，所以应该算出锥面加工起点与终点处的实际的直径差，否则会导致锥度错误。程序中实际 K 值可用相似三角形方法求算。

实际值为 PP_1，如图 5-21 可见：

$$\frac{PP_1}{A_1A} = \frac{MP_1}{A_1M}$$

$$\Rightarrow PP_1 = \frac{MP_1}{A_1M} \times A_1A = 5.5$$

(3) 刀具起点的及对角点的设计：

刀具 X 向起点应超出毛坯外径 1 个 R 值，要求 $X_起 \geq X_毛 + 2R$，否则容易导致切深过大的错误。设刀具的起点为与工件具有安全间隙的 S 点（X62，Z2）。设第一刀的最大切深为 2mm，第一个对角点的 X 坐标值是：

$$50 - 4 + 11 = 57$$

外圆锥面粗精加工程序 O5402 如下：

O5402；

G98 T0101；

S800 M03；

G0 X61.0 Z2.0；（快速走刀至循环起点 S）

G90 X57.0 Z-19.8 R-5.5 F150；（用 G90 粗车圆锥）

X53.0；（G90 模态下 X 向切深至 X53）

X49.0

X45.0

X41.0

X37.0

X33.0；

X31.0；（X 向留单边余量 0.5mm）

X30.0 Z-20.0 F100 S1200；（精车）

G0 X100 Z100；

M30；

5.2.5 G71 多重复合循环粗车外径

1. 多重复合循环切削区域边界定义

FANUC 系统允许用循环指令，调用对切削区域的分层加工动作过程，这种指令称为多重复合循环。在多重复合循环指令中要给定切削区域的切削工艺参数。

多重复合循环首先要定义多余的材料的边界，形成了一个完全封闭的切削区域，在该封闭区域内的材料根据循环调用程序段中的加工参数进行有序切削。

从数学角度上说，定义一个封闭区域至少需要三个不共线的点，图 5-13（a）所示为一个由三点定义的简单边界和一个由多点定义的复杂边界。S、P 和 Q 点则表示所选（定义）加工区域的极限点。

图 5-22（b）中，车削工件轮廓由点 P 开始，到点结束，它们之间还可以有很多点形成了复杂的轮廓，P、Q 点间复杂轮廓应就是精加工的路线。这样由 S 点和 P 到精加工的路线就确定了一个完全封闭的切削区域。

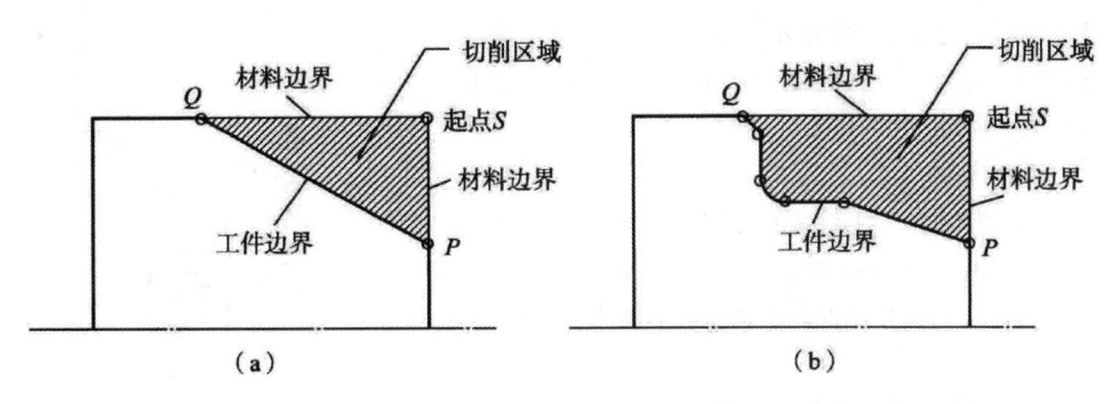

图 5-13 封闭的切削区域定义

(a) 简单的三角形区域；(b) 复杂的切削区域

2. 起点和P、Q点的设计

图 5-22 中的 S 点为削循环的起点，是调用轮廓切削循环前刀具的 X、Z 坐标位置。认真选择起点很重要，它应趋近工件，并具有安全间隙。

P 点代表精加工轮廓的起点；Q 点代表精加工后轮廓终点。P 点应在工件之外，与工件有一定的安全间隙。

3. G71 多重复合循环格式

G71 粗车固定循环，它适用于对棒料毛坯粗车外径和粗车内径。在 G71 指令前面，是运动到循环起点的程序段；在 G71 指令后面，是描述精加工轮廓的程序段。CNC 系统根据循环起点、精加工轮廓、G71 指令内的各个参数，自动生成加工路径，将粗加工待切除的余量切削掉，并保留设定的精加工余量。格式如下：

G71 U (Δd) R (e);

G71 P (ns) Q (nf) u (Δu) w (Δw) F~S~T~;

格式中参数含义见表 5-1。

表 5-1 各参数含义

U (Δd)	循环的切削深度（半径值、正值）；	R (e)	每次切削退刀量；
P (ns)	精加工路线切入起点 P 的程序段号；	Q (nf)	精加工路线切出终点 Q 的程序号；
U (Δu)	X 向精车预留量；	W (Δw)	Z 向精车预留量。

G71 指令段内部参数的意义：

G71 指令段内部参数的意义如图 5-14 所示，CNC 装置首先根据用户编写的精加工轮廓，在预留出 X 和 Z 向精加工余量 Δu 和 Δw 后，计算出粗加工实际轮廓的各个坐标值。

刀具按层切法将余量去除，在每个切削层刀具指令 X 向切深 U (Δd)，每个层切削后按 R (e) 指令值，沿 45°方向退刀，然后循环到下一层切削，直至粗加工余量被切除。然后，刀具沿与精加工轮廓 Z 向相距 Δu 余量、Z 向相距 Δw 余量的路线半精加工。G71 加工结束后，可使用 G70 指令最终完成精加工。

其他说明：

（1）描述精加工轮廓程序段中指定的 F、S 和 T 功能，对粗加工循环无效，对精加工有效；

（2）在 G71 程序段或前面程序段中指定的 F、S 和 T 功能，对粗加工循环有效。

（3）X 向和 Z 向精加工余量 Au 和 Aw 的正负符号判断的方法是：留余量的轮廓形状相对工件的精加工轮廓形状，向的正向偏移则符号为正，向的负向偏移则符号为负。

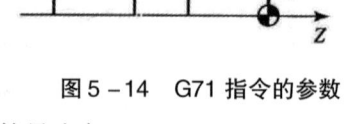

图 5-14　G71 指令的参数

（4）G71 固定循环第一个走刀动作应是 X 方向走刀动作。

4. G71 多重复合循环应用实例

工件如图 5-16 所示，毛坯直径 50，工件右端面为 Z0，刀具初始点在换刀点（X100，Z100）。切削区域、切削起点 S、切入点 P、切出点设计如图 5-17 所示。利用 G71/G70 多重复合循环编制粗加工程序 05403 如下：

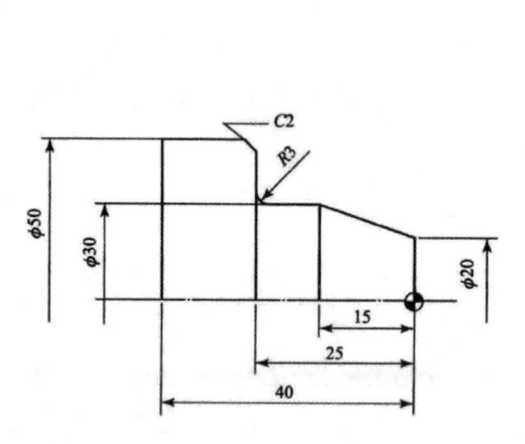

图 5-15　工件外形加工示例

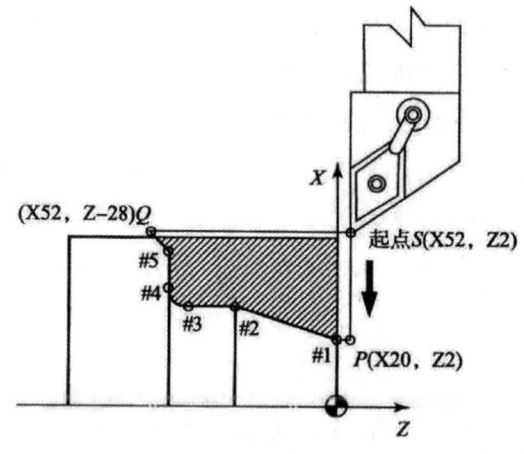

图 5-16　切削区域及点 S、P、O 设计

05403；

G21 G97 G99；

T0101；

G00 X54.0 Z2.0 S500 M03；（到达 G71 固定循环起刀点）

G71 U2.0 R0.5；（每层切深 2mm，退刀 0.5mm）

G71 P10 Q20 U0.3 W0.1 F0.2；（Z 向余量 0.3mm，Z 向 0.1。进给量 0.2mm/r）

N10 G00 X20；（X 向运动到达 P 点；N10 是精加工轮廓开始程序段）

G01 Z0.0；

G01 X30.0 Z-15.；

G01 Z-22.0；

G02 X36.0 Z-25.0 R3.0；

G01 X46.0；

N20 G01 X52.0 Z-28.0；（到达 O 点切出，精加工轮廓结束）

G00 X100.0 Z100

M01（选择停止，可用于调整精加工补偿值，清理切屑等）

5.2.6 精车固定循环 G70

格式：G70 P（ns）Q（nf）：

说明如下：

G70 指令用于 G71、G72、G73 指令粗车工件后的精车加工。G70 指令总是在粗加工循环之后，调用粗加工循环指令后的精加工轮廓路线。

一般要在 G70 程序段之前给出精加工刀具 T 指令、主运动指令、切削循环起刀点，在 G70 程序段中指定精加工进给速率，若不指定，则维持粗车指定的 F、S、T 状态。当 G70 循环结束时，刀具返回到起点，并读下一个程序段。

接上述 O5403 程序编写精加工程序：

……

G21 G97 G99；

T0202；（换精加工刀具 T02。单件生产时，粗、精加工可用同一刀具）

G00X54.0 Z2.S1000 M03；（到达 G70 精加工循环起刀点）

G70 P10 Q20 F0.1；（调用精加工循环，进给量 0.1mm/r）

G00X100.0Z100.0；

M05；

M30；

5.2.7 G73 成型加工复合循环粗车外径

1. 锻造毛坯与圆棒料毛坯切削区域和粗车路线

如图 5-17 所示，对工件毛坯切削区域的粗加工，可以有几种不同切削进给路线选择，如图 5-17（a）所示的平行轮廓的"环切"路线，图 5-18（b）所示的平行坐标轴的"行切"走刀路线等。为使粗加工切削路线最短，要对具体加工条件具体分析。当工件毛坯为余量均匀的锻造毛坯，粗加工时，平行轮廓的"环切"路线最短。

G73 指令称之为成型加工复合循环，调用平行工件轮廓的"环切"路线，适合于余量均匀的锻造毛坯粗车。

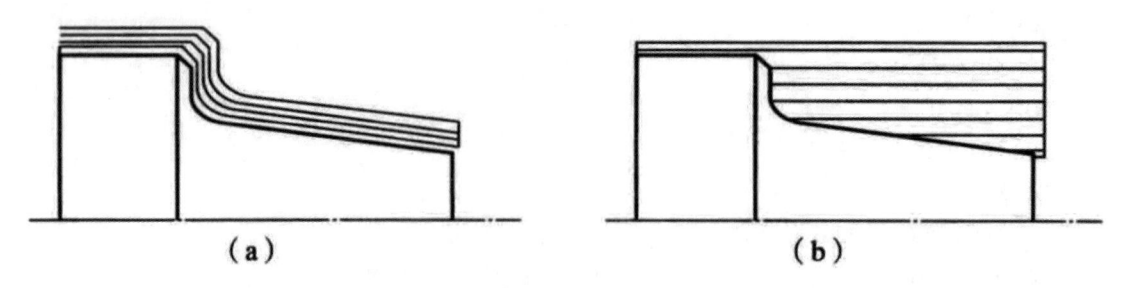

图 5-17 切削区域与粗加工切削路线

(a) 余量均匀毛坯加工；(b) 圆棒料毛坯加工

2. G73 指令介绍和格式 G73 格式如下：

G73U（Δi） w（Δk） R（Δd）；

G73P（ns） Q（nf） u（Δu） w（Δw） F～；

格式中各参数含义见表 5-2。

表 5-2 各参数含义

u（Δi）	尤方向毛坯切除余量（半径值、正值）	W（Δk）	z 方向毛坯切除余量（正值）；
R（Δd）	粗切循环的次数；	P（ns）	精加工程序的开始循环程序段的行号；
Q（nf）	精加工程序的结束循环程序段的行号	U（Δu）	AT 向精车预留量；
W（Δw）	Z 向精车预留量。		

G73 指令段内部参数的意义：

G73 指令段内部参数的意义如图 5-18 所示，CNC 装置首先根据用户编写的精加工轮廓，在预留出 X 和 Z 向精加工余量 Δu 和 Δw 后，刀具按平行于精加工轮廓的偏离路线进行粗加工，切深为粗加工余量除以指令的粗加工次数（R）。粗加工结束后，可使用 G70 指令最终完成精加工。

用 G73 粗加工循环模式用于毛坯为棒料的工件切削时，会有较多的空刀行程，棒料毛坯应尽可能使用 G71、G72 粗加工循环模式。

3. G73 指令应用示例

如图 5-19（a），工件毛坯为锻件。工件 X 向残留余量不大于 5mm，Z 向残留余量不大于 2mm，要求采用 G73 切削循环方式粗加工出该工件外形。

切削区域、切削循环起刀点 S、切入点 P、切出点设计如图 5-20（b）所示，利用 G73/G70 多重复合循环编制粗、精加工程序 05404 如下：

05404；

G21 G97 G99；

T0101；

G00 X60.0 Z2.0 S500 M03；（到达 G71 固定循环起刀点）

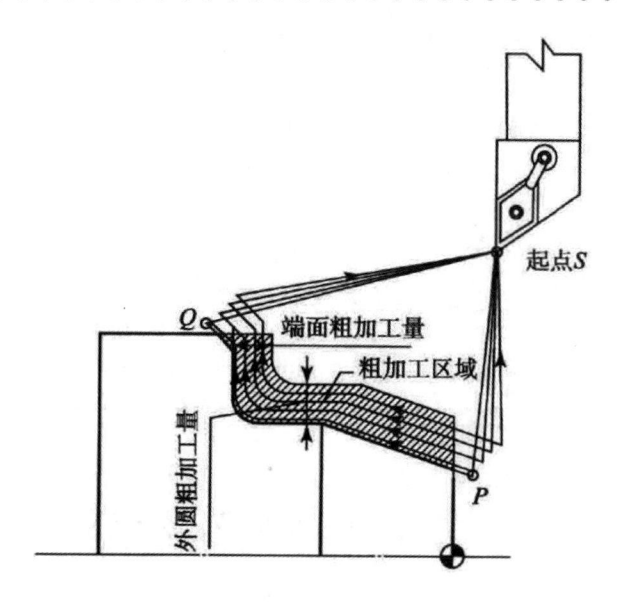

图 5-18 G73X 向进刀的路线

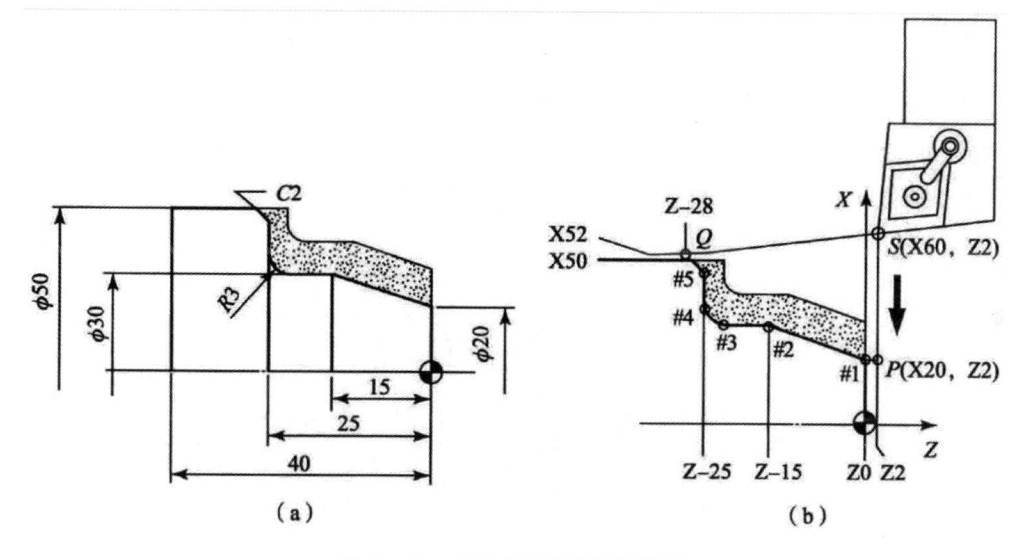

图 5-19 G73 循环切削工件设计

(a) 锻件毛坯工件；(b) G73 循环刀具路线设计

G73 U5.0 W2.0 R3；（粗加工余量 Z 向 5，Z 向 2，分三次走刀粗加工）

G73 P10 Q20 U0.3 W0.1 F0.2；（精加工余量 X 向 0.3，Z 向 0.1。进给量 0.2mm/r）

N10 G00 X20；（X 向运动到达 P 点；N10 是精加工轮廓开始程序段）

G01 Z0.0；

G01 X30.0 Z-15.；

G01 Z-22.0；

G02 X36.0 Z-25.0 R3.0；

G01 X46.0；

N20 G01 X52.0 Z-28.0;（到达0点切出，精加工轮廓结束）
G00 X100.0 Z100.0;
M01（选择停止，可用于调整精加工补偿值，清理切屑等）
G21 G97 G99;
T0202;（换精加工刀具T02。单件生产时，粗、精加工可用同一刀具）
G00 X60.0 Z2.0 S1000 M03;（到达G70精加工循环起刀点）
G70 P10 Q20 F0.1;（调用精加工循环，进给量0.1mm/r）
G00 X100.0 Z100.0;
M05;
M30;

5.3 端面车削工艺及编程

5.3.1 车削端面

车削端面工序用于加工工件的端面，从而得到平端面或阶梯端面。端面切削刀具要将工件端面加工为图纸指定的z向长度位置，车削端面时利用刀具沿z轴方向的进给来完成（如图5-20所示）。车削端面时，可以用偏刀或45°端面车刀。

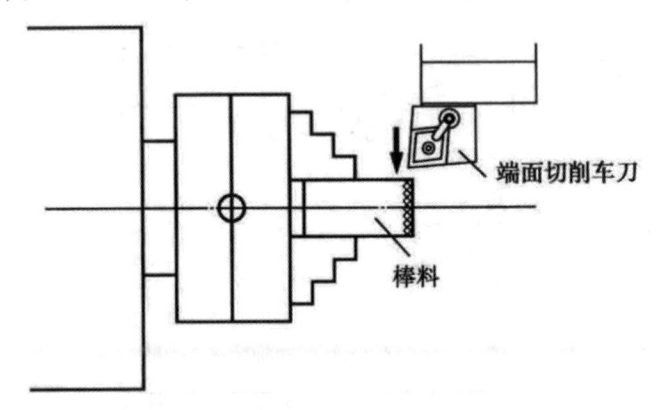

图5-20 车削端面示意图

如图5-21（a），当用右偏刀由外圆向中心进给车削端面，这时起主要切削作用的是副切削刃，由于切削刃与进给方向夹角大于90°，引起把刀尖推向切削面轴向分力。如果选择了较大的切深、进给量，这个轴向分力更大，刀尖容易扎入工件而形成凹面，切削不顺利，影响表面质量，甚至会损坏刀尖。

图5-21（b），用左偏刀由外圆向中心进给车削端面，这时是用主切削刃进行切削，切削顺利，同时切屑是流向待加工表面，加工后工件表面粗糙度值较小，适于车削较大平面的工件。

如图 5-21（c），用 45°端面车刀车削端面，是用主切削刃进行切削的，故切削顺利，工件表面粗糙度值较小，工件中心的凸台是逐步切去的，不易损坏刀尖。45°车刀的刀尖角为 90°，刀头强度较高，适于车削较大的平面，并能倒角。

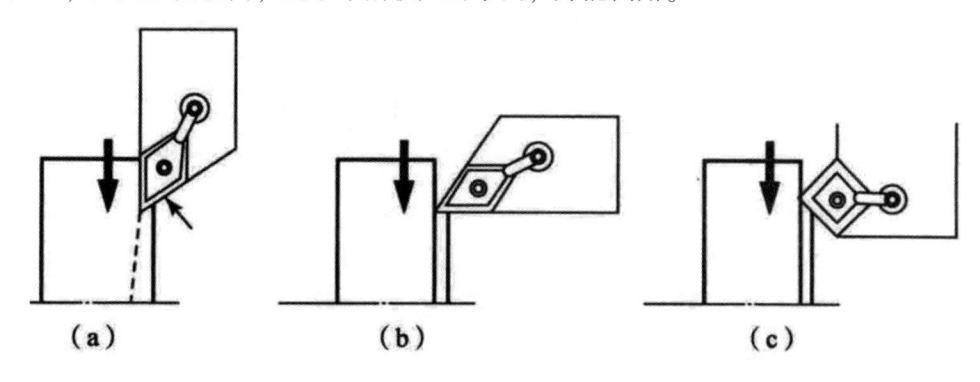

图 5-21 车削端面车刀

(a) 右偏刀副切削刃车削端面；(b) 左偏刀主切削刃车削端面；(c) 45°端面车刀

车削端面时，刀具为横向车削，由于车刀刀尖在工件端面上的运动轨迹是一条阿基米德螺旋线。刀具愈近中心或进给量愈大时，车刀实际工作前角愈大，后角愈小。前角过大、后角过小容易让刀尖断裂并影响加工质量。刀具车削端面时，不宜选用过大的横向进给量。

G96 恒线速度模式可以使主轴旋转能随直径的改变而自动发生改变，车削端面适合用恒线速度方式切削。但要注意用 G50 指令对机床能提供的最大转速进行限制。

5.3.2 G01 单次车削端面

（1）刀具切削起点

编程时，对刀具快速接近工件加工部位的点应精心设计，应保证刀具在该点与工件的轮廓应有足够的安全间隙。如图 5-22，工件毛坯直径 50mm，工件右端面为 Z0，右端面有 0.5mm 的余量，刀具初始点在换刀点（X100，Z100）。可设计刀具切削起点为：（X55，Z0）。

（2）刀具趋近运动工件的程序段

首先 Z 向移动到起点，然后 X 向移动到起点。这样可减小刀具趋近工件时发生碰撞的可能性。

N36 T0101；
N37 G97 S700 M03；
N38 G00 Z0 M08；
N39 X55.0；
N40…

若把 N37、N39 合写成：G00 X55 Z0 可简便一些，但必须保证定位路线上没有障碍物。

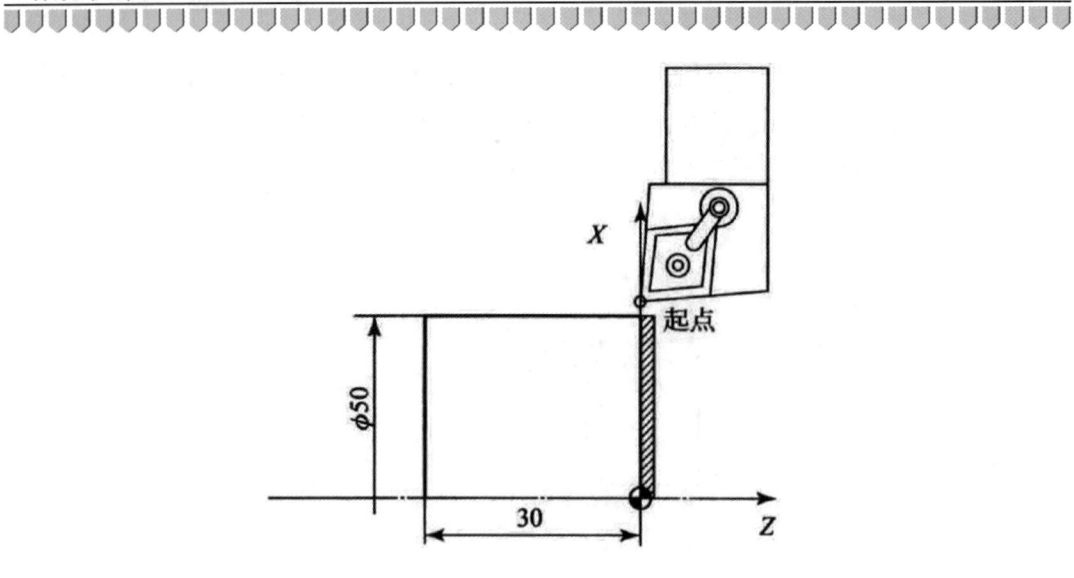

图 5-22　G01 单次车削端面

（3）刀具切削程序段

……

N40 G01 X-1.0 F50；

……

由于刀尖圆弧的存在，当 Z 向切削到 Z0 时，端面中心常常留下了一小点不能完全切削，X 向切削到 X-1，可避免这种情况的发生。

（4）刀具的返回运动

刀具的返回运动时，宜首先 Z 向退出。

N41 G00 Z2.0 M09；（Z 向退出）

N42 G00 X55.0；

N43…

5.3.3　G94 单一循环切削端面

（1）G94 循环格式

G94 循环代码用于定义一系列直端面车削或锥端面车削运动过程。

格式：G94X（U）~Z（W）~F~；

（2）G94 循环特点

G94 代码允许 CNC 编程员为每次车端面走刀指定切削深度。G94 端面切削代码也是模态代码，执行车削端面工序后必须用 G00 代码注销。

G94 与 G90 的区别是：G90 先沿方向快速走刀，再车削工件外圆面，退刀光整端面，再快速退刀回起点。

如图 5-23，G94 的刀具走刀路线：第一刀为 G00 方式 Z 方向快速进刀；第二刀切削

工件端面；第三刀 Z 向退刀光整工件外圆；第四刀 G00 方式快速退刀回起点。

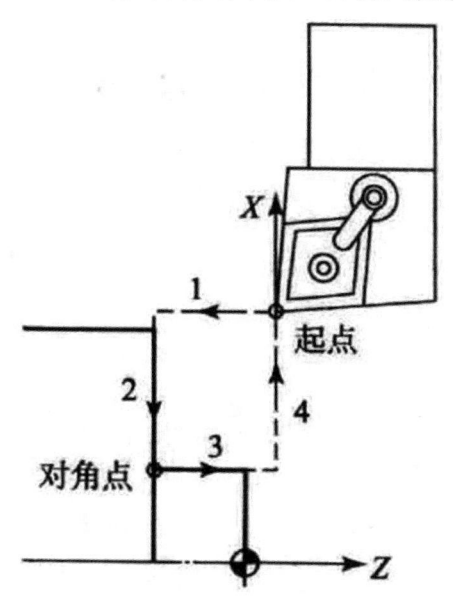

图 5-23 G94 端面加工路线

（3）G94 循环编程示例

用 G94 循环编写如图 5-24 所示工件的端面切削程序。设刀具的起点为与工件具有安全间隙的 S 点（X55，Z2）。加工程序如下：

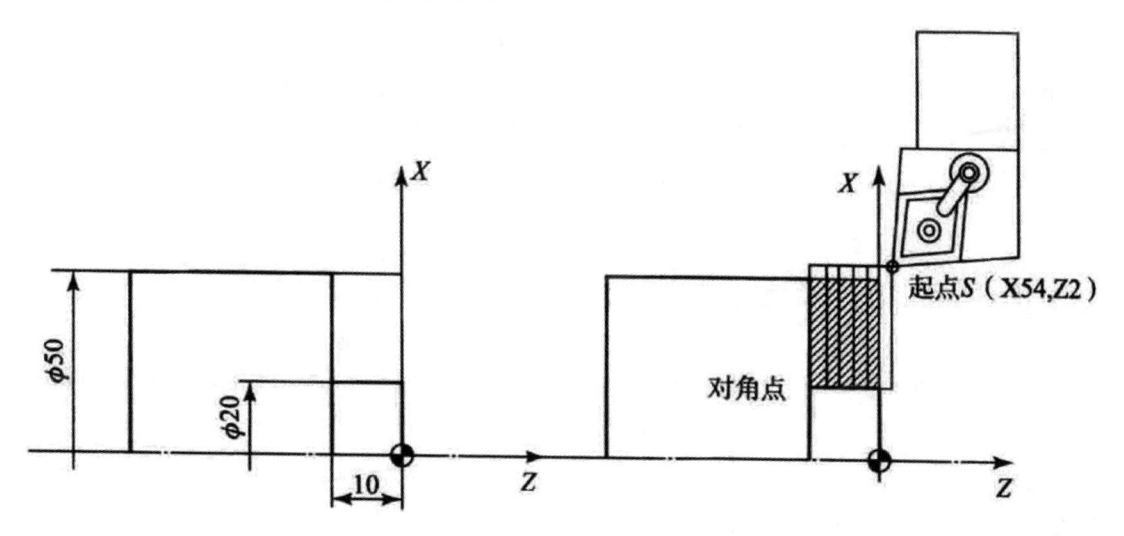

图 5-24 G94 端面加工图例

05501；（端面切削粗精加工程序）
N01 G21 G96 G99；（恒线速度模式，一些机床无此功能）
N05 S80 M03 T0101；（切削速度 80 m/min）
N10 G50 S3 000；（限制最高转速 3 000 r/min）
N20 G0 X50.0 Z2.0；（起刀点）

N30 G94 X20.2 Z－2.0 F0.2 M08；（粗车第一刀，Z 向切深 2 mm，X 向留 0.2 的余量）

N40 Z－4.0；

N50 Z－6.0；

N60 Z－8.0；

N70 Z－9.8；

N80 X20_ 0 Z－10.0 F0.1 S100；（精加工矩形路线的对角点）

N90 G00 X100.0 Z100.0 M09 M05；

N100 M30；

5.3.4　G94 单一循环切削端锥面

G94 循环锥端面车削格式 G94 单一循环还可用于锥端面车削。

格式：G94 X（U）～Z（W）～R～F～；

说明：如图 5－25，G94 指令中的 X、Z 字指与起刀点相对的对角点的坐标 G94 指令中，R 值的大小也是从基本矩形区域牵引拉伸的距离，牵引拉伸的方向是 Z 向，向正向牵引为正，向负向牵引拉伸为负。

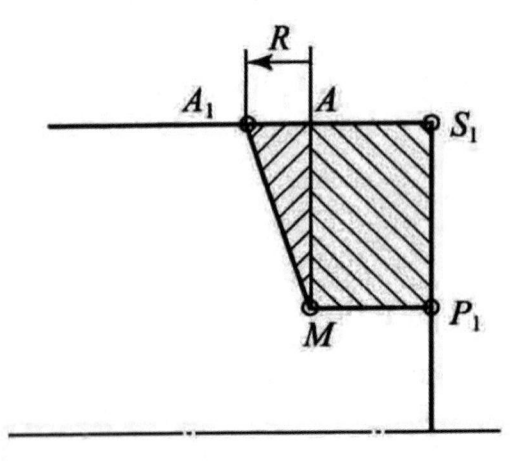

图 5－25　端面锥度加工的 R 值及其正负判断

如图 5－26，若切削的不是端锥面，起始点 S_1 与对角点 M 形成的基本矩形区域 S_1P_1MA。

如图 5－26，锥面切削区域 $S_1P_1MA_1$ 可看成由基本矩形区域牵引而成，牵引点为矩形运动路线中，第一个运动到达的点，牵引点把基本矩形区域向 Z 负向牵引到 A_1 形成锥面，R 为负。（若牵引点向 Z 正向牵引形成锥面，则 R 为正）。R 值的大小就是牵引点移动的距离。

2. 锥端面车削编程实例

以如图 5－26（a）工件端锥面加工为例，用 G94 单一循环编制端锥面切削程序示例

如下:

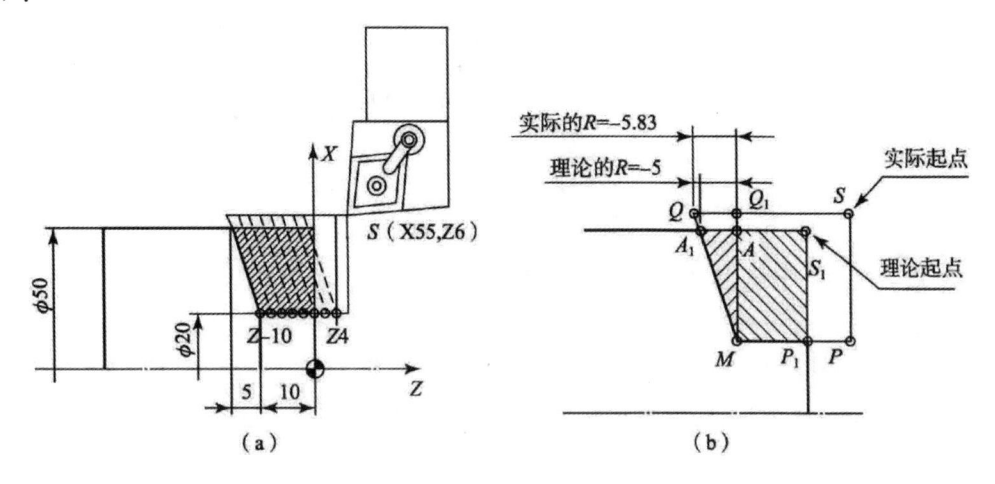

图 5-26 G94 端面锥度加工实例
(a) 工件图及刀路设计；(b) 实际 R 的计算

(1) 实际 R 值计算

如图 5-26 (b) 所示，实际加工时，刀具起点的 Z 向坐标值宜大于毛坯外径 2~5mm，实际起点 S 坐标设计为 (X55，Z6)，切削区域 $S_1P_1MA_1$ 变成 SPMQ，R 值 AA_1 变成实际 R 值 QQ_1。因此，实际 R 值与图样不吻合，所以应该算出斜端面起点与终点处的实际的 Z 向差，可用相似三角形方法精确求算的。否则会导致端面倾斜度错误。

实际 R 值计算：

$$\frac{QQ_1}{A_1A} = \frac{MQ_1}{AM}$$

$$\Rightarrow QQ_1 = \frac{MQ_1}{AM} \times A_1A = \frac{17.5}{15} \times 5 = 5.83$$

(2) 刀具起点的 Z 值及对角点的设计

刀具起点的 Z 值应大于等于实际 R 值，否则容易导致第一刀切深过大的错误。设实际起点 S 的 Z 值为 Z6 是符合要求的。

第一个对角点的选择要认真设计，如图 5-25 (a)，第一个对角点若为 Z4，则实际的最大切深为 (5.83-4=1.83)，应是比较合适的量；第一个对角点若为 Z-2，则实际的最大切深为 (5.83+2=7.83)，将可能导致切深过大的错误。

(3) 加工程序 05502

05502；(锥端面切削粗精加工程序)
G21 G96 G99；(恒线速度模式，一些机床无此功能)
S80 M03 T0101；(切削速度 80m/min)
G50 S3000；(限制最高转速 3000r/min)
G00 X55.0 Z6.0；

G94 X20.2 Z4.0 R-5.83 F0.15 M08；（粗车第一刀，Z 向切深 2mm，Z 向留 0.2 的余量）
Z2.0；
Z0.0；
Z-2.0；
Z-4；
Z-6；
Z-8；
Z-9.6；
M03 S100；
X20.0 Z-10.0 F0.1；（精加工基本矩形路线的对角点）
G00 X100.0 Z100.0 M09；
M30；

5.3.5　G72 复合循环切削端锥面

1. G72 指令介绍和格式

端面粗车循环指令的含义与 G71 类似，不同之处是：它是先 Z 向引入切削深度，然后刀具平行于 X 轴方向切削，即从外径方向往轴心方向切削端面的粗车循环。该循环方式适用于对长径比较小的盘类工件端面粗车。其内部参数如图 5-36 所示。格式如下：

G72 W (d) R (e)；
G72 P (ns) Q (nf) u (u) w (w) F~S~T~；

程序段格式中各指令字中各参数的含义见表 5-3。

表 5-3　各参数含义

W (d)	循环每次的切削深度（正值）	R (e)	每次切削退刀量
p (ns)	精加工程序的开始循环程序段的行号	Q (nf)	精加工程序的结束循环程序段的行号
U (u)	x 向精车预留量	W (w)	z 向精车预留量

说明：
①X、Z 向精车预留量 u、w 的正负判断同 G71 所述。
②精加工首刀进刀须有 Z 向动作。
③循环起点的选择应在接近工件处，但要有一定安全间隙。

2. G72 指令外形加工编程示例

如图 5-27 的工件，毛坯为 φ50，现应用 G72/G70 指令对右端面进行切削。

分析切削区域如图 5-28 所示，设计具有安全间隙的起刀点 S（X54，Z2）。设计精加工路线由 P→#1→#2→#3→#4→#5→Q 组成，设计精加工路线的切入点 P（X54，Z-12）；精加工路线的切出点 Q（X8，Z2），S、P、Q 点均在工件毛坯轮廓之外。G72/G70 端面切削粗、精加工程序如下。

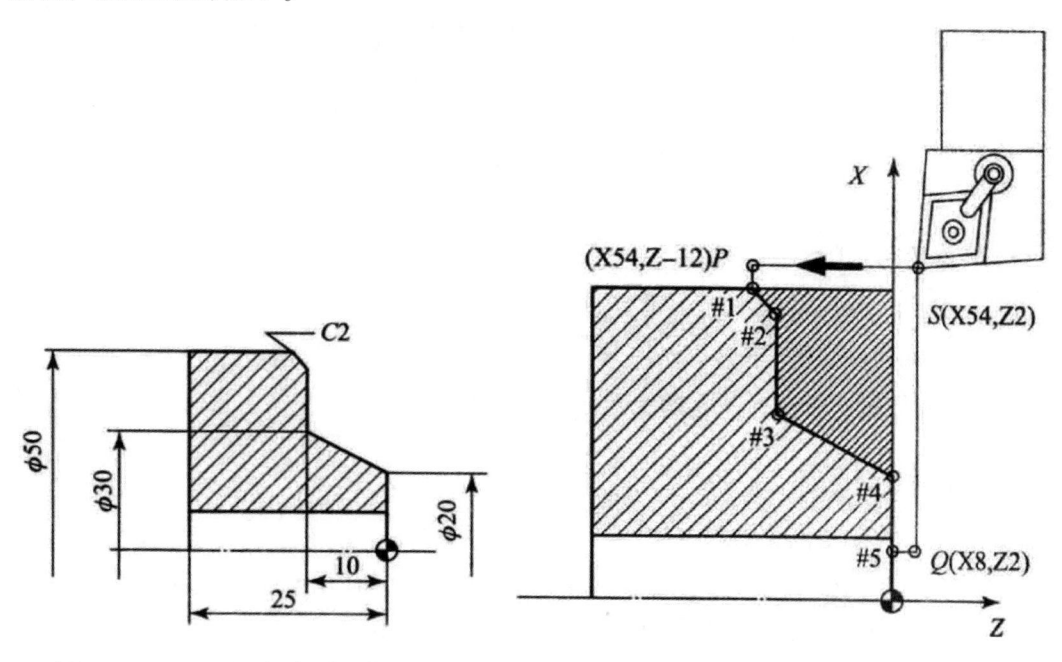

图 5-27 G72 端面粗车循环应用实例　　图 5-28 G72 循环 S、P、Q 点设计

O5503；（G72/G70 端面切削粗、精加工程序）

G21 G96 G99；（恒线速度模式，一些机床无此功能）

S80 M03 T0101；（切削速度 80 米/分钟）

G50 S3000；（限制最高转速 3000 转/分钟）

G00 X54.Z2.M08；（起刀点 S）

G72 W2.0 R0.5；（切深 2mm，退刀 0_5mm）

G72 P10 Q20 U0.2 W0.5 F0.15；（精加工余量％向留 0.2mm，Z 向 0.5mm）

N10 G00 Z-12.0；（到达切入点 P）

G01 X50.0；（→#1）

X46.Z-10.0；（→#2）

X30.0；（→#3）

X20.0 Z0；（→#4）

X8.0；（→#5）

N20 Z2.0；（到达切入点 Q）

M01；（G72 执行完后刀具又回到起点 S）

M03 S100；

G70 P10 Q20 F0.1；

G00 X100.Z100.M09；

M05；

M30；

5.4 可转位车刀片的刀尖圆弧及半径补偿应用

5.4.1 可转位车刀片的刀尖圆弧及选用

1. 可转供车刀片的刀尖圆弧

数控车削中，可转位车刀得到越来越多的使用。可转位机夹刀具使用有多个切削刃车刀片，当刀片的一个切削刃用钝以后，只要松开夹紧元件，将刀片转一个角度，换另一个新切削刃，并重新夹紧就可以继续使用；当所有切削刃用钝后，换一块新刀片即可继续切削。

可转位刀片的刀尖一般存在刀尖圆弧，如型号为"VBMT110308ER"的硬质合金可转位刀片，"08"为刀尖圆弧半径代号，表示刀尖圆弧半径0.8mm。

在主、副切削刃间用圆弧过渡，形成刀尖圆弧，一方面它提高了刀具耐用度，另一方面在一定程度上有利于降低残留面积高度，从而提高加工表面质量。

2. 具有刀尖圆弧车刀片的刀位点

如图5-29（a），尽管一般认为车刀刀尖是主副切削刃的交点，但由于刀尖圆弧的存在，这个刀尖事实是不存在的，是刀具外虚构点。

如图5-29（b），对刀时，一般把与刀刃相切的X、Z向直线的交点称为对刀刀尖，并往往用它代表刀具在工件坐标系的几何位置，即编程轨迹上的动点，但对刀刀尖事实是也不在实际刀刃上，是个虚点。

对刀刀尖不在刀具上导致的问题是：刀位点所在的编程轨迹与刀具切削形成的工件轮廓并不总是一致，并由此可能产生加工误差。

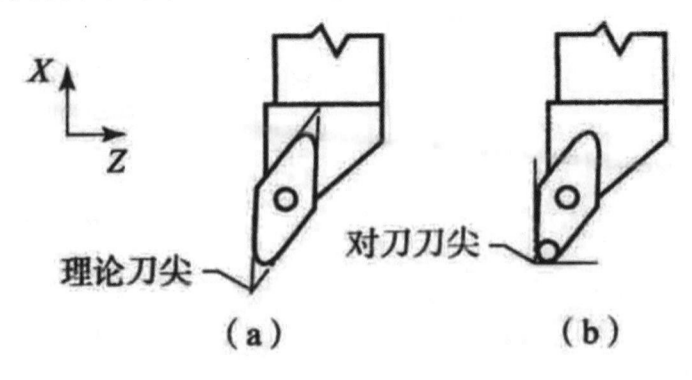

图5-29 可转位刀片的刀尖

3. 车刀片刀尖圆弧的工艺选择

数控车刀片刀尖圆弧半径为重要的选择参数。车削和镗削中最常见的刀尖圆弧半径是：

选择刀尖圆弧半径的大小时，工艺考虑有以下几点：

(1) 刀尖圆弧半径不宜大于零件凹形轮廓的最小半径，以免发生加工干涉；该半径又不宜选择太小，否则会因其刀头强度太弱或刀体散热能力差，使车刀容易损坏。

(2) 刀尖圆弧半径应与最大进给量相适应，刀尖圆弧半径宜大于等于最大进给量的 1.25 倍，否则将恶化切削条件，甚至出现螺纹状表面和打刀等问题；另一方面，又要顾虑刀尖圆弧半径太大容易导致刀具切削时发生颤振，一般说来，刀尖圆弧半径在 .8nun 以下时不容易导致加工颤振。

(3) 刀尖圆弧半径与进给量在几何学上与加工表面的残留高度有关，从而影响到加工表面的粗糙度。残留高度与刀尖圆弧半径、进给量的关系可用下式表示：

$$h = \frac{f^2}{8R}$$

式中　h——加工残留高度

　　　f——进给量 mm/r；

　　　R——刀尖圆弧半径 mm。

可见小进给量、大的刀尖圆弧半径，可减小残留高度，得到小的粗糙度值。

(4) 刀尖圆弧半径还与断屑的可靠性有关。从断屑可靠出发，通常对于小余量、小进给车加工作业可采用小的刀尖圆弧半径，反之宜采用较大的刀尖圆弧半径。

(5) 在 CNC 编程加工时，若考虑经测量认定的刀具圆弧半径，并进行刀尖半径补偿，该刀具圆弧相当于在加工轮廓上滚动切削，刀具圆弧制造精度和刀尖半径测量精度应当与轮廓的形状精度相适应。

5.4.2　带刀尖圆弧可转位刀片的应用

1. 以刀片对刀刀尖作为刀位点的编程应用

在程序控制数控加工中，编程轨迹是代表刀具的刀位点在工件坐标系中的移动轨迹，在程序控制加工前应确定刀具在工件坐标系中的准确初始位置，出于刀具刀刃在 X、z 坐标方向接触对刀的方便性，常常把如图 5-29（b）中的对刀刀尖作为刀位点，用它来代表刀具在编程轨迹上移动，但由于刀尖圆弧的存在，用对刀刀尖代表刀具的刀位点却在刀具实体之外，这就引起了实际刀具切削的轮廓与刀位点所在的编程轨迹存在误差，下面将讨论这种误差如何影响加工精度。

(1) 刀具车削直圆柱面及端面误差分析

如图 5-30 所示，以对刀刀尖为刀位点，刀具切削直圆柱面时，形成工件轮廓的刀刃 B 点虽然与刀位点 P 点不重合，但一前一后地在同一加工圆柱面上；

刀具切削直端面时，形成工件轮廓的刀刃 4 点虽然与加工直圆柱面、直端面刀位点 P

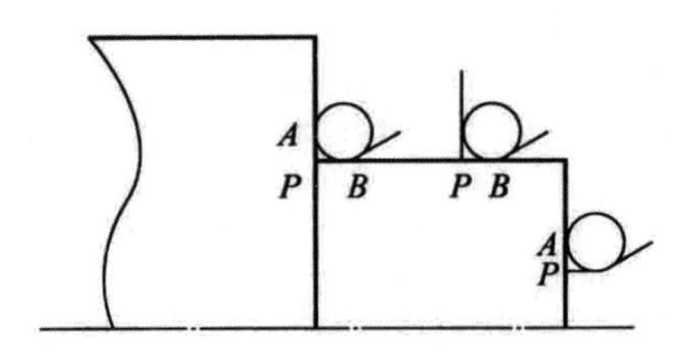

图 5-30 刀具车削直圆柱面及端面

点不重合,但一上一下地在同一加工直端面上。

可见形成轮廓的刀具刀刃上的点虽然与刀位点不重合,但并未引起直圆柱面直端面的加工误差,只是在阶台的根部与刀具圆弧大小一样的圆角。因此,对台阶类圆柱形工件,当阶台根部允许这种圆面积角残留,刀具以对刀刀尖为刀位点编程加工是可行的。

(2) 刀具车削锥面误差分析

如图 5-31 所示,以对刀刀尖为刀位点时,要加工的理想锥面轮廓线为 CD,带刀尖圆弧车刀片车削时,若对刀刀尖 P 点移动轨迹按照 CD 编程,用带刀尖圆弧车刀实际切削出轮廓为 D_1C_1,产生 CDD_1C_1 的区域残留误差。

(3) 加工圆弧面的误差分析与偏置值计算

以对刀刀尖为刀位点时,带刀尖圆弧车刀片加工圆弧面和加工圆锥面基本相似。如图 5-32 分别加工的 1/4 凸、凹圆弧,理想轮廓 CD,O 点为圆心,半径为及,对刀刀尖从 C 运动到时,刀具实际切削出凸圆弧或圆凹弧 C2D2,产生 CDC_1D_1,或 CDC_2D_2 残留区域误差。

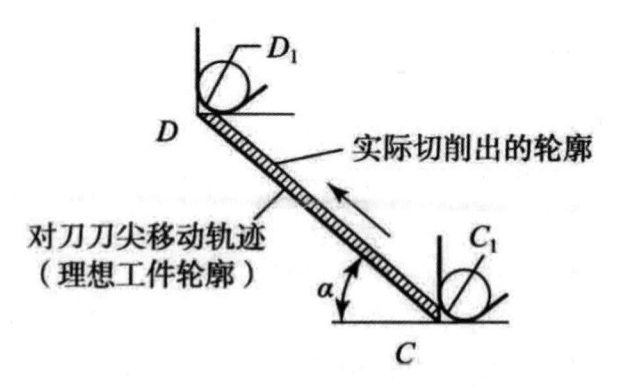

图 5-31 带刀尖圆弧车刀片加工圆锥面

2. 以刀尖圆弧圆心为刀位点的半径补偿

(1) 刀位点取在圆弧圆心的理由

由上述分析可见,把对刀刀尖作为刀位点的编程应用的前提是:假定工件被切削轮廓轨迹是由刀具上的一个固定不变的点移动形成的,事实上,由于刀尖圆弧的存在,对刀刀

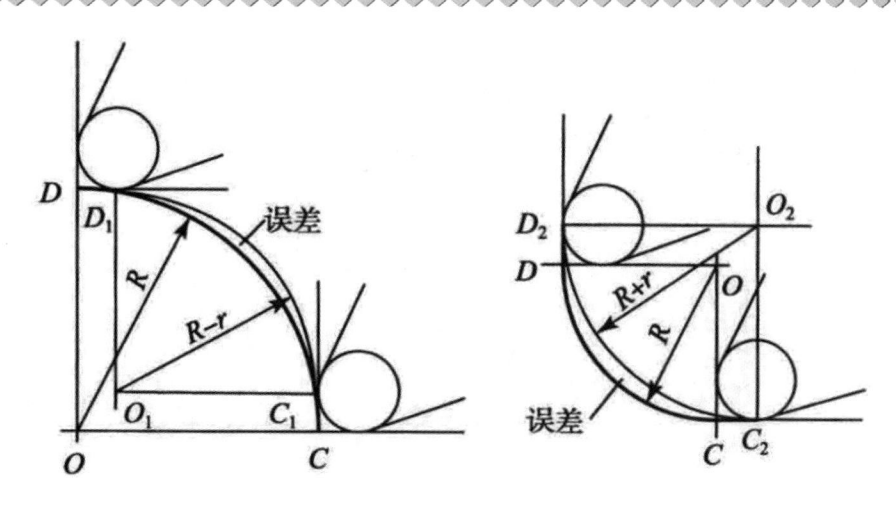

图 5-32 带刀尖圆弧车刀片加工 90°凸凹圆弧

尖的轨迹不能代表刀具切削形成的轮廓，尤其是在加工锥面和圆弧面时存在误差。因此应在刀具上寻找一个更为恰当的刀位点。

研究图 5-33 的带刀尖圆弧刀具切削工件形成的轮廓可以发现：工件的轮廓是由刀尖圆弧上不同点切削而成的，或可理解为圆弧刀刃在轮廓上滚动切削，而不只是刀具上的一个固定不变的点移动形成轮廓。可以发现，不管圆弧刀刃与轮廓相切的点怎样变化，圆弧的圆心始终与切削形成的轮廓保持一个半径的距离，只要圆弧的轮廓度准确，圆心偏离轮廓一个半径是稳定的，因此，选择刀尖圆弧的圆心为刀位点，并使编程轨迹偏离实际要加工的轮廓一

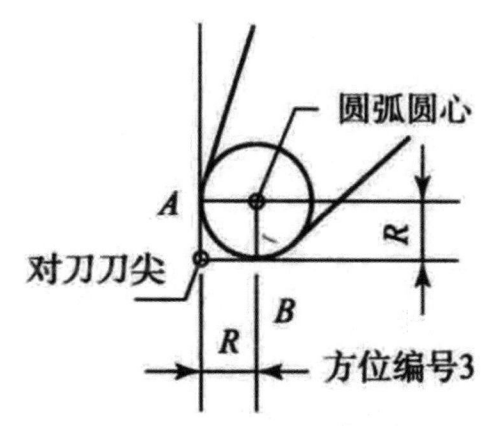

图 5-33 推算圆弧圆心位置的信息

个半径，只要圆弧的圆度好，半径准确，不管被加工轮廓是锥面还是圆弧面或是曲面，得到的加工轮廓是没有误差的。这就是具有刀尖圆弧的刀具在锥面、圆弧面、曲面轮廓精加工时，取圆弧圆心为刀位点，运用半径补偿编程的原因。

（2）找寻作为刀位点的圆弧圆心位置

尽管选择圆弧圆心作为刀位点能够解决锥面、圆弧面、曲面轮廓精加工的误差，但在对刀时不容易直接测量得到；尽管刀位点在对刀刀尖时，锥面、圆弧面、曲面轮廓精加工存在误差，但容易用硬接触法、试切法、光学对刀法等方法直接测量得到对刀刀尖。

一般，要寻找作为刀位点圆弧圆心位置，方法是通过一些信息间接地推算得到，如图 5-33 所示，这些信息包括：①对刀刀尖的位置；②圆心相对对刀刀尖的方位信息；③圆弧的半径。

如图 5-34 所示，是 FANUC 系统对刀刃圆弧圆心相对对刀刀尖点的方位编号规定，

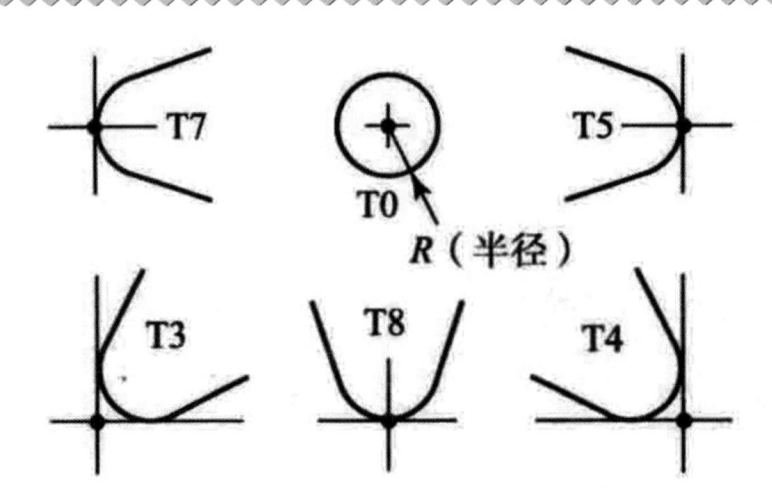

图 5-34 车刀切削部方位编号

主要用于刀尖圆弧半径补偿时。

（3）数控系统的半径补偿功能

刀位点选择在圆弧圆心时，编程轨迹应与理想的加工轮廓相距一个半径。现代数控系统一般都有刀具圆角半径补偿器，具有刀尖圆弧半径补偿功能，编程员可直接根据零件轮廓形状进行编程。当编程者给定理想的加工轮廓，给定偏离的半径、偏离的方向，由 CNC 自动计算圆弧圆心所在的偏离轨迹是轻而易举的事。

半径补偿指令如下：

G41——左补偿；

G42——右补偿功能；

G40——取消补偿。

（4）半径补偿应用

要成功地实现半径补偿进给运动，编程人和机床操作者要做如下工作：

编程人员：编程提供工件被加工轮廓轨迹、半径补偿的起止点；偏离的方向（G41 向左、G42 向右）、补偿值的存储地址信息（如：T0101）。

操作人员：对刀测量对刀刀尖的几何偏置补偿值或调整对刀刀尖相对工件到指定的准确位置；测量或确认刀尖圆弧的半径值；打开 CNC 的几何尺寸偏置寄存器，如表 5-4，填写对刀刀尖的几何偏置补偿值、刀尖圆弧半径、圆心相对刀尖的方位。

表 5-4 刀具几何尺寸偏置寄存器—刀具补正/形状

刀具补正/形状				
编号	偏置	Z~偏置	半径 R	刀尖 T
G01	-168.429	-384.482	0.8	3
G02	-201.457	-362.769	0.000	0
G03	-176.404	-376.396	0.400	3

(5) 数控车削用半径补偿示例:

数控车床用半径补偿精车削如图 5-35 (a) 工件轮廓,刀具的刀尖圆弧半径为 8mm,外圆车刀 T01 的刀尖圆弧半径补偿值输入在表 5-9 第一行,刀具切入轮廓的起点设在锥面轮廓延长线上的一点,刀具切出轮廓的点设在倒角轮廓的延长线上的一点,并计算精加工路线的各点坐标如图 5-35 (b) 所示,编制半径补偿车削加工程序为:

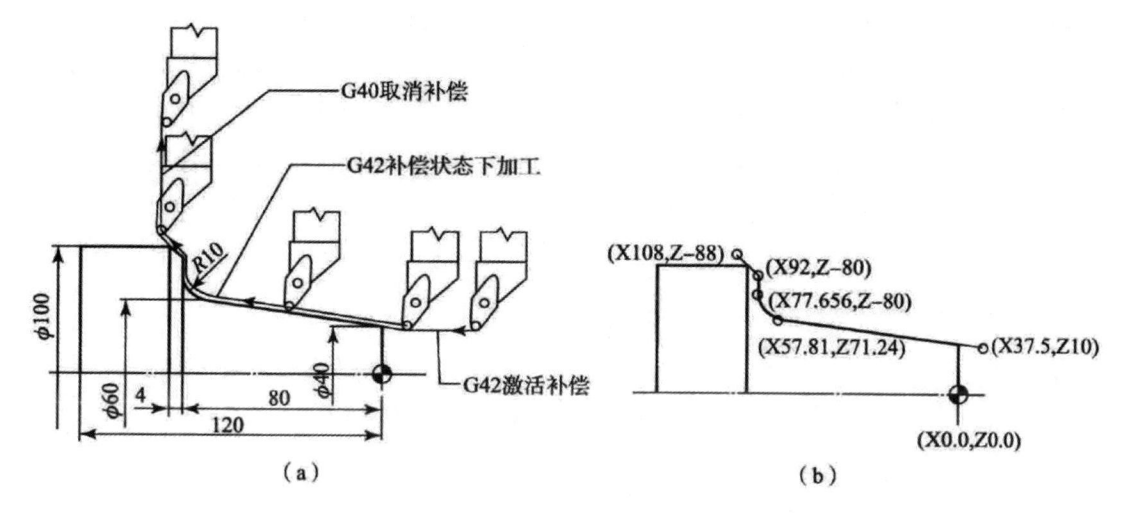

图 5-35 数控车床刀具半径补偿应用例图
(a) 工件外圆半径补偿加工示意图;(b) 刀路坐标数据图

O5601;
……
N40 M03 S1000 T0101;
N50 G00 X37.5 Z35.0;(刀具接近轮廓并位置补偿)
N60 G42 G00 Z10.0;(建立刀具半径补偿)
N70 G01 X57.81 Z71.24 F100;(N70~N100 为刀具半径补偿加工轮廓)
N80 G02 X77.656 Z-80.0 R10.0;
N90 G01 X92.0;
N100 G01 X108.0 Z-88.0;
N110 G00 G40 X150.0;(取消刀具半径补偿)

建立刀尖半径补偿、刀尖半径补偿加工轮廓、取消刀尖半径补偿的过程如图 5-45 (a) 所示。应注意的是:激活刀尖半径补偿前,刀具应定位于要工件加工轮廓的附近,并使刀具与工件轮廓的距离远大于刀尖半径的两倍,同样,取消刀尖半径补偿地点与轮廓的距离远也应大于刀尖半径的两倍。

3. 可转位刀片两种编程应用的比较

带刀尖圆弧的可转位刀片在编程应用有两种方法:

(1) 忽略刀尖半径圆弧的存在,以对刀刀尖作为刀位点,认为它进给运动形成加工的轮廓。其优点是编程和对刀操作方便,但在锥面,圆弧曲面的精加工中存在误差。

(2) 考虑到刀尖半径圆弧的存在,以圆弧圆心作为刀位点,认为它进给运动轨迹与加工形成的轮廓始终相距一个半径。这种方法的优点是:在锥面、圆弧面、曲面的精加工中能消除第一种方法引起的误差。

可见,带刀尖圆弧的可转位刀片的数控车刀,不仅可作为尖形车刀使用,而且可作为圆弧车刀使用。当在锥面、圆弧面、曲面的加工要求不高时、粗加工时、加工直圆柱面直端面时,刀具直接以对刀刀尖为刀位点,刀具用作尖形车刀。在加工要求高的锥面、圆弧面、曲面的精加工时,刀具应以刀尖圆弧圆心为刀位点,刀具用作圆弧形车刀。

事实上,同一把带刀尖圆弧的可转位刀片的数控车刀,在同一个加工程序中,可时而用作尖形车刀,时而用作圆弧形车刀,从一种使用类型转换到另一种使用类型是方便的,其方法是:刀具半径补偿时用作圆弧车刀,刀位点在圆心;取消刀具半径补偿时用作尖形车刀,刀位点在对刀刀尖。

5.5 内孔加工工艺及编程

5.5.1 数控车床上孔加工工艺概述

很多零件如齿轮、轴套、带轮等,不仅有外圆柱面,而且有内圆柱面,在车床上加工内结构加工方法有钻孔、扩孔、铰孔、车孔等加工方法,其工艺适应性都不尽相同。应根据零件内结构尺寸以及技术要求的不同,选择相应的工艺方法。

1. 麻花钻钻孔

如图 5-36 所示,钻孔常用的刀具是麻花钻头(用高速钢制造),麻花钻钻孔的主要工艺特点如下:

钻头的两个主刀刃不易磨得完全对称,切削时受力不均衡;钻头刚性较差,钻孔时钻头容易发生偏斜。

通常麻花钻头钻孔前,用刚性好的钻头,如用中心孔钻钻一个小孔,用于引正麻花钻定位和钻削方向。

麻花钻头钻孔时切下的切屑体积大,钻孔时排屑困难,产生的切削热大而冷却效果差,使得刀刃容易磨损。因而限制了钻孔的进给量和切削速度,降低了钻孔的生产率。

可见,钻孔加工精度低(IT2~IT13)、表面粗糙度值大(Ra12.5),一般只能作粗加工。钻孔后,可以通过扩孔、铰孔或镗孔等方法来提高孔的加工精度和减小表面粗糙度值。

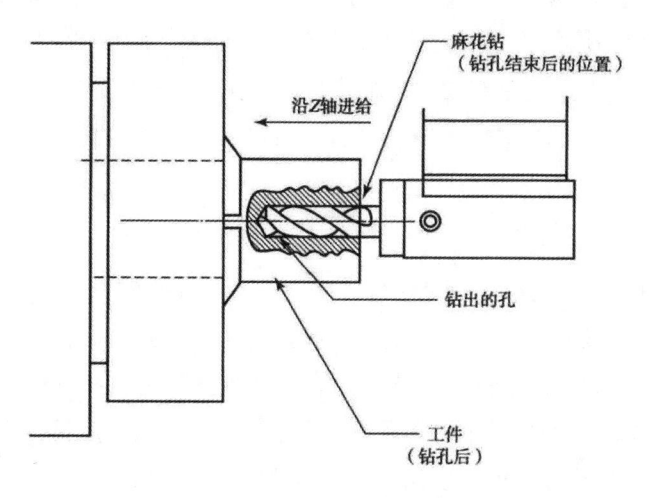

图 5-36 麻花钻钻孔

2. 硬质合金可转位头钻孔

如图 5-37 所示，CNC 车床有时也使用硬质合金可转位刀片钻头，通常要比高速钢麻花钻钻孔切削速度高很多。刀片钻头适用于钻孔直径范围为 16~80mm 的孔。刀片钻头需要较高的功率和高压冷却系统。如果孔的公差要求小于 ±0.05，则需要增加镗孔或铰孔等第二道孔加工工序，使孔加工到要求的尺寸。

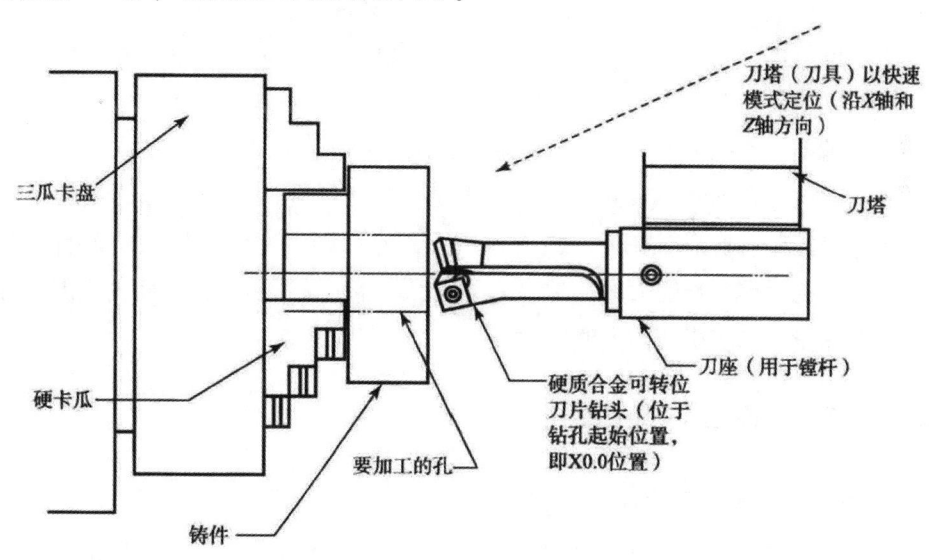

图 5-37 硬质合金可转位刀片钻头钻孔

3. 扩孔

扩孔是用扩孔钻对已钻或铸、锻出的孔进行加工，扩孔时的背吃刀量为 0.85~4.5mm 范围内，切屑体积小，排屑较为方便。因而扩孔钻的容屑槽较浅而钻心较粗，刀具刚性好；一般有 3~4 个主刀刃，每个刀刃的切削负荷较小；棱刃多，导向性好，切削过程平稳。扩孔能修正孔轴线的歪斜，扩孔钻无端部横刃，切削时轴向力小，因而可以采用较大的进给量和切削速度。扩孔的加工质量和生产率比钻孔高,加工精度可达 IT10,表面粗糙度值为 $Ra6.3 \sim 3.2 \mu m$。采用镶有硬质合金刀片的扩孔钻,切削速度可以提高 2~3 倍,大大地提高了生产率。扩孔常常用作铰孔等精加工的准备工序;也可作为要求不高孔的最终加工。

4. 铰孔

铰孔是孔的精加工方法之一,铰孔的刀具是铰刀。铰孔的加工余量小(粗铰为 0.15~0.35mm,精铰为 0.05~0.15mm),铰刀的容屑槽浅,刚性好,刀刃数目多(6~12 个),导向可靠性好,刀刃的切削负荷均匀。铰刀制造精度高,其圆柱校准部分具有校准孔径和修光孔壁的作用。铰孔时排屑和冷却润滑条件好,切削速度低(精铰 2~5m/min),切削力、切削热都小,并可避免产生积屑瘤。因此,铰孔的精度可达 IT6 – IT8;表面粗糙度值为 $Ra1.6 \sim 0.4 \mu m$。铰孔的进给量一般为 0.2~1.2mm/r,为钻孔进给的 3~4 倍,可保证有较高的生产率。铰孔直径一般不大于 80mm。铰孔不能纠正孔的位置误差,孔与其他表面之间的位置精度,必须由铰孔前的加工工序来保证。

5. 镗孔

镗孔一般用于将已有孔扩大到指定的直径,可用于加工精度、直线度及表面精度均要求较高的孔。车床镗孔,又称车内孔,主要优点是工艺灵活、适应性较广。一把结构简单的内孔车刀,既可进行孔的粗加工,又可进行半精加工和精加工。加工精度范围为 IT10 以下至 IT7~IT6;表面粗糙度值为 $Ra12.5 \mu m$ 至 $0.8 \sim 0.2 \mu m$。镗孔还可以校正原有孔轴线歪斜或位置偏差。镗孔可以加工中、小尺寸的孔,更适于加工大直径的孔。

车内孔时,内孔车刀的刀头截面尺寸要小于被加工的孔径,而刀杆的长度要大于孔深,因而刀具刚性差。切削时在径向力的作用下,容易产生变形和振动,影响镗孔的质量。特别是加工孔径小、长度大的孔时,更不如铰孔容易保证质量。因此,车内孔时多采用较小的切削用量,以减小切削力的影响。

5.5.2 数控车床上孔加工编程

1. 中心线上钻、扩、铰孔基本编程方法

车床上的钻、扩、铰加工时,刀具在车床主轴中心线上加工,即 x 值为 0。

(1)主运动模式

CNC 车床上所有中心线上孔加工的主轴转速都以 G97 恒定转速模式,即每分钟的实际转数(r/min)来编写,而不使用恒定表面速度模式。

(2)刀具趋近运动工件的程序段

首先将 Z 轴移动到安全位置,然后移动 X 轴到主轴中心线,最后将 Z 轴移动到钻孔的起始位置。这种方式可以减小钻头趋近工件时发生碰撞的可能性。

N36 T0202；

N37 G97S700M03；

N38 G00Z5.M08；

N39 X0；

N40 …

（3）刀具切削和返回运动

N40 G01 Z – 30F30；

N41 G00 Z2；

程序段 N40 为钻头的实际切削运动，切削完成后执行程序段 N41，钻头将2T向退出工件。

刀具的返回运动时，从孔中返回的第一个运动总是沿 Z 轴方向的运动。

2. 啄式钻孔循环（深孔钻循环）

（1）啄式钻孔循环格式：

G74 R ~

G74 Z ~ Q ~ F ~ ；

式中：R ~：每次啄式退刀量；Z ~：向终点坐标值（孔深）；Z ~：Z 向每次的切入量。各指令参数含义如图 5 – 38 所示。

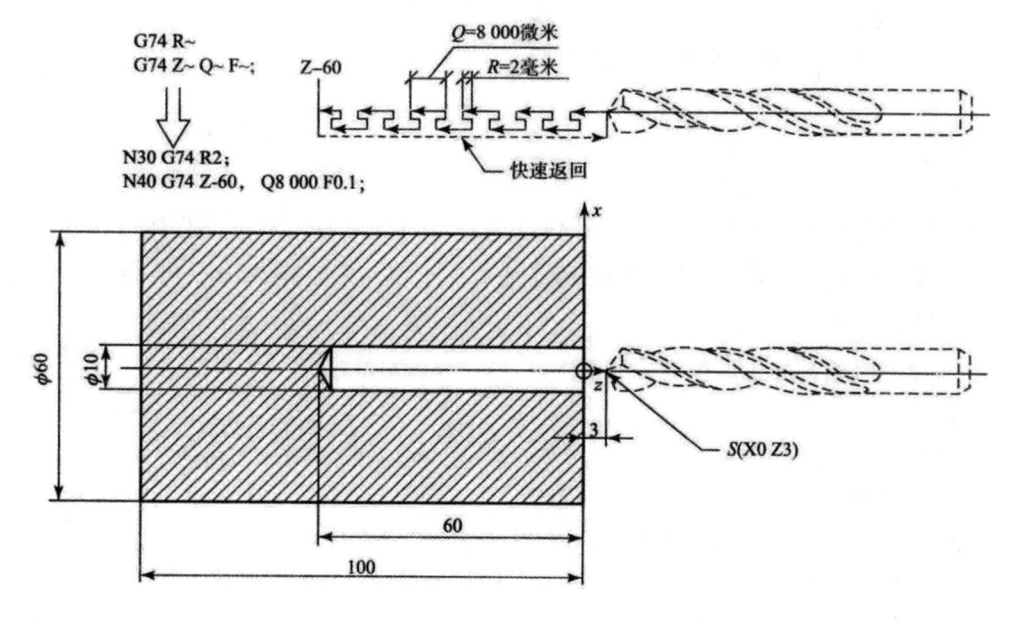

图 5 – 38 工件端面啄式钻孔例图

（2）啄式钻孔：

在如图 5 – 39 所示工件用麻花钻钻削直径为 10mm 的孔，孔径为 60mm。设钻削前已经车削端面及加工引正孔，程序如下：

05701；

N05 G21 G97 G99；

N10 T05 05S700M03；（φ10 麻花钻）

N20 G00 X0.Z3.M08；

N30 G74 R1.0；

N40 G74 Z-60.0 Q8000 F0.1；

N50 G00 Z50 M09；

N60 X100；

N70 M05；

N80 M30；

3. 数控车削内孔

数控车削内孔的指令与外圆车削指令基本相同，但也有区别，编程时应注意以下方面：

①粗车循环指令 G71、G73，在加工外径时余量 U 为正，但在加工内轮廓时余量 U 应为负。

内径粗车循环应用样式如下例：

……

G00 X19.0 Z5.0；（内径粗车循环起刀点）

G71 U1.0 R0.5；

G71 P10 Q20 U-0.5 W0.1 F150；（车内轮廓时，Z 向精加工余量为负）

N10 G1 X36.0；

……

N20 X19；

②若精车循环指令 G70 采用半径补偿加工，以刀具从右向左进给为例。在加工外径时，半径补偿指令用 G42，刀真方位编号是"3"。在加工内轮廓时，半径补偿指令用 G41，刀具方位编号是"2"。

内径半径补偿精加工编程样式如下例：

……

G0 G41 X19.0 Z5.0；（快速定位到起刀点的过程中引入半径补偿，用 G41 左偏置）

G70 P10 Q20 F80；

G40 G0 Z50 X100；（从切出点快速回到初始点的过程中取消半径补偿）

……

③加工内孔轮廓时，切削循环的起刀点 S、切出点 Q 的位置选择要慎重，要保证刀具在狭小的内结构中移动而不干涉工件。起刀点 S、切出点 W 的 Z 值一般取与预加工孔直径稍小一点的值，最大可能避免碰撞。

5.5.3 数控车床上孔加工工艺及编程实例

1. 加工任务

加工图 5-39（a）所示工件的孔结构，材料为 45 钢，设外圆及端面已加工完毕。

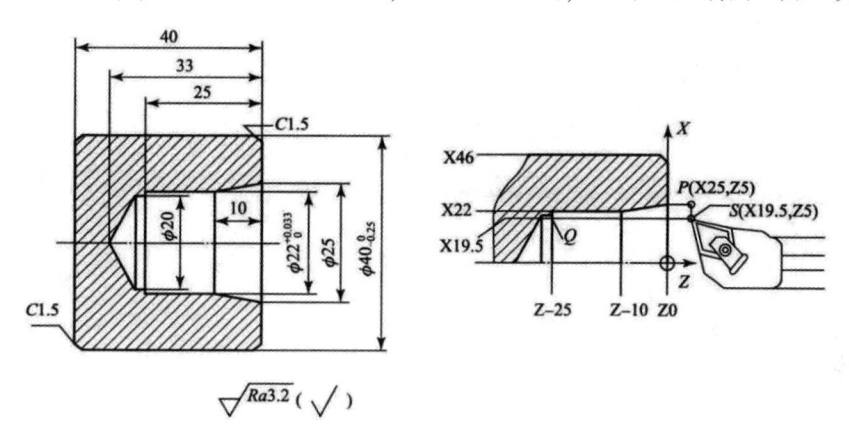

图 5-39 孔加工工件
(a) 工件图样　(b) 车内孔刀路设计

2. 加工方法及过程设计

(1) 选用 φ3 中心钻（T01）钻削引正孔，取进给量 0.05mm/r 主轴转速 1500m/min。

(2) 选用 φ20 的钻头（T02）钻 φ20 的孔；取进给量 0.10mm/r 主轴转速 500m/min。

(3) 选用主偏角 95°内镗刀（T03）粗镗削内孔；取进给量 0.2mm/r 主轴转速 800m/min。

(4) 选用主偏角 95°内镗刀（T04）精镗削内孔。取进给量 0.1mm/r 主轴转速 1000m/min0

3. 程序编写

05303；
（T01—φ3 中心钻钻削引正孔）
G21 G97 G98；
M03 S1500 T0101；
G00 X0 Z5.0 M08；
G01 Z-7.0 F75.0；
G04 P1 000；
G00 Z5.0 M09；
G00 Z50.0 X100.0；
M05；
M01；

（T02—φ20 的钻头钻孔）

G21 G97 G98；

T0202 M03 S500；

G00 X0 Z5.0 M08；

G74 R3.0；

G74 Z-33.0 Q8000 F50；

G00 Z50.0 X100. M09；

M05；

M01；

（T03—内孔镗刀粗加工孔，刀具路线参考图 5-50（b））

G21 G97 G98；

M3 S800 T0303；（T03 内孔镗刀粗加工孔）

G0 X19.5 Z5.0 M08；

G71 U1.0 R0.5；

G71 P10 Q20 U-0.5 W0.1 F150；

N10 G00 X25.0；

G01 Z0；

X22.0 Z-10.0；

Z-25.0；

N20 X19.5；

G00 Z50.0 X100.0 M09；

M05；

M01；

（T04—内孔镗刀精加工孔）

G21 G97 G98；

M03 S1000 T0404；

G0 X19.5 Z5.0 M08；

G70 P10 Q20 F100；

G0 Z50.0 X100.0 M09；

M05；

M30；

第6章 数控铣床的加工使用技术

6.1 数控铣床及选用

6.1.1 认识数控铣床

1. 铣削加工与铣床

铣削是使用旋转的多刃刀具切削工件的加工方法。铣削加工时，刀具旋转，刀齿在转矩作用下切下工件多余材料，成为切屑排出，同时，工件相对刀具进给移动，调整切削位置，使工件新的切削层投入到下一个刀齿下切削。刀具不断切除多余材料，从而使加工工件符合图纸要求。

铣床驱动刀具与工件间切削运动。驱动主轴旋转实现主运动。驱动工件台、主轴头沿直线导轨左右（X向）、前后（Y向）、上下（Z向）进给运动。在铣床上，铣削刀具与机床主轴连接，工件通过夹具定位夹紧在工作台上。

数控铣床由数控系统控制加工运动，提高了铣床的自动化程度。

2. 数控铣床概述

和普通铣床一样，数控铣床有立卧之分。图6-1所示的是立式数控铣床，其主轴及安装其上的刀具轴线垂直指向水平面；图6-2所示的是卧式数控铣床，其主轴及安装其上的刀具轴线水平指向加工面。主轴可作垂直和水平转换的，称为立卧两用数控铣床。

图6-1 立式数控铣床　　　　图6-2 卧式数控铣床

小型数控铣床是指规格较小的升降台式数控铣床，额定功率通常不是很高，其工作台宽度多在400mm以下；规格较大的数控铣床，工作台宽度在500mm以上。

数控铣床能被CNC控制的坐标进给运动多为X、Y、Z三坐标。能进行X、Y、Z三个坐标轴联动的数控铣床，可以加工空间曲面。CNC虽然能控制；X、Y、Z三个坐标轴，但只能实现任意两轴联动，称两轴半机床，两轴半控制的数控铣床上只能用来加工平面曲线轮廓。对于有特殊要求的数控铣床，还可以加一个数控分度头或数控回转工作台，即回转的4坐标或C坐标，这种四坐标的数控铣床可用来加工螺旋槽、叶片等立体曲面工件。

数控铣床与镗铣加工中心不同，它没有刀库及自动换刀装置，需要手动装刀，不太适用于频繁换刀的多工序集中加工场合。

3. 数控铣床/加工中心主要技术参数

数控铣床/加工中心的主要技术参数包括工作台面积、各坐标轴行程、主轴转速范围、切削进给速度范围、刀库容量、换刀时间、定位精度、重复定位精度等。表6-1为DT450立式铣床加工中心技术参数说明。

表6-1 DT450立式铣床/加工中心技术参数说明

机械规格	DT450	机械规格	DT450
行程X轴（mm）	450	Y轴电机（kW）	1.1
行程Y轴（mm）	350	Z轴电机（kW）	1.1
行程Z轴（mm）	450	控制器	FANUC
主轴端面至工作台（mm）	150~600	快速移动速率	40/40/30
工作台尺寸（mm）	700×320	切削进给率（mm/min）	1-20000
最大承重（kg）	150	定位精度（mm）	±0.005/300
主轴孔锥度规格	BT40	重复定位精度（mm）	±0.0025
主轴转速（rpm）	10000	气压（kg/cm^2）	≥6
主轴电机（kW）	5.5	刀库（选装）	20（机械手）
尤轴电机（kW）	1.1	机器重量（kg）	2920

4. 数控铣床/加工中心技术参数解读

数控铣床/加工中心主要技术参数识读可分成尺寸参数、接口参数、运动参数、动力参数、精度参数、其他参数几个方面来认识。

①尺寸参数。包括：工作台面积（长、宽）、承重；主轴端面到工作台的距离；交换工作台尺寸数量及交换时间；尺寸参数影响到加工工件的尺寸范围大小重量编程范围及刀具、工件、机床之间的干涉。

②接口参数。包括：工作台T型槽数；槽宽槽间距；主轴孔锥度、直径；最大刀具尺

寸及重量；刀具容量交换时间等。接口参数影响到工件、刀具安装及加工适应性和效率。

③运动参数。包括：各坐标行程及摆角范围；主轴转速范围；各坐标快速进给速度、切削进给速度范围。运动参数响到加工性能及编程工艺参数选择。

④动力参数。内容包括：主轴电机功率；伺服电机额定转矩。作用：影响到切削负荷。

⑤精度参数。内容包括：定位精度和重复定位精度；回转工作台的分度精度。作用：影响到加工精度及其一致性。

⑥其它参数。内容包括：外形尺寸、重量。作用：影响到使用环境。

6.1.2 数控铣床或加工中心选用

1. 数控铣床或加工中心的类型选择

不同类型的数控铣床或加工中心，其使用范围也有一定的局限性，只有加工与工作条件相适合的工件，才能达到最佳的效果。一般来说，立式数控铣床及镗铣加工中心适用于加工平面凸轮、样板、箱盖、壳体等形状复杂单面加工零件，以及模具的内、外型腔等；卧式铣床和加工中心配合回转工作台适用于加工箱体、泵体、壳体有多面加工任务的零件，如果对箱体的侧面与顶面要求在一次装夹中加工，可选用五面体加工中心。

2. 机床大小规格的选择

应根据被加工工件大小尺寸选用相应规格的数控机床。选用合适的工作台尺寸保证工件在其上面能顺利装夹；选择合适的进给坐标行程保证工件的加工尺寸在各坐标有效行程内。

CNC 铣床或加工中心的工作台面尺寸和三个直线坐标行程都有一定比例关系，如机床的工作台为 500mm×500mm，其 Z 轴行程一般为 700~800mm，y 轴为 550-700mm，Z 轴为 500~600mm，因此工作台的大小基本确定了加工空间的大小。

此外，选择数控机床时还应考虑工件与换刀空间的干涉及工作台回转时与护罩等附件干涉等一系列问题，而且还要考虑机床工作台的承载能力。对机床的主要的技术参数认识是确定机床能否满足加工的重要依据。

3. 机床精度的选择

选择机床的精度等级应根据被加工工件关键部位的加工精度要求来确定，一般来说，批量生产零件时，实际加工出的精度公差数值为机床定位精度公差数值的 1.5~2 倍。数控铣床和加工中心按精度分为普通型和精密型，其主要精度项目如表 6-2 所示。普通型 CNC 机床可批量加工 IT8 级精度的工件；精密型 CNC 铣床和加工中心加工精度可达 IT5~IT6 级，但对使用环境要求较严格，以及要有恒温等工艺措施。

CNC 铣床和加工中心的直线定位精度和重复定位精度综合反映了该轴各运动元部件的

综合精度。尤其是重复定位精度,它反映了该控制轴在全行程内任意点定位稳定性,这是衡量该控制轴能否稳定可靠工作的基本指标。

铣圆精度是综合评价 CNC 铣床和加工中心有关数控轴的伺服跟随运动特性和数控系统插补功能的指标。由于数控机床具有一些特殊功能,因此,在加工中等精度的典型工件时,一些大孔径圆柱面和大圆弧面可以采用高切削性能的立铣刀铣削,测定每台机床的铣圆精度的方法是用一把精加工立铣刀铣削一个标准圆柱试件,中小型机床圆柱试件的直径一般在 $\varphi200\sim\varphi300$mm 左右。将铣削后加工得到的标准圆柱试件放到圆度仪上,测出加工圆柱的轮廓线,取其最大包络圆和最小包络圆,两者间的半径差即为其精度。

表 6-2 数控铣床和加工中心主要精度项目

精度项目	普通型(mm)	精密型(mm)
直线定位精度	±0.01/全程	±0.005/全程
重复定位精度	±0.006	±0.002
铣圆精度	0.03~0.04	0.02

6.1.3 数控铣削加工对象

数控铣床、加工中心适合多品种不同结构形状工件的加工,能完成钻孔、镗孔、铰孔、铣平面、铣斜面、铣槽、铣曲面(凸轮)、攻螺纹等加工。数控铣床与普通铣床相比,具有加工自动化、精度高、适合复杂结构加工、加工范围广等特点。根据数控铣床的特点,适合数控铣床加工的内容主要有以下几类:

(1) 曲线轮廓或曲面等复杂结构。

工件的平面曲线轮廓,指零件有内、外轮廓为复杂曲线,被加工面平行或垂直于水平面。数控铣削加工时,一般只需用 3 坐标数控铣床的两坐标联动就可以把它们加工出来。

工件的曲面,一般指面上的点在三维空间坐标变化的面,一般由数学模型设计出的,加工时铣刀与加工面始终为点接触。加工曲面类零件一般采用三坐标联动的数控铣床,往往要借助于计算机来编程加工。

(2) 在普通铣床上加工难度大的工件结构。

对尺寸繁多,划线与检测困难,普通铣床上加工难以观察和控制的工件,适合数控铣床加工。当在普通铣床上加工,难以保证工件尺寸精度、形位精度和表面粗糙度等要求时,适宜选择数控铣床加工。

(3) 一致性要求好的工件。

在批量生产中,由于数控铣床本身的定位精度和重复定位精度都较高,能够避免在普通铣床加工时人为因素造成的多种误差,故数控铣床容易保证成批零件的一致性,使其加工精度得到提高,质量更加稳定。

6.2 平面铣削工艺编程

6.2.1 平面铣削加工的内容、要求

平面铣削通常是把工件表面加工到某一高度并达到一定表面质量要求的加工。

分析平面铣削加工的内容应考虑：加工平面区域大小；加工面相对基准面的位置。分析平面铣削加工要求应考虑：加工平面的表面粗糙度要求，加工面相对基准面的定位尺寸精度，平行度，垂直度等要求。

如图 6-3 所示工件的上表面，区域大小为 80×120 矩形，距基准面 40mm 高度位置，并相对基准面 A 有 0.08mm 的平行度要求，形状公差 0.06mm 平面度要求，$Ra3.2$ 表面质量要求。

6.2.2 平面铣削方法

对平面的铣削加工，存在用立铣刀周铣和面铣刀端铣两种方式，如图 6-4。用面铣刀端铣有如下特点：

①面铣刀加工时，它的轴线垂直于工件的加工表面。用端铣的方法铣出的平面，其平面度的好坏主要取决于铣床主轴轴线与进给方向的垂直度。

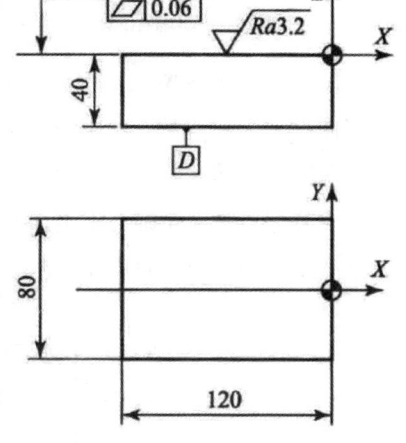

图 6-3 工平面加工工件

②端铣用的面铣刀其装夹刚性较好，铣削时振动较小。

③端铣时，同时工作的刀齿数比较周铣时多，工作较平稳。

④端铣用面铣刀切削，其刀齿的主、副切削刃同时工作，由主切削刃切去大部分余量，副切削刃则可起到修光作用，铣刀齿刃负荷分配也较合理，铣刀使用寿命较长，且加工表面的表面粗糙度值也比较小。

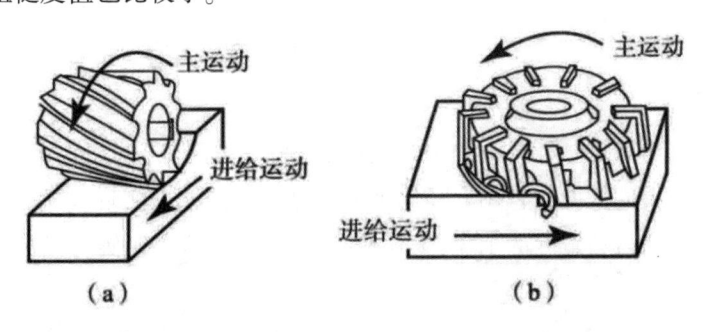

图 6-4 平面铣削方法

(a) 立铣刀周铣平面图；(b) 面铣刀端铣平面

⑤端铣的面铣刀，便于镶装硬质合金刀片进行高速铣削和阶梯铣削，生产效率高，铣削表面质量也比较好。

一般情况下，铣平面时，端铣的生产效率和铣削质量都比周铣高，所以平面铣削应尽量端铁方法。一般大面积的平面铣削使用面铣刀，在小面积平面铣削也可使用立铣刀端铣。

6.2.3 面铣刀及选用

面铣刀的圆周表面和端面上都有切削刃，端部切削刃为副切削刃。由于面铣刀的直径一般较大，为 $\varphi50\sim\varphi500\mathrm{mm}$，故常制成套式镶齿结构，即将刀齿和刀体分开，刀体采用 40Cr 制作，可长期使用。

1. 硬质合金可转位式面铣刀

硬质合金可转位式面铣刀（可转位式端铣刀），如图 6-5 所示。这种结构成本低，制作方便，刀刃用钝后，可直接在机床上转换刀刃和更换刀片。

可转位式面铣刀要求刀片定位精度高、夹紧可靠、排屑容易、更换刀片迅速等。硬质合金面铣刀与高速钢面铣刀相比，铣削速度较高、加工效率高、加工表面质量也较好，并可加工带有硬皮和淬硬层的工件，在提高产品质量和加工效率等方面都具有明显的优越性。

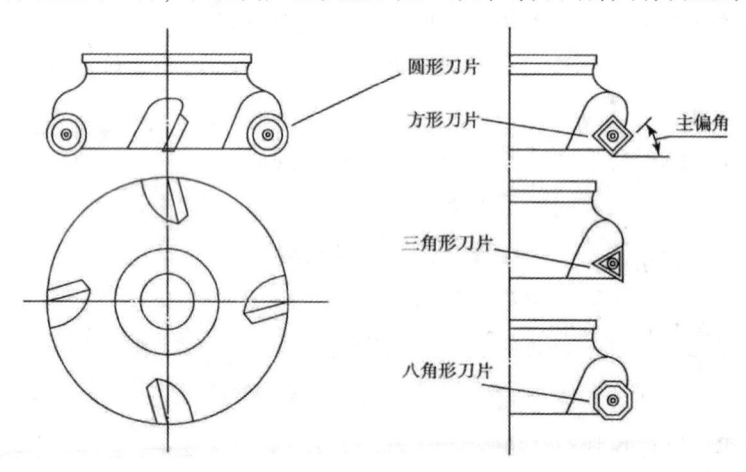

图 6-5 可转位面铣刀

2. 直径选用

平面铣削时，面铣刀直径尺寸的选择是重点考虑问题之一。

对于面积不太大的平面，宜用直径比平面宽度大的面铣刀实现单次平面铣削，平面铣刀最理想的宽度应为材料宽度的 1.3~1.6 倍。1.3~1.6 倍的比例可以保证切屑较好的形成和排出。

对于面积太大的平面，由于受到多种因素的限制，如，考虑到机床功率、刀具和可转位刀片几何尺寸、安装刚度、每次切削的深度和宽度以及其他加工因素，面铣刀刀具直径不可能比加工平面宽度更大时，宜选用直径大小适当的面铣刀分多次走刀铣削平面。特别是平面粗加工时，切深大、余量不均匀，考虑到机床功率和工艺系统的受力，铣刀直径 D 不宜过大。

工件分散的、较小而积平面，可选用直径较小的立铣刀铣削。

面铣时，应尽量避免面铣刀刀具的全部刀齿参与铣削，即应该避免对宽度等于或稍微大于刀具直径的工件进行平面铣削。面铣刀整个宽度全部参与铣削（全齿铣削）会迅速磨损镶刀片的切削刃，并容易使切屑粘结在刀齿上。此外工件表面质量也会受到影响，严重时会造成镶刀片过早报废，从而增加加工的成本。

3. 面铣刀刀齿选用

面铣刀齿数对铣削生产率和加工质量有直接影响，齿数越多，同时参与切削的齿数也多，生产率高，铣削过程平稳，加工质量好，但要考虑到其负面的影响：刀齿越密，容屑空间小，排屑不畅，因此只有在精加工余量小和切屑少的场合用齿数相对多的铣刀。可转位面铣刀的齿数根据直径不同可分为粗齿、细齿、密齿三种。粗齿铣刀主要用于粗加工；细齿铣刀用于平稳条件下的铣削加工；密齿铣刀的每齿进给量较小，主要用于薄壁铸铁的加工。

面铣刀主要以端齿为主加工各种平面。刀齿主偏角一般为 45°、60°、75°、90°，主偏角为 90°的面铣刀还能同时加丁. 出与平面垂直的直角面，这个面的高度受到刀刃长度的限制。

6.2.4 平面铣削的路线设计

平面铣削中，刀具相对于工件的位置选择是否适当将影响到切削加工的状态和加工质量，现分析图 6-6 中面铣刀进入工件材料时的位置对加工的影响。

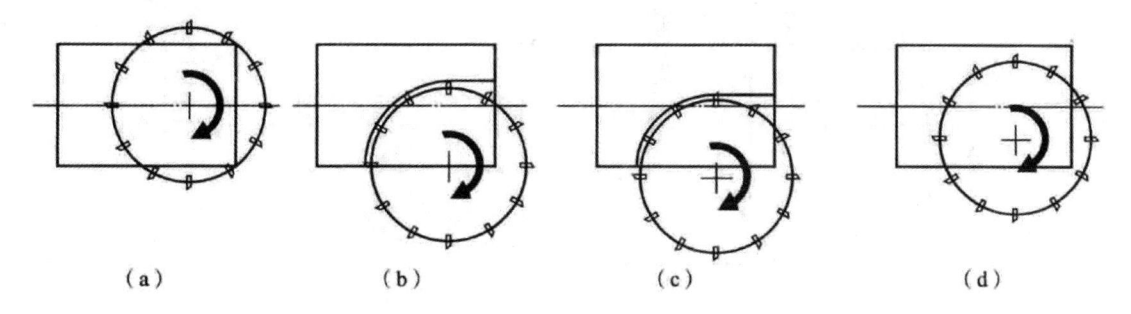

图 6-6 铣削中刀具相对于工件的位置

（a）对称铣削；（b）刀具中心在工件边缘；（c）刀具中心在工件之外；（d）刀心在中心线与边线间

（1）刀心轨迹与工件中心线重合

如图 6-14（a），刀具中心轨迹与工件中心线重合。单次平面铣削时，当刀具中心处于工件中间位置，容易引起颤振，从而影响到表面加工质量，因此，应该避免刀具中心处于工件中间位置。

（2）刀心轨迹与工件边缘重合

如图6-14（b），当刀心轨迹与工件边缘线重合时，切削镶刀片进入工件材料时的冲击力最大，是最不利刀具寿命和加工质量的情况。因此应该避免刀具中心线与工件边缘线重合。

（3）刀心轨迹在工件边缘外

如图6-14（c），刀心轨迹在工件边缘外时，刀具刚刚切入工件时，刀片相对工件材料冲击速度大，引起碰撞力也较大。容易使刀具破损或产生缺口，基于此，拟定刀心轨迹时，应避免刀心在工件之外。

（4）刀心轨迹在工件边缘与中心线间

如图6-14（d），当刀心处于工件内时，已切入工件材料镶刀片承受最大切削力，而刚切入（撞入）工件的刀片将受力较小，引起碰撞力也较小，从而可延长镶刀片寿命，且引起的震动也小一些。

因此尽量让面铣刀中心在工件区域内。但要注意：当工件表面只需一次切削时，应避免刀心轨迹线与工件表面的中心线重合。

由上分析可见：拟定面铣刀路时，应尽量避免刀心轨迹与工件中心线重合、刀心轨迹与工件边缘重合、刀心轨迹在工件边缘外的三种情况，设计刀心轨迹在工件边缘与中心线间是理想的选择。

再比较如图6-15两个刀路，虽然刀心轨迹在工件边缘与中心线间，但图6-7（b）面铣刀整个宽度全部参与铣削，刀具容易磨损；图6-7（a）所示的刀具铣削位置是合适的。

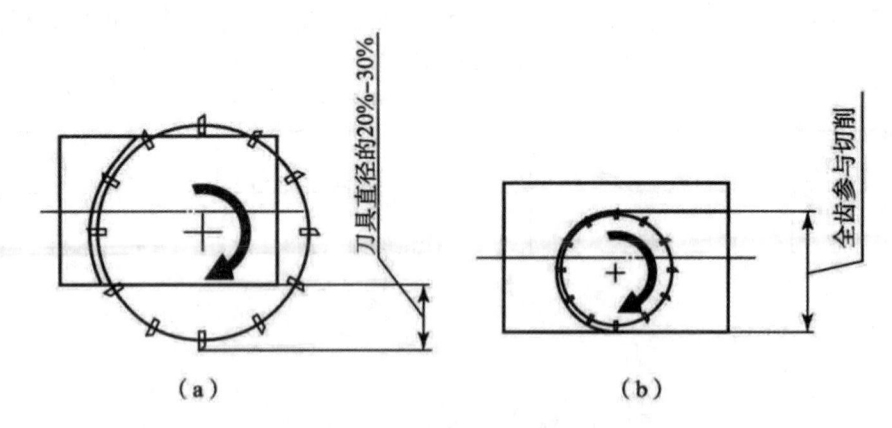

图6-7 刀心在工件内的两种情况的比较

6.2.5 平面铣削用量

铣削用量选择的是否合理，将直接影响到铣削加工的质量。

平面铣削分粗铣、半精铣、精铣三种情况，粗铣时，铣削用量选择侧重考虑刀具性

能、工艺系统刚性、机床功率、加工效率等因素。精铣时侧重考虑表面加工精度的要求。

1. 平面粗铣用量

粗铣加工时，余量多，要求低，铣削用量的选择时主要考虑工艺系统刚性、刀具使用寿命、机床功率、工件余量大小等因素。

首先决定较大的 Z 向切深和切削宽度。为提高切削效率，在条件可能的情况下尽量选择较大的切深。切削宽度可根据工件加工面的宽度尽量一次铣出，当切削宽度较小时，Z 向切深可适当增大。

选择较大的每齿进给量有利于提高粗铣效率，但应考虑到：当选择了较大的 Z 向切深和切削宽度后，工艺系统刚性是否足够？

当 Z 向切深、切削宽度、每齿进给量较大时，受机床功率和刀具耐用度的限制，一般选择较低铣削速度。

2. 平面精铣用量

当表面粗糙度要求在 6~3.2μm 范围时，平面一般采用粗、精铣两次加工。经过粗铣加工，精铣加工的余量为 0.5~2mm，考虑到表面质量要求，选择较小的每齿进给量。此时加工余量比较少，因此可尽量选较大铣削速度。

表面质量要求较高（Ra0.4~0.8μm），表面精铣时的深度的选择为 0.5mm 左右。每齿进给量一般选较小值。铣削速度在推荐范围内选最大值。Z 向切深、进给量推荐范围如表 6-1、表 6-2。

表 6-1 铣平面后精加工余量

粗铣平面后精加工余量	加工面长度	加工面宽度					
		≤100		>100~300		>300~1000	
		余量 mm	公差 mm	余量 mm	公差 mm	余量 mm	公差 mm
	≤300	1.0	0.3	1.5	0.5	2.0	0.7
	>300~1000	1.5	0.5	2.0	0.7	2.5	1.0

表 6-2 硬合金刀具粗、精加工进给量选用推荐表

工件材料	钢		铸铁及铜合金	
刀具材料	YT15	YT5	YG6	YG8
粗加工每齿进给 mm/z	0.09~0.18	0.12~0.24	0.14~0.24	0.20~0.29
精加工每转进给 mm/r	Ra3.2	Ra0.6	Ra0.8	Ra0.4
	0.5~1.0	0.4~0.6	0.2~0.3	0.15

6.2.6 单次面铣的加工实例

加工如图 6-11 所示工件,设基准 4 面及四个侧面已经在普通铣床加工,现要在数控铣床上加工上表面,保证最终厚度为 40mm,且满足如图标注的形位公差和表面质量要求。上表面有余量 5mm。设工件坐标系如图 6-11 所示。

1. 选择平面铣刀

工件上表面宽 80mm,面宽不太大,拟用直径比平面宽度大的面铣刀单次铣削平而,选用小 125 数控硬质合金可转位面铣刀,选择刀齿数为 8。

2. 切削的起点和终点及刀路:

如图 6-8,选择工件零点(X0,Y0)在工件对称线的右端。本例工件长度为 120mm,刀具半径为 62.5mm,选择安全间隙为 12.5mm,所以起点的 X 位置为 X = 62.5 + 12.5 = 75。确定起点(X75,Y-10)和终点(X-195,Y-10)。

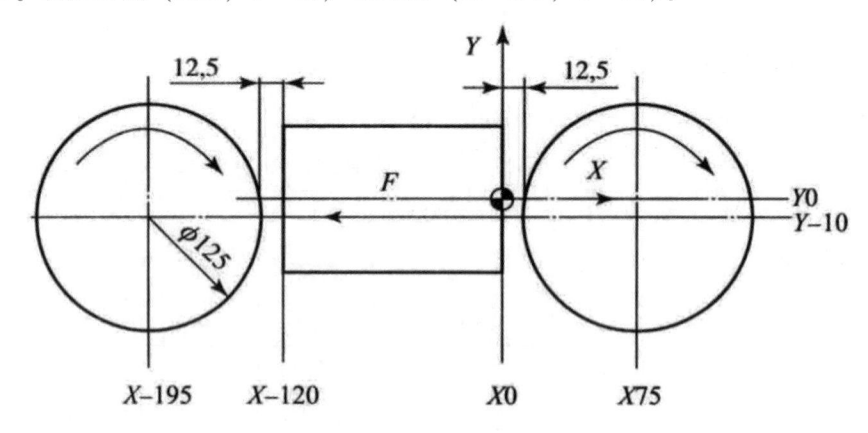

图 6-8 单次铣削中平面铣刀刀路设计

3. 切削参数的选择

设面铣刀分二次铣削到指定的高度,粗铣切深 4mm,留有 1mm 的精加工余量。

粗铣时,因面铣刀有 8 个刀齿(Z = 8),为刀齿中等密度铣刀,选 f_z = 0.12mm/z(每齿进给),则 f = 8 × 0.12 ≈ 1mm/r;参考 V = 55 ~ 105m/min,综合其他因素选 V = 80m/min,则主轴转速 n = 318 × 80/125 ≈ 200r/min,计算进给速度 F = f_z × Z × n = 1×200 = 200mm/min。

精铣时,为保证表面质量,Ra3.2,选 f_z = 0.6mm/r(每转进给),参考 V = 55 ~ 105m/min,综合切深小、进给量小、切削力小的因素,选 100m/min,则主轴转速 n = 318 × 100/125 ≈ 300r/min,计算进给速度 F = 0.6 × 300 = 180mm/min。

4. 平面铣削编程

选择工件上表面位置为 Z0 高度,已经在主轴上安装好 φ125 面铣刀。铣削程序如下:

06301；

G21 G90 G54；

S200 M03；

G00 X75.0 Y-10.0 G43 Z20.0 H01；

G00 Z1.0 M08；

G01 X-190.0 F200；（平面粗铣）

G00 Z20.0 M09；

S300 M03；

G00 X75-0 Y-10.0 G00 Z0.0 M08；

G01 X-190.0 F180；（平面精铣）

G00 Z20.0；

M05 M09；

G49 G28 Z20.0；

M30；

6.2.7 大平面铣削时的刀具路线

单次平面铣削的一般规则同样也适用于多次铣削。由于平面铣刀直径的限制而不能一次切除较大平面区域内的所有材料，因此在同一深度需要多次走刀。

铣削大面积工件平面时，分多次铣削的刀路有好几种，如图6-9所示，最为常见的方法为同一深度上的单向多次切削和双向多次切削。

1. 单向多次切削粗精加工的路线设计

如图6-9（a）、（b）为单向多次切削粗精加工的路线设计。

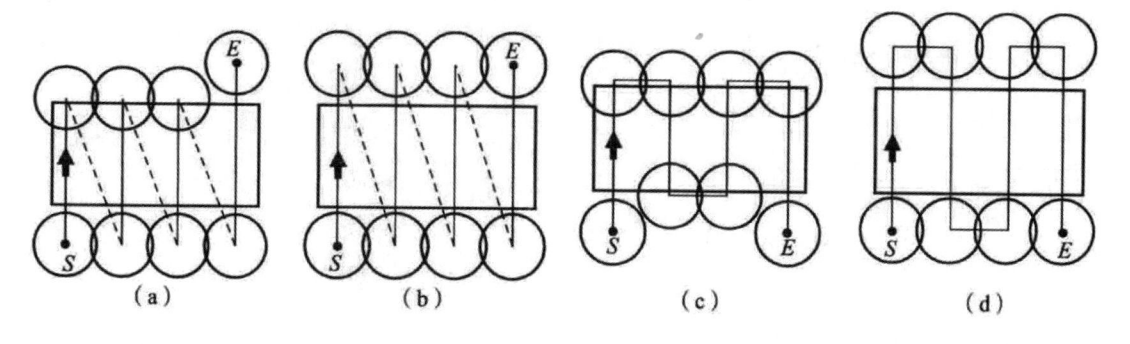

图6-9 面铣的多次切削刀路

(a) 单向粗加工；(b) 单向精加工；(c) 双向粗加工；(d) 双向精加工

单向多次切削时，切削起点在工件的同一侧，另一侧为终点的位置，每完成一次工作进给的切削后，刀具从工件上方快速点定位回到与切削起点在工件的同一侧，这是平面精铣削时常用的方法，但频繁的快速返回运动导致效率很低，然而这种刀路能保证面铣刀的切削总是顺铣。

2. 双向来回 Z 形切削

双向来回切削也称为 Z 形切削，如图 6-17（c）、（d），显然它的效率比单向多次切削要高，但它在面铣刀改变方向时，刀具要从顺铣方式改为逆铣方式，从而在精铣平面时影响加工质量，因此平面质量要求高的平面精铣通常并不使用这种刀路，但常用于平面铣削的粗加工。

为了安全起见，刀具起点和终点设计时，应确保刀具与工件间有足够的安全间隙。

6.3 立铣刀及铣削工艺选择

立铣刀主要是用其侧刃圆周铣削工件轮廓面。如图 6-10，侧刃圆周铣削时，刀具圆柱素线平行于加工面，平面度的好坏主要取决于铣刀的圆柱素线的直线度，铣刀径向圆跳动也会反映到加工工件的表面上，因此，在精铣平面时，铣刀的圆柱度一定要好。

周铣用的立铣刀刀杆较长、直径较小、刚性较差，容易产生弯曲变形和引起振动。

周铣时，多个刀齿依次切入和切离工件，易引起周期性的冲击振动。为了减小振动，可选用大螺旋角铣刀来弥补这一缺点。

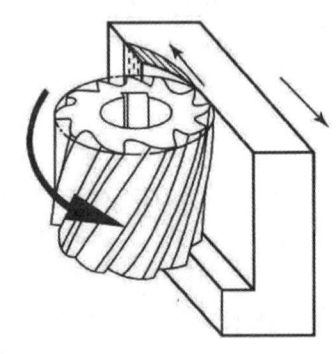

图 6-10 立铣刀侧刃圆周铣削工件轮廓面

轮廓周铣精加工时须采用半径补偿加工的方法，可通过调整半径补偿值控制轮廓尺寸精度。垂直于刀具轴线的台阶面的位置尺寸精度可通过调整长度补偿值得到。

6.3.1 立铣刀及选用

立铣刀是数控机床上用得最多的一种铣刀。立铣刀能够完成的加工内容包括：圆周铣削和轮廓加工；槽和键槽镜削；开放式和封闭式型腔；小面积的表面加工；薄壁的表面加工；镗平底沉头孔；孔面加工；倒角；修边等。

1. 平底立铣刀

（1）普通高速钢立铣刀

图 6-11 所示为普通高速钢立铣刀，其圆柱面上的切削刃是主切削刃，端面上分布着副切削刃，主切削刃一般为螺旋齿，这样可以增加切削平稳性，提高加工精度。标准立铣刀的螺旋角为 0°~45°（粗齿）和 30°~35°（细齿），套式结构立铣刀的办为 15°~25°。

由于普通立铣刀端面中心处无切削刃，所以立铣刀工作时不能作轴向进给，端面刃主要用来加工与侧面相垂直的底平面。

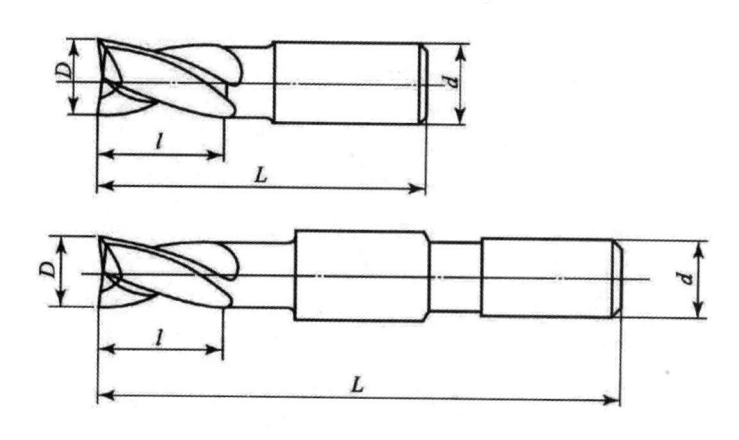

图6-11 普通高速钢立铣刀

(2) 硬质合金螺旋齿立铣刀

为提高生产效率，除采用普通高速钢立铣刀外，数控铣床或加工中心普遍采用如图6-12所示硬质合金螺旋齿立铣刀。它具有良好的刚性及排屑性能，可适合粗、精铣削加工，生产效率可比同类型高速钢铣刀提高2~5倍。

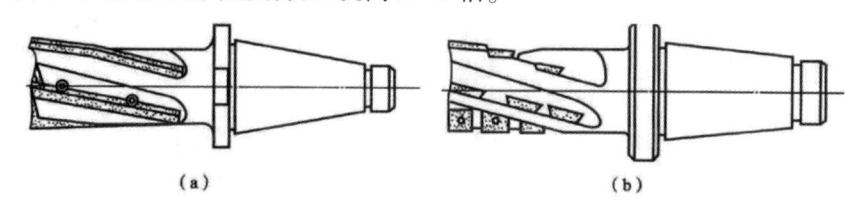

图6-12 硬质合金螺旋齿立铣刀
(a) 每齿单条刀片；(b) 每齿多个刀片

如图6-20 (a) 所示的是在每个螺旋齿槽上装单条刀片的硬质合金立铣刀。

如图6-20 (b) 所示硬质合金立铣刀，常称为"玉米立铣刀"，在一个刀槽中装上两个或更多的硬质合金刀片，并使相邻刀齿间的接缝相互错开，利用同一刀槽中刀片之间的接缝作为分屑槽，玉米立铣刀通常在粗加工时选用。

(3) 波形刃立铣刀

数控铣床或加工中心加工常选用波形刃立铣刀进行切削余量大的粗加工，能显著地提高铣削效率。

波形刃立铣刀与普通立铣刀的最大区别是其刀刃为波形，如图6-13所示。波形刃能将狭长的薄切屑变为厚而短的碎块切屑，使排屑顺畅，有利于自动加工的连续进行；由于刀刃是波形，使它与被加工工件接触的切削刃长度较短，刀具不易产生振动；刀刃的波形特征还使刀刃的长度增大，有利于散热，并有利于切削液容易渗入切削区，能充分发挥切削液的效果。

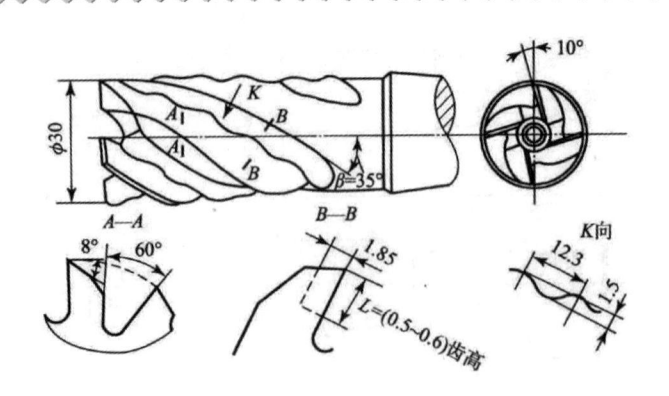

图6-13 波形刃立铣刀

3. 曲面加工铣刀

曲面铣削加工中还常用到一种由立铣刀变化发展而来的铣刀，如球头铣刀，端部为球面，其结构特点是球头上布满了切削刃，圆周刃与球头刃圆弧连接，可以作径向和轴向进给。另外还有端部有圆角的形铣刀（圆鼻刀）。如图6-14，是常用的曲面加工刀具形式。

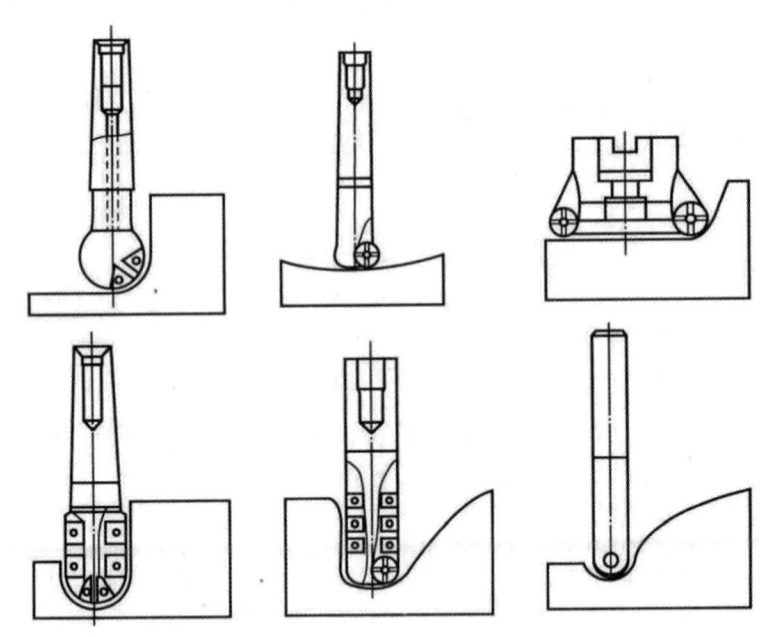

图6-14 常用的曲面加工刀具形式

4. 立铣刀的形状选择

立铣刀常见的形状是平底铣刀、球头铣刀，以及R形铣刀。每种类型的立铣刀适用于特定类型的加工。标准平底铣刀适用于需要平底或工件侧壁与底面成90°角的面铣加工；球头铣刀用于各种表面上的三维加工；R刀与球头铣刀类似，它可以用于三维加工，也可以用于工件侧面与底面有圆角的加工。如图6-15所示为一类最常见的立铣刀以及其刀具R角半径与刀具直径之间的关系。

在保证不发生干涉和工件不被过切的前提下，即使是曲面的粗加工都应优先选择平头刀或 R 刀，不过，R 刀较平头立铣刀加工表面质量效果要好。当曲面形状复杂时，为了避免刀具与设计轮廓的干涉，建议使用球头刀。

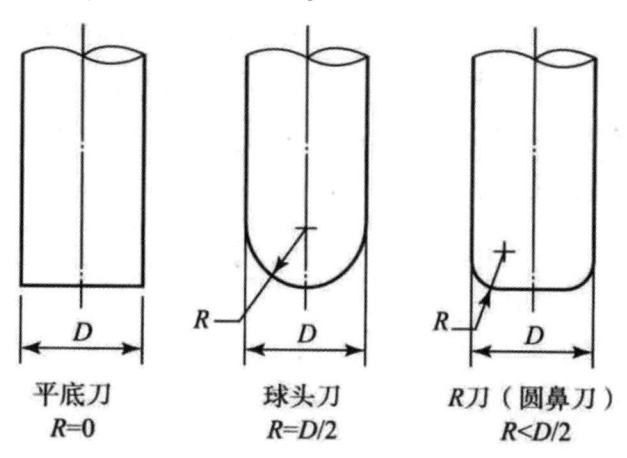

图 6-15　铣刀 R 角半径与刀具直径之间的关系

5. 立铣刀的尺寸选择

CNC 加工中，必须考虑的立铣刀尺寸因素包括：立铣刀直径，立铣刀长度，螺旋槽长度。立铣刀的直径包括名义直径和实测的直径。名义直径为刀具厂商给出的值；实测的直径是精加工用作半径补偿的半径补偿值。CNC 工作中必须区别对待非标准直径尺寸的刀具，比如重新刃磨过的刀具，即使用实测的直径作为刀具半径偏置，也不宜将它用在精度要求较高的精加工中。

立铣刀对内轮廓精铣削加工中，所用的立铣刀的刀具半径一定要小于零件内轮廓的最小曲率半径，一般取最小曲率半径的 0.8～0.9 倍。

另外，直径大的刀具比直径小的刀具的抗弯强度大，加工中不容易引起受力弯曲和振动。

刀具从主轴伸出的长度和立铣刀从刀柄夹持工具的工作部分中伸出的长度也值得认真考虑，立铣刀的长度越长，抗弯强度减小，受力弯曲程度大，会影响加工的质量，并容易产生振动，加速切削刃的磨损。不管刀具总长如何，螺旋槽长度决定切削的最大深度。

6. 刀齿的数量

立铣刀根据其刀齿数目，可分为粗齿（Z 为 3、4、6、8）、中齿（Z 为 4、6、8、10）和细齿（Z 为 5、6、8、10、12）。粗齿铣刀刀齿数目少、强度高、容屑空间大，适用于粗加工；细齿齿数多、工作平稳，适用于精加工。中齿介于粗齿和细齿之间。

被加工工件材料类型和加工的性质往往影响刀齿数量选择。

在加工塑性大的工件材料，如铝、镁等，为避免产生积屑瘤，常用刀齿少的立铣刀，立铣刀刀齿越少，螺旋槽之间的容屑空间越大，可避免在切削量较大时产生积屑瘤。另一方面，刀齿越少，编程的进给率就应越小。

加工较硬的脆性材料，需要重点考虑的是避免刀具颤振，应选择多刀齿立铣刀，刀齿越多切削越平稳，从而减小刀具的颤振。

小直径或中等直径的立铣刀，这些立铣刀通常有两个、三个和四个刀齿，三刀齿立铣刀兼有两刀齿刀具与四刀齿刀具的优点，加工性能好，但三刀齿立铣刀不是精加工的选择，因为很难精确测量其直径尺寸。

6.3.2 立铣刀切削用量选用

1. 立铣刀应用中的切削深度

螺旋槽长度（侧刃长度）决定切削的最大深度，实际应用中，z方向的吃刀深度不宜超过刀具直径的1.5倍，侧向的吃刀深度不宜超过刀具半径值。直径较小的立铣刀，切削深度选择得更小些，以保证刃具有足够的刚性。

立铣刀用于粗加工铣毛坯面时，常见的粗加工立铣刀具有波刃，称为波形立铣刀，它在机床、刀具、工件系统允许的情况下，可以进行强力切削，毛坯去除余量大时，宜选用直径较大而长度较小的立铣刀，这样，在强力切削时，可以避免刀具颤振或刀具偏斜，至少可以将颤振和偏斜限制在最低程度。

2. 立铣刀的走刀步长

加工空间曲面和变斜角轮廓时，每两行刀位之间，加工表面不可能重叠，总存在没有被加工去除的部分，每两行刀位之间的距离越大，没有被加工去除的部分就越多，其高度通常称为"残余高度"。残余高度越大，表面质量也就越差。

加工精度要求越高时，走刀步长就应越小，这将导致编程加工效率越低

3. 立铣刀应用中的进给速度

立铣刀加工应考虑在不同情形下选择不同的进给速度。如立铣刀在铣槽加工中，若从平面侧进刀，可能产生全刀齿切削时，刀具底面和周边都要参与切削，切削条件相对较恶劣，可以设置较低的进给速度。在加工过程中，进给速度也可通过机床控制面板上的修调开关进行人工调整，但是最大进给速度要受到设备刚度和进给系统性能等限制。

4. 立铣刀主轴转速

硬质合金可转位立铣刀相对标准的HSS刀具加工钢材时，主轴转速应相对高一些，硬质合金刀具在加工中，随着主轴转速的提高，与刀具切削刃接触的钢材的温度也升高，从而降低材料的硬度，这时加工条件较好。硬质合金刀具使用的主轴转速通常为标准HSS刀具的3~5倍，硬质合金可转位立铣刀加工时若使用较低主轴转速容易使硬质合金刀具崩裂甚至损坏。但对于高速钢刀具，使用较高主轴转速会加速刀具的磨损。

5. 立铣刀加工振动与切削用量修正

立铣刀在加工过程中刀具有可能出现振动现象。发生颤振有很多原因，主要原因包括刀具安装不牢固、刀具长度过大（从刀架中伸出的部分）、加工薄壁材料时切削深度过大或过大的进给率等，刀具偏斜也会产生振动。振动会使立铣刀圆周刃的吃刀量不均匀，且切削量比原定值增大，影响加工精度和刀具使用寿命。当出现刀具振动时，应考虑降低切削速度和进给速度，如两者都已降低40%后仍存在较大振动，则应考虑减小吃刀量。如果仍然存在颤振，则需要检查加工方法和安装刚度。

6.3.3 顺铣与逆铣方式选用

铣削时，根据铣刀切入、切出工件方向的不同，分顺铣和逆铣方式。周铣时的顺铣与逆铣如图6-16所示。顺铣与逆铣的比较如下：

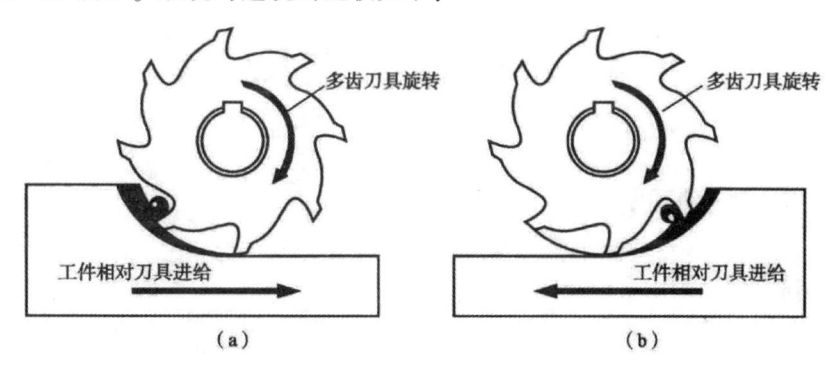

图6-16 顺铣与逆铣
(a)逆铣；(b)顺铣

顺铣——刀具刀齿从工件的实体外向内切削。如同锄头挖地，是刀齿追着材料"咬"，刀齿刚切入材料时切得深，而脱离工件时则切得少。

顺铣时，作用在工件面上的垂直统削力，能起到压住工件的作用，对铣削加工有利，而且垂直铣削力的变化较小，故产生的振动也小，机床受冲击小。

数控铣削加工一般尽量用顺铣法加工。

逆铣——刀具刀齿从工件的实体内向外切削。如同用铲子铲地上的土，是刀齿迎着材料"咬"，刀齿刚切入材料时切得薄，而脱离工件时则切得厚。这种方式机床受冲击较大，加工后的表面不如顺铣光洁，

消耗在工件进给运动上的动力较大。由于铣刀刀刃在加工表面上要滑动一小段距离，刀刃容易磨损。

如图6-17所示，主轴正转时的顺铣和逆铣的指令应用。当指令M03功能，主轴为顺时针旋转，使用G41指令，将刀具半径将偏置到工件左侧，则刀具为顺铣模式。相反，如果使用G42指令，偏置到工件右侧，则刀具为逆洗模式。

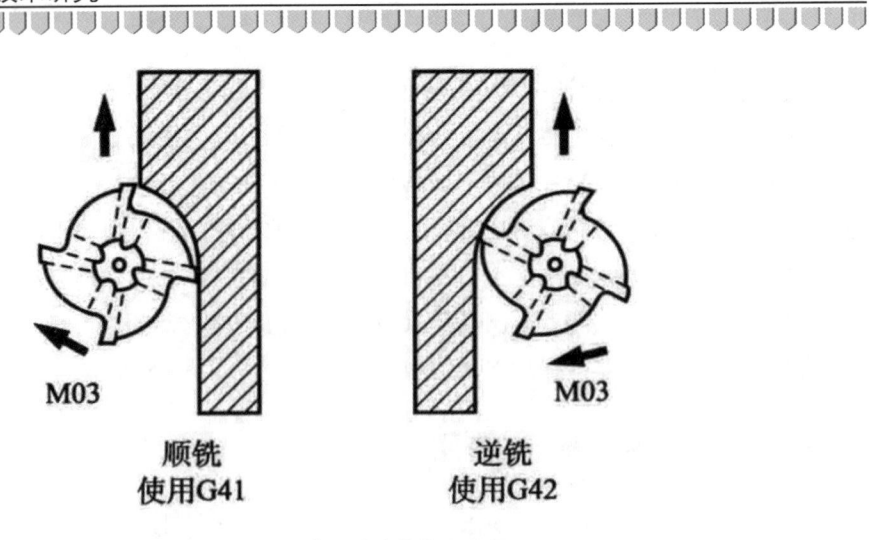

图 6-17 顺铣和逆铣的指令应用

6.4 轮廓铣削工艺及编程

6.4.1 轮廓铣削实例

1. 轮廓铣削加工的内容、要求

由直线、圆弧、曲线通过相交、相切连接而成二维平面轮廓零件,适合用数控铣床周铣加工,这是因为数控铣床相对普通铣床具有多轴数控联动的功能。

零件二维平面轮廓,一般有轮廓度等形位公差要求,轮廓表面有表面粗糙度要求。具有台阶面的平面轮廓,立铣刀在对平行刀具轴线的轮廓周铣的同时,对垂直于 Z 轴的台阶面进行端镜削,台阶面亦有相应的质量要求。如图 6-18 所示工件轮廓,有轮廓度和表面质量要求。台阶面有表面质量要求和深度尺寸精度要求。

2. 凸轮轮廓铣削程序

如图 6-19,选择工件上表面中心为工件零点,求得轮廓各基点坐标为 4 (-32.0, 0); B (-27.2, -9.6); C (-14.4, 19.21); D (14.4, -19.21); E (27.2, -9.6); F (32.0, 0)。

选择刀具的起始点 S 在 (X57, Y0),与工件有足够的安全间隙,SP 运动建立补偿,圆弧切入轮廓,圆弧切出轮廓,运动取消补偿。凸轮轮廓铣削程序如下:

06501;(手动装刀)
G90 G21 G94 G40 G49 G17 G54;(设置系统初始环境)
G00 X-57.0 Y0.0;(在换刀点高度平面,X、7 点定位到起点)
M03 S800;

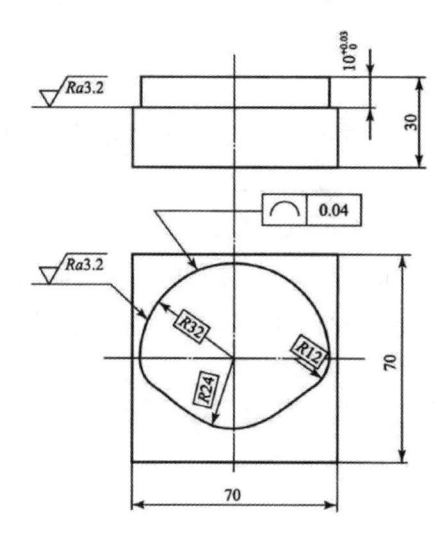

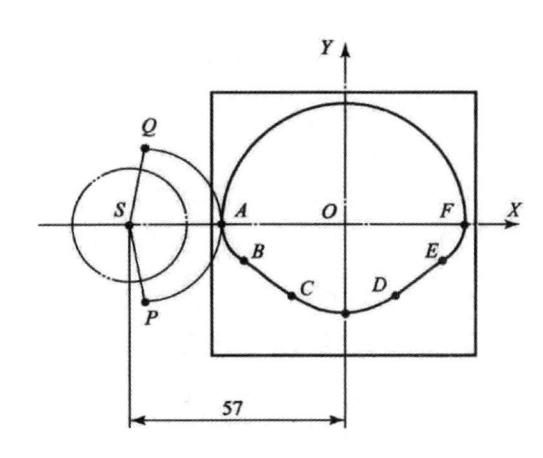

图 6-18 轮廓铣削加工工件　　　图 6-19 刀具半径补偿加工路线设计

G43 G00Z20.0H01；（刀具长度补偿到安全高度）

G00 Z-10；（刀具 Z 向进给到 Z 向第一层切深）

G90 G41G01X-52.0Y-20.0D01F100；（SP 运动建立半径补偿）

G03 X-32.Y0.0 R20.0；（P/4 圆弧运动切入轮廓加工）

G02 X32.0Y0.0 R32.0；（圆弧 AF 轮廓加工）

G02 X27.2 Y-9.6 R12.0；（圆弧 FE 轮廓加工）

G01 X14.4 Y-19.2；（直线 ED 轮廓加工）

G02 X-14.4 Y-19.2 R24.0；（圆弧 DC 轮廓加工）

G01 X-27.2Y-9.6；（直线 CB 轮廓加工）

G02 X-32.0Y0R12.0；（圆弧 BA 轮廓加工）

G03 X-52.Y20.0R20.0；（圆弧处切出）

G40 G00X-57.0Y0.0；（押运动取消半径补偿）

G0 Z20.0；（刀具长度补偿到安全高度）

G49 G28；（取消长度补偿回参考点）

M05；（主轴停）

M30；（程序结束并返回）

3. 分层铣削设计

工件轮廓铣削粗加工时，力求用最短的时间切除工件大部分余量，但当工件 X、Y 向或 Z 向有较大余量，受工艺系统刚度和强度限制，刀具不可能一次走刀就切削完成该向余量，应根据工艺系统刚度和强度的实际情况分成多次切削。如工件表面有硬皮，第一刀铣削吃刀量宜大些，以避开硬层。

轮廓是否分层切削，还取决于工件的表面质量要求。当工件上要求的表面粗糙度 $Ra=6.3 \sim 3.2$ 时，可分粗、精铣两次加工，粗铣留有 0.5~1mm 的余量给精加工。当工件上

要求的表面粗糙度 $Ra = 1.6 \sim 0.8$ 时，可分粗、半精、精铣三次加工，精加工余量 0.5mm，半精加工余量 1.5~2mm。

例如：加工图 6-26 所示轮廓加工工件，选择 $\phi 30$ 的立铣刀。Z 向采用分层切削的方法，拟分三层切削，第一层切到 Z-5，第二层切到 Z-9，第三层 Z-10。

拟定水平面内，分粗、半精、精铣三层切削，粗加工后留余量 2mm，半精加工后留精加工余量 0.5mm，精铣时沿轮廓加工。粗加工半径补偿值 D = 2 + 15 = 17；半精加工半径补偿值 D = 0.5 + 15 = 15.5；精加工半径补偿值 D = 15。精加工时还可用半径磨损补偿修正补偿值，以保证尺寸精度。

4. 同一加工程序实施分层铣削

用同一刀具，同一加工程序实施分层铣削过程如下：

①在填写半径补偿 D01 = 17，长度磨耗补偿 H01 = 5 时，执行加工程序。

②修改长度磨耗补偿值 H01 = 1。执行加工程序。

③在填写半径补偿 D01 = 15.5，长度磨耗补偿 H01 = 1 时，执行加工程序。

④加工后测量检查位置、形状尺寸。计算 X、Y 向和 Z 向余量还有多少，确定精加工半径补偿和长度磨耗补偿。

⑤填写精加工半径补偿和长度磨耗补偿，执行加工程序。

执行每一个程序前检查切削参数是否合适，可根据加工情况调整程序切削参数。

可见，同一刀具，用同一加工程序实施分层铣削时，加工程序被反复调用，在加工过程中，人的参与操作过多。如果是单件生产，这样做也是合理的。如果是批量生产，这样做就不太合理了。

批量生产时，如果精加工刀具的磨损被控制在允许的范围，精加工半径补偿和长度补偿值就稳定了，并不需要频繁地测量修改。如果给出的加工程序能使 CNC 自动反复调用加工程序，并调用预先确定的补偿值，这样就可以把人从过多的操作中解放出来，并能显著地提高加工效率。这样的加工程序编写需要用到调用子程序的方法。

6.4.2 子程序在分层铣削中的应用

1. 子程序概念

工件轮廓在 X、Y 向或 Z 向分层时，轮廓切削程序在 X、Y 向或 Z 向的若干位置上，存在有多处在写法上完全相同或相似的内容。如在向分层切削时，不同层的轮廓切削程序仅仅是刀具偏移工件轮廓的值不同，其他内容相同。在 Z 向分层切削时，不同层的轮廓切削程序仅仅是刀具 Z 向位置值不同，其他内容相同。

为了简化程式，可以把这些重复的程序段单独抽出，并按一定格式编成子程序，以后像主程序一样将它们存储到程序存储区中。在主程序执行过程中，如果需要某一子程序，可以按一定格式调用子程序,子程序执行完了之后又返回到主程序,继续执行后面的程序段。

图 6-20 为调用子程序格式图例,从中可以看出:

①子程序的格式和主程序基本一样,只是主程序的结束代码是 M02 或 M30,而子程序结束代码为 M99,表示从子程序结束部分返回到主程序。

②数控程序中可以用主程序调用子程序。其格式为:

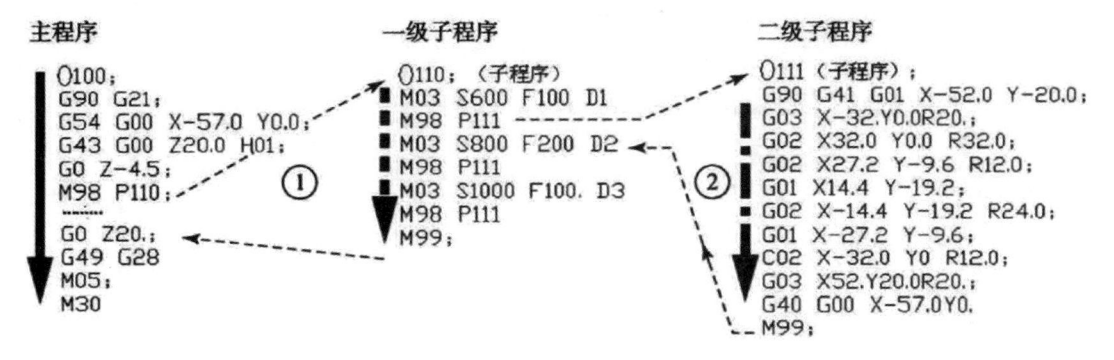

```
主程序                一级子程序              二级子程序
O100;                O110;（子程序）          O111（子程序）;
G90 G21;             M03 S600 F100 D1        G90 G41 G01 X-52.0 Y-20.0;
G54 G00 X-57.0 Y0.0; M98 P111                G03 X-32.Y0.0R20.0;
G43 G00 Z20.0 H01;   M03 S800 F200 D2        G02 X32.0 Y0.0 R32.0;
G0 Z-4.5;            M98 P111                G02 X27.2 Y-9.6 R12.0;
M98 P110;            M03 S1000 F100. D3      G01 X14.4 Y-19.2;
......               M98 P111                G02 X-14.4 Y-19.2 R24.0;
G0 Z20.;             M99;                    G01 X-27.2 Y-9.6;
G49 G28                                      C02 X-32.0 Y0 R12.0;
M05;                                         G03 X52.Y20.0R20.0;
M30                                          G40 G00 X-57.0Y0.
                                             M99;
```

图 6-20 调用子程序格式

M98 P~L~;

或 M98　P~K~;

P 后边的数字为子程序的号码,L(或 K)后边的数字为子程序调用的次数,当 L~(或 K~)被省略时,子程序只调用一次。

③在使用子程序时,不但可以从主程序中调用子程序,而且也可以从子程序中调用其他子程序,这称为子程序的嵌套。

3. 子程序应用示例

(1) 半径补偿轮廓切削加工子程序

建立半径补偿,补偿切削、取消补偿的轮廓切削加工运动,为水平面内各层加工所共有,这些相同内容设为子程序 O6502;

O6502;（子程序）

G90 G41 G01 X-52.0 Y-20.0;

G03 X-32.Y0.0 R20.0;

G02 X32.0 Y0.0 R32.0;

G02 X27.2 Y-9.6 R12.0;

G01 X14.4 Y-19.2;

G02 X-14.4 Y-19.2 R24.0;

G01 X-27.2 Y-9.6;

G02 X-32.0Y0 R12.0;

G03 X-52.Y20.0 R20.0;

G40 G00 X - 57.0 Y0.0；

M99；（返回上一级程序）

(3) 轮廓加工主程序

粗加工半径补偿值 D1 = 17；半精加工半径补偿值 D2 = 15.5；精加工半径补偿值 D3 = 15。设主程序号为 O6503，主程序如下：

O6503；（主程序号）

G90 G21 G94 G40 G49 G17 G54；（设置系统初始环境）

G00 X - 57.0 Y0.0；（在换刀点高度平面，尤、F点定位到起点）

G43 G00 Z20.0 H01；（刀具长度补偿到安全高度）

G0 Z - 5.0；

M03 S300 F100

D01 M98 P6502；（调用切削子程序粗加工）

G0 Z - 9.0；

D01 M98 P6502；（调用切削子程序粗加工）

D02 M98 P6502；（调用切削子程序半精加工）

G00 Z50.0；

M00；（测量工件，修改刀具磨损补偿，存放于补偿寄存器）

G00 Z - 10.0；

M03 S500 F100；

H01 D03 M98 P6502；（调用切削子程序对端面及轮廓面精加工）

G0 Z20.0；（刀具长度补偿到安全高度）

G49 G28；（取消长度补偿回参考点）

M05；（主轴停）

M30；（程序结束并返回）

在计算机的存储区内，程序 O6502、O6503 看起来关系是"平等"的，但实际应用时它们间存在层级的逻辑关系，O6503 是主程序，O6502 是子程序。

6.4.3 正六边形轮廓铣削实例

如图 6 - 21 工件，毛坯是直径 $\varphi80$，高 40 的圆柱，材料 45 钢，顶面、底面已加工，现加工外接圆为 60 的正六边形轮廓，轮廓深 15mm，轮廓尺寸精度由尺寸 51.96 ± 0.02 规定。

1. 工艺分析

选择直径 $\varphi30$ 四齿高速钢立铣刀。

拟定水平面内，分粗、半精、精铣三层切削，

粗加工后留余量 2mm，半精加工后留精加工余量 0.5mm，精铣时沿轮廓加工。粗加

工半径补偿值 D1 = 2 + 15 = 17；半精加工半径补偿值 D2 = 0.5 + 15 = 15.5；精加工半径补偿值 03 = 15。Z 向采用分层切削的方法，拟分三层切削，第一层切到 Z - 7，第二层切到 Z - 14，第三层 Z - 15。

粗铣选主轴转速 n = 300r/min，进给速度 F = 100mm/min。

精铣削时，取 n = 500r/min；F = 100mm/min。

如图 6 - 30，选择工件圆柱上表面中心为工件零点，轮廓各基点坐标为：

A（- 15.0，- 25.98）；B（- 30.0，0）；
C（- 15.0，25.98）；D（15.0，25.98）；
E（30.0，0）；F（15.0，- 25.98）。

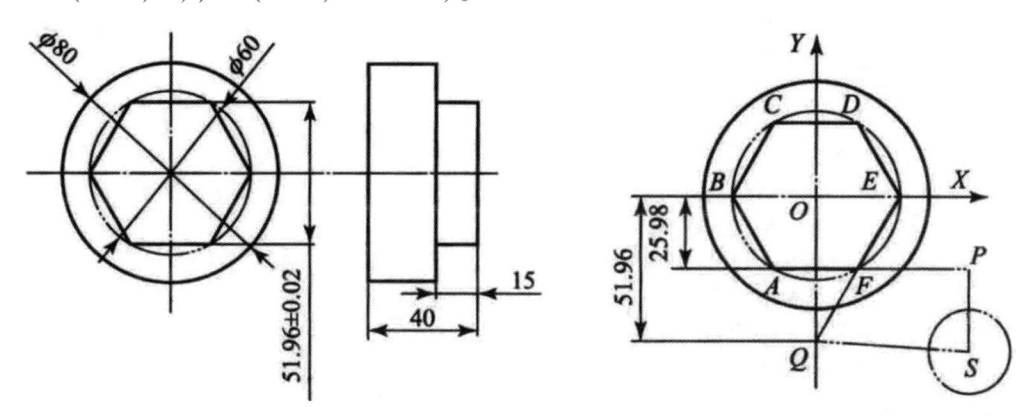

图 6 - 21 正六边形轮廓工件图　　图 6 - 22 轮廓半径补偿切削轮廓图

选择刀具的起始点在（X55，Y - 55），SP 运动建立补偿，抑延长线的 P 点切入轮廓，延长线的 0 点切出轮廓，运动取消补偿。

2. 轮廓铣削编程

（1）轮廓补偿切削子程序

设建立半径补偿，补偿切削、取消补偿的加工运动子程序号为 06504。

06504（子程序）；
G90 G41 G00 Y - 25.98 M08；（S→P）
G01 X - 15.0；（→A）
X - 30.0 Y0；（→B）
X - 15.0 Y25.98；（→C）
X15.0；（→D）
X30.0 Y0；（→E）
X0.0 Y - 51.96；（→Q）
G40 G00 X55.0 Y - 55.0 M09；（→S）
M99；

（2）轮廓粗、精加工主程序

粗加工半径补偿值 $D_1=17$；半精加工半径补偿值 $D_2=15.5$；精加工半径补偿值 $D_3=15$。设主程序号为设主程序号为 06505；，主程序如下：

06505；（主程序号）

G90 G21 G94 G40 G49 G17 G54；（设置系统初始环境）

G00 X55 Y-55.0；（在换刀点高度平面，Z、F点定位到起点）

G43 G00 Z20.0 H01；（刀具长度补偿到安全高度）

G90 G00 Z-7.0；

M03 S300 F100；

D01 M98 P6504；（调用切削子程序粗加工）

G90 G0 Z-14.0；

D01 M98 P6504；（调用切削子程序粗加工）

D02 M98 P6504；（调用切削子程序半精加工）

G00 Z50-0；

M00；（测量工件，修改刀具磨损补偿，存放于补偿寄存器）

G90 G0 Z-15.0；

M03 S500 F100

D03 M98 P6504；（调用切削子程序精加工）

G00 Z20.0；（刀具长度补偿到安全高度）

G49 G28；（取消长度补偿回参考点）

M05；（主轴停）

M30；（程序结束并返回）

6.5 槽铣削工艺及编程

窄槽是具有一定宽度和深度和截面形状的槽，槽底面与侧面成直角形的称为直角槽。直角槽如图 6-23 所示，可分为敞开式、封闭式和半封闭式三种。

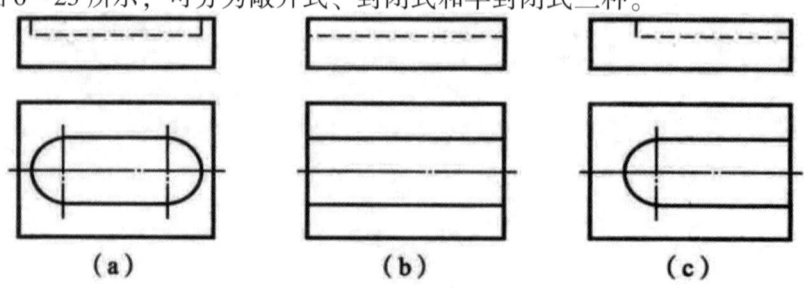

图 6-23 典型窄槽图样

(a) 封闭式窄槽；(b) 敞开式窄槽；(c) 半封闭式窄槽

直角槽结构的主要尺寸有槽长、槽宽、槽深。尺寸精度主要是槽的位置尺寸精度，槽的宽度、长度和深度的尺寸精度，尤其是与其他零件相配合的槽，其槽的宽度尺寸精度一般要求较高；槽的形、位精度主要是槽两侧面的平行度以及对称度等；一般对侧面和底面有表面质量要求。

6.5.1 铣槽加工工艺简介

1. 铣槽刀具及选用

（1）键槽铣刀

键槽铣刀如图 6-24 所示，它的外形与立铣刀相似，不同的是它在圆周上只有两个螺旋刀齿，其端面刀齿的刀刃延伸至中心，既像立铣刀，又像钻头，螺旋齿结构，切削平稳，适用铣削对槽宽有相应要求的槽类加工。封闭槽铣削加工时，可以作适量的轴向进给，键槽铣刀可先轴向进给达到槽深，然后沿键槽方向铣出键槽全长，较深的槽要作多次垂直进给和纵向进给才能完成加工。另外，键槽铣刀可用于插入式铣削、钻削、镗孔。

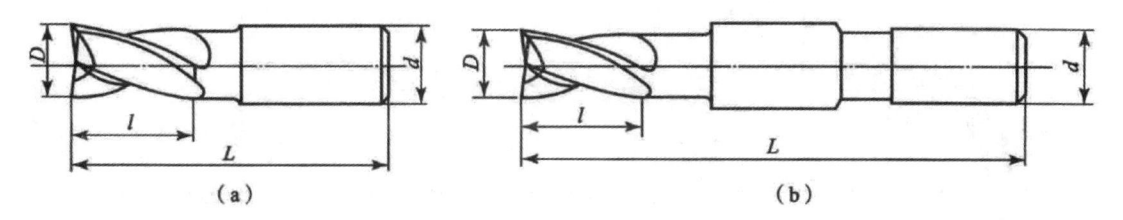

图 6-24 典型键槽铣刀

(a) 直柄键槽铣刀；(b) 锥柄键槽铣刀

（2）钻削立铣刀

钻削立铣刀有一个刀片的铣削刃在径向超过中心线而又稍稍低于（偏离）中心线约 0.15~0.3mm。配用刀片主要有正方形、平行四边形和不等边不等角六边形等。

表 6-3 为哈尔滨第一工具厂引进生产的 Ingersoll 钻削立铣刀的型号和基本尺寸。它可沿水平方向、垂直方向和倾斜方向进给，可以直接钻浅孔，铣斜槽和封闭槽。

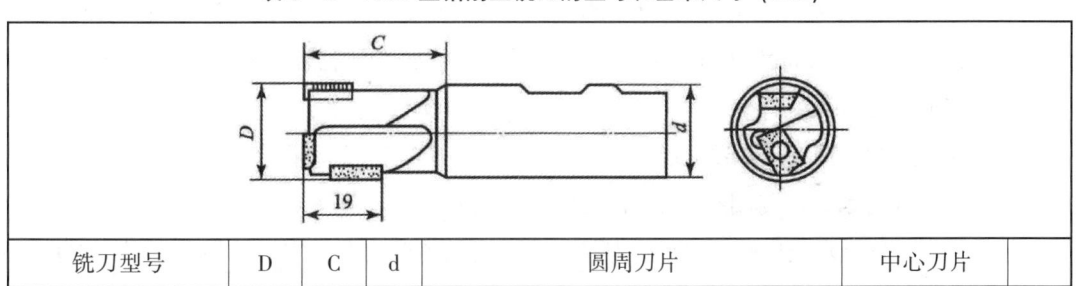

表 6-3　1651 型钻削立铣刀的型号和基本尺寸 (mm)

铣刀型号	D	C	d	圆周刀片	中心刀片

1651X019-019	19	39	25	CDE322R05 圆角R0.8	CDE322R05 圆角尺3	数量2	GXE212L01	1
1651x025-019	25	39	25				GDE212L01	1
1651x032-019	32	39	25				CDE322L14	1
1651x038-019	38	40	32				CDE212L02	2

2. 精确沟槽铣削刀具路线设计

有较高加工精度要求的窄槽，为了提高槽宽的加工精度，应分粗加工和精加工。

粗加工时采用直径比槽宽小的铣刀，铣槽的中间部分，在两侧及槽子底留下一定余量；精加工时，为保证槽宽尺寸公差，用半径补偿的加工方法铣削内轮廓。

(1) 开放窄槽的加工路线设计

如图6-25所示，是对开放窄槽的粗、精加工路线设计。对开放窄槽加工，刀具的起点可选择工件侧面外，图中刀具的起点选择槽中线上并在工件之外具有一定安全间隙的适当位置（S点）。

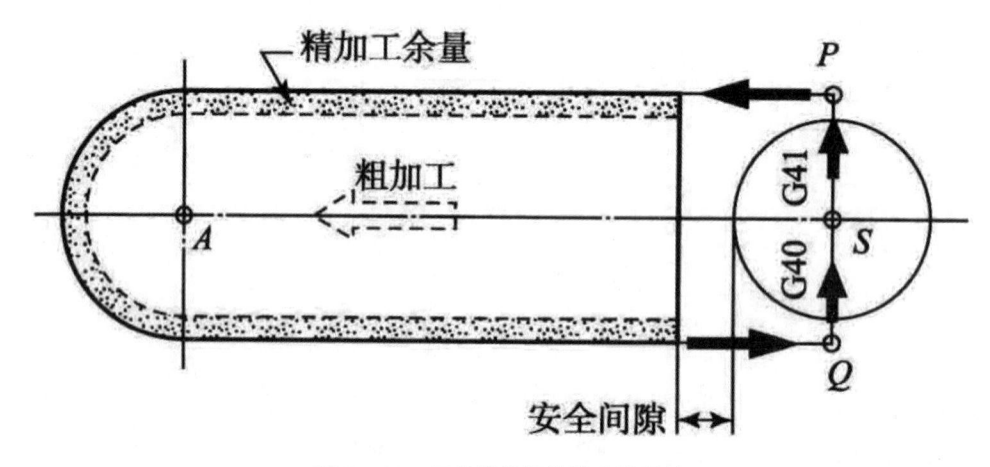

图6-25 开放槽半径补偿路线设计

粗加工时，选择直径比槽宽略小的刀具，如图6-25所示，刀具经似直线进给切削后，侧面留下适当的精加工余量，槽的底面亦宜留有适当的精加工余量。

精加工时，刀具Z向进给运动至窄槽底部深度，通过垂直于窄槽轮廓的SP线段进给建立半径补偿，刀具在顺铣模式下对窄槽沿轮廓进行精加工到轮廓延长线的点，并通过线段的进给取消半径补偿。

(2) 封闭窄槽加工刀具路线设计

如图6-26所示，是封闭窄槽的粗、精加工路线设计。

粗加工时，选择直径比槽宽略小的刀具，保证粗加工后留有一定的精加工余量。刀具的X、Y起点，选择工件槽的某端圆弧轮廓的圆心位置，然后，以较小的进给率切入所需的深度（在底部留出精加工余量），再以直线插补SA运动在两个圆弧中心点之间进行粗加工。

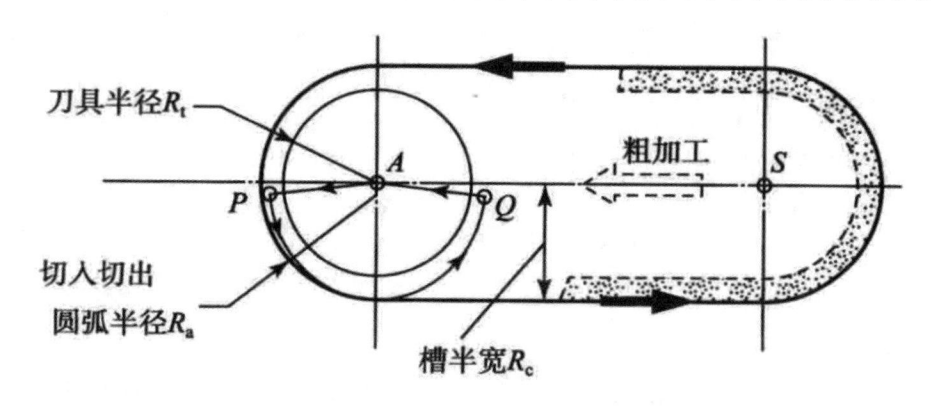

图 6-26 封闭槽半径补偿路线设计

精加工时，如果封闭槽的表面质量要求高，刀具法向趋近轮廓建立半径补偿并不合适，因为这样会让刀具在加工轮廓上有停留并产生接刀痕迹。

设计趋近轮廓的路线为与轮廓相切的一个辅助切入圆弧，其目的是引导刀具平滑地过渡到轮廓上，避免接刀痕迹。但刀具半径补偿不能在圆弧插补模式中启动，因此用/1P 直线 G01 运动建立半径补偿，然后用圆弧运动自然切入到工件下侧轮廓。这样轮廓精加工前，增加了两个辅助运动即：

①首先进行直线运动并启动刀具半径补偿。

②然后圆弧从切线方向趋近内轮廓。

这里值得注意是趋近圆弧半径大小的选择（位置选择很简单——圆弧必须与轮廓相切），趋近圆弧半径必须符合一定的要求，那就是该圆弧的半径必须大于刀具半径，又小于刀具引入起点到轮廓的距离（这里是窄槽轮廓的半宽），三种半径的关系为：

$$Rt < Ra < Rc$$

式中：Rt——刀具半径；Ra——趋近圆弧（导入圆弧）的半径；Rc——轮廓（窄槽）半径。

3. 铣槽切削用量选用

铣削加工直角沟槽工件时，加工余量一般都比较大，工艺要求也比较高，不应一次加工完成，而应尽量分粗铣和精铣数次进行加工完成。

在深度上，常有一次铣削完成和多次分层铣削完成两种加工方法，这两种加工方法的工艺利弊分析不容忽视。

（1）设计将键槽深度一次铣削完成时，能够提高加工效率，但对铣刀的使用较为不利，因为铣刀在用钝时，其切削刃上的磨损长度等于键槽的深度，刀具容易报废。

（2）设计深度方向多次分层铣削键槽时，每次铣削层深度只有 0.5~1mm，以较大的进给量往返进行铣削。这种加工方法的优点是铣刀用钝后，只需刃磨铣刀的端面刃（磨短不到 1mm），铣刀直径不受影响。

铣削加工沟槽时，排屑不畅，铣刀周围的散热面小，不利于切削。铣削用量选用时，应充分考虑这些因素，不宜选择较大的铣削用量，而采用较小的铣削用量。铣削窄而深的沟槽时，切削条件更差。

6.5.2 半开放窄槽加工实例

图6-27所示工件为一个典型的具有半开放窄槽加工工件，下面将介绍开放窄槽加工和编程。

1. 工艺分析

本例中，粗、精加工选用两把刀，粗加工刀具编号 T01，$\phi 36$ 高速钢4齿波形刃铣刀。精加工刀具编号 T02，直径 $\varphi 32$ 硬质合金材料螺旋齿可转位立铣刀。

粗加工时 Z 向切削深度 9mm，留精加工余量 1mm。主轴转速为 900r/min，进给率为 100mm/min 粗、精加工路线设计参见图6-25。

2. 开放窄槽加工程序编制

设工件坐标系如图6-28综合上述工艺分析，编制半开放式窄槽程序 06601。

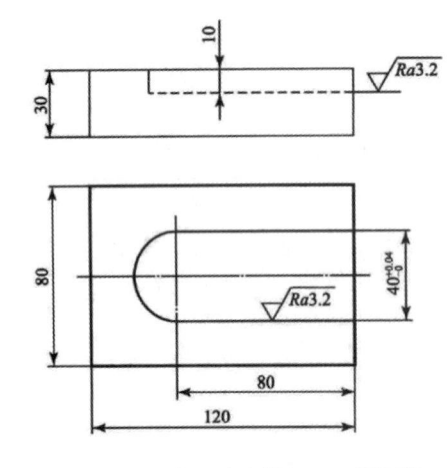

图6-27 半开放窄槽加工工件图样　　图6-28 半开放窄槽工件坐标系及坐标

06601；（手动装 T01 铣刀粗加工）

G21 G97 G94 G80 G17 G90 G54 G40；（启动设置）S900 M03；

G00 X25.0 Y0.0；

G43 Z5.0 H01 M08；

G01 Z-9.0 F200；（底留1mm 的余量）

G01 X-80.0 F100；（切削至圆弧中心点）

G00 Z5.0；（退刀至工件上方）

G28 G49 Z50.0；

M05 M09；

M00；（手动换 T02 精加工）

```
G80 G17 G90 G54 G40；（启动设置）
S1500 M03；
G00 X25.0 Y0.0；
G43 Z5.H02 M08；（工件上方的起始位置）
G01 Z-10.0 F200；（进给至最终深度）
G41 Y20.0 D02；（半径补偿并趋近轮廓）
G01 X-80.0 F100；（切削上面的侧壁）
G03 Y-20.0 R20.0；（切削圆弧）
G01 X25.0；（切削下面的侧壁）
G00 G40 Y0；（返回初始位置）
Z25.0 M09；（退刀至工件上方）
G49 G28 M05；
M30；（程序结束）
```

6.5.3 封闭窄槽加工工艺实例加工

如图 6-29 中所示工件的封闭窄槽结构。

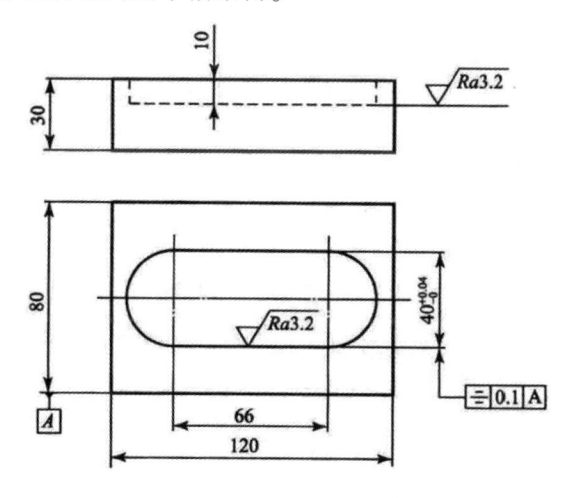

图 6-29 封闭窄槽编程实例

1. 工艺分析

本例粗、精加工使用同一把刀具，刀具选 φ36mm 的键槽铣刀，它具有垂直向下进刀的能力。设定本例工件坐标系。如图 6-30。选择右侧圆弧的中心点为起始位置。然后，以较小的进给率切入所需的深度。

Z 向粗加工余量设为 9mm，拟用分层往返切削的方法，设每次铣削层深度 1.5mm，以较大的进给量往返 6 次铣削。Z 向半精加工切到 Z-9.5 深度，在底部留出 0.5mm 的余量。然后进行轮廓半径补偿加工。轮廓半径补偿加工的路线设计方法参考图 6-34 所示。

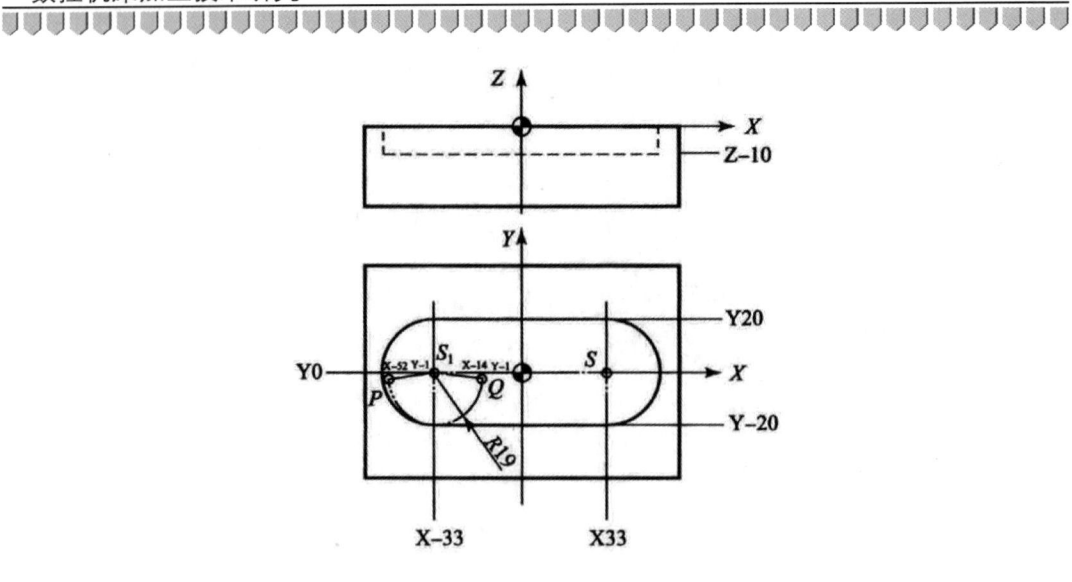

图6-30 封闭槽工件坐标系及坐标

2. 封闭窄槽加工程序编制

封闭窄槽切削主程序（程序中坐标值参考图6-38）

O6602；（主程序，程序中调用子程序O6603）

（手动换φ36mm的键槽铣刀T01）

G21；（公制模式）

G17 G40 G80；（启动设置）

G90 G54 G00 X33.0 Y0 S900 M03；（到图6-38所示S点上方）

G43 Z5.H01 M08；（工件上方的起始位置）

G01 Z0 F100；（到工件上表面）

M98 P6603 L6；（调用往返铣削子程序6次，粗加工切削至Z-9）

G90 Z-9-5.0 F50；

G01 X-33.0 F200；（到图6-38所示S_1点）

G90 Z-10.0 F50；（进给至整个深度）

G41 G01 X-52.0 Y-1.0 D01 F100；（建立补偿）

G03 X-33.0 Y-20.0 R19.；（圆弧趋近）

G01 X33.0；（补偿切削）

G03 Y20.0 R20.0；

G01 X-33.0；

G03 Y-20.0 R20.0；

G03 X-14.0 Y-1.0 R19.0；（圆弧切出）

G01 G40 X-33.0 Y0.0；（直线运动取消半径补偿，回到图6-38所示S_1点）

G00 Z25.0 M09；（取消补偿）

G49 G28（回参考点）

M05；

M30；（程序结束）

O6603；往返铣削子程序（调用一次切削深度为1.5mm）

G91 G1 Z -0.75 F50；（每次切削深度为0.75mm）

G90 G01 X -33 F200；

G91 G01 Z -0.75 F50；

G90 G01 X33.0 F200；

M99；

第7章 加工中心的使用技术

7.1 加工中心自动换刀

加工中心与同类数控机床相比结构更复杂，系统控制功能更多。数控镗、铣加工中心是一种综合加工能力较强的数控加工机床，它是把铣削、镗削、钻削、攻螺纹和切削螺纹等功能集中在一台设备上，使其具有多种工艺手段，因此，它特别适合于一次装夹对多结构用多种工艺手段实现集中加工的场合。

集中加工场合常常要用到多种刀具，适应频繁自动换刀是加工中心的特点。数控镗、铣加工中心的自动换刀装置结构一般由刀库、机械手组成。在加工过程中由换刀程序指令自动换刀动作。

自动换刀动作一般有：刀具存入刀库、在刀库中选择刀具、机械手向主轴装刀具，机械手从主轴卸刀具。

7.1.1 刀库形式

加工中心设置有刀库，刀库中存放着一定数量的各种刀具或检具，刀库的储存量一般在8~64把范围内，多的可达100~200把。加工中心刀库的形式很多，结构也各不相同，最常用的有鼓盘式刀库、链式刀库和格子盒式刀库。

1. 鼓盘式刀库

鼓轮式刀库的形式如图7-1所示。鼓盘式刀库结构紧凑、简单，一般存放刀具不超过32把，在诸多形式刀库中，鼓轮式刀库在小型加工中心上应用得最为普遍。其特点是：鼓盘式刀库置于立式加工中心的主轴侧面，可用单臂或双手机械手在主轴和刀库间直接进行刀具交换，换刀结构简单，换刀时间短。但刀具单环排列，空间利用率低，如若要增大刀库容量，那么刀库外径必须设计得比较大，势必造成刀库转动惯量也大，则不利于自动控制。

图7-1 一种鼓轮式刀库

2. 链式刀库

链式刀库如图7-2所示，适用于刀库容量较大的场合。链式刀库的特点是：结构紧凑，占用空间更小，链环可根据机床的总体布局要求配置成适当形式以利于换刀机构的工作。通常为轴向取刀，选刀时间短，刀库的运动惯量不像鼓轮式刀库那样大可采用多环链式刀库增大刀库容量；还可通过增加链轮的数目，使链条折叠回绕，提高空间利用率。

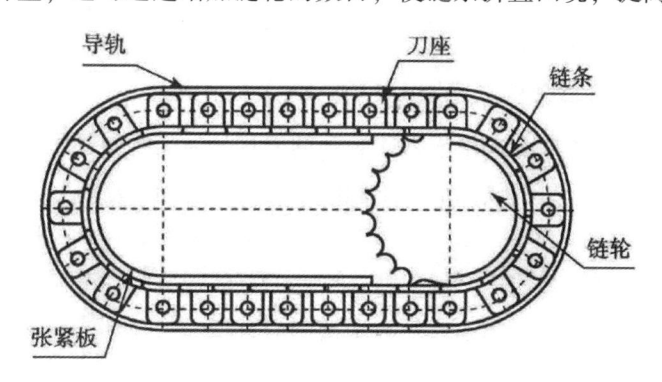

图 7-2　链式刀库

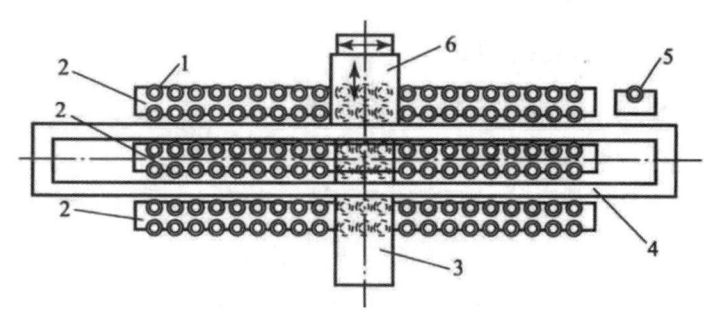

3. 固定型格子盒式刀库

固定型格子盒式刀库如图 7-3 所示。刀具分几排直线排列，由纵、横向移动的取刀机械手完成选刀运动。由于刀具排列密集，因此空间利用率高，刀库容量大。

图 7-3　固定型格子盒式刀库

1—刀座；2—刀具固定板架；3—取刀机械手横向导轨；
4—取刀机械手纵向导轨；5—换刀位置刀座；6—换刀机械手

7.1.2　刀具选择方式及 ATC 换刀的特点

加工中心实现自动换刀，先要在加工中心的刀库中储存要用到的若干刀具，刀库自动选择当前要用的刀具，换刀机构在主轴头与刀库间实现自动刀具装卸。从刀库中存放刀具的服务对象看，加工中心的 ATC 换刀方式一般可分为两种情况：

一是刀库刀具专门为特定工件的加工工序服务。这种方式通常是旧式加工中心的设计，其 ATC 换刀特点是：在加工前，将加工工件所需刀具按照加工工艺的先后顺序进行编号，刀具按编号依次插入刀库的相应编号的刀座中，顺序不能有差错，加工时按排定的顺序选刀，可称之为"顺序选刀方式"。

二是刀库刀具为多种工件加工服务。不同工件的加工可在刀库中选择若干需要的刀具,刀库的容量越大,适应的加工工艺需要越多。刀库中刀具的排列顺序与工件加工工艺顺序无关,数控系统根据程序 T 指令的要求选择所需要的刀具,称之为"任意选刀方式"。任意选刀方式根据刀具识别技术主要分为刀座编码识别、刀具编码识别和软件记忆识别三个方式。

1. 为特定加工工序服务的顺序选刀方式

采用顺序选刀的加工中心,由于刀库装入的刀具是为某特定的加工工序服务,刀具按照加工工艺的先后顺序编号存放。加工不同的工件时,必须重新调整刀库中的刀具及其顺序,如果用这种机床加工频繁变化的工件,操作将十分繁琐,而且加工同一工件的过程中,各工步的刀具不能重复使用,这样就会增加刀具的数量。如某一规格尺寸刀具在一次装夹的加工顺序中要用两次,则要准备两把这种刀具排在刀库的相应的顺序位置,显然这是顺序选刀的缺陷。

顺序选刀的优点是:该方式不需要刀具识别装置,驱动控制也较简单、可靠。适合于加工工件品种较少变化且批量生产的场合。

使用顺序选刀的加工中心,应特别注意的是:装刀时必须十分谨慎,如果刀具不按加工的先后顺序装在刀库中,将会产生严重的后果。

2. 任意选刀的刀座编码识别方式

任意选刀的刀座编码方式是对刀库中的刀套进行编码,并将与刀座编码号相对应的编号刀具一一放入指定的刀座中,然后根据刀座的编码选取刀具。如图 7-4 所示,刀具根据编号一一对应存放在刀座中,刀座编号就是刀具号,通过识别刀座编号来选择对应编号的刀具。

自动换刀时,刀库旋转,每个刀座都经过刀具识别装置接受识别。当某把刀具的刀座二进制代码(如 00000111)与数控指令的代码(如 T07)相符合时,该把刀具被选中,刀库驱动,将刀具送到换刀位置,等待换刀机械来抓取。

刀座编码方式的特点是只认刀座不认刀具,一把刀具只对应一个刀座,从一个刀座中取出的刀具必须放回同一刀座中,刀具装卸过程烦琐,换刀时间长。

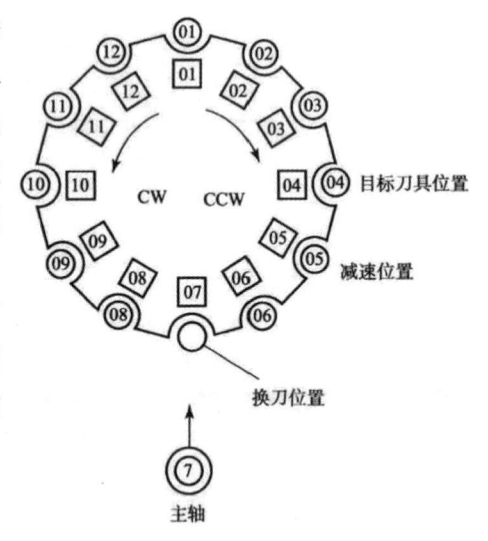

图 7-4 采用刀套编码的选刀控制

例如,设当前主轴上刀具为 T07,当执行 M06T04 指令时,刀库首先将刀座 07 转至换刀位置(如图 7-4),由换刀装置将主轴中的 T07 刀装入刀库的 07 号刀座内,随后刀库反转,使 04 号刀座转至换刀位置,由换刀装置将 T04 刀装入主轴上。

3. 在刀库中任意选刀的刀具编码识别方式

该装置采用了一种特殊的刀柄结构,并对每把刀具编码。刀具柄部采用编码结构,刀库上有编码识别机构。由于每把刀具都具有自己的代码,因而刀具可以放在刀库中的任何一个刀座内。

选刀时,刀具识别装置只需根据刀具上编码来识别刀具,而不必考虑刀座,这样不仅刀库中的刀具可以在不同的工序中多次重复使用,而且换下的刀具也不用放回原来的刀座,这对装刀和选刀都十分有利。但是由于每把刀具上都带有专用的编码系统,使刀具、刀库和机械手的结构变得较复杂。

4. 可在刀库中任意选刀的软件记忆识别方式

由于计算机技术的发展,可以利用软件选刀,它代替了传统的编码环和识刀器。在这种选刀与换刀的方式中,刀库中的刀具能与主轴上的刀具任意地直接交换,即随机换刀。

软件随机换刀控制方式需要在 PLC 内部设置一个模拟刀库的数据表,如表 7-1 所示,表内设置的数据表地址与刀库的刀座位置号和刀具号相对应,这样,刀具号和刀库中的刀座位置一一对应,并记忆在数控系统的 PLC 中。

表 7-1 刀库的数据表

数据表地址	数据序号（刀座号）（BCD 码）	刀具号（BCD 码）
172	0 (00000000)	12 (00010010)
173	1 (00000001)	11 (00010001)
174	2 (00000010)	16 (00010110)
175	3 (00000011)	17 (00010111)
176	4 (00000100)	15 (00010101)
177	5 (00000101)	18 (00011000)
178	6 (00000110)	14 (00010100)
179	7 (00000111)	13 (00010011)
180	8 (00001000)	19 (00011001)

又在刀库上装有位置检测装置（一般与电动机装在一起）,可以检测出每个刀座的位置。此后,随着加工换刀,换上主轴的新刀号以及还回刀库中的旧刀具号,均在 PLC 内部有相应的刀座号存储单元记忆,无论刀具放在哪个刀座内都始终记忆着它的刀座号变化踪迹。这样,数控系统就可以实现了刀具任意取出并送回。

例如,设当前主轴上刀具为编号为 07 的刀具,当 PLC 接到寻找新刀具的指令 T04 后,数控系统在刀库数据表中进行数据检索,检索 T04 刀具代码当前所对应的刀库刀座序号,然后刀库旋转,测量到 T04 对应的刀库刀座序号,即识别了所要寻找的 T04 号刀具,刀库停转并定位，等待换刀。当执行 M06 指令时，机床主轴准停，机械手执行换刀动作，将主轴上用过的旧刀 T07 和刀库上选好的新刀 T04 进行交换，与此同时，修改刀库数据表中 T07 刀具代码与刀库刀座序号对应的数据。

7.1.3 刀具换刀装置和交换方式

数控机床的自动换刀装置中，实现刀库与机床主轴之间传递和装卸刀具的装置称为刀具交换装置。交换方式通常分为无机械手换刀和有机械手换刀两大类。下面就典型的换刀方法进行介绍。

1. 无机械手换刀

如图 7-5 的卧式加工中心，这是一种小型卧式加工中心，它的刀库在立柱的正前方上部，刀库轴线方向与机床主轴同方向，它采取无机械手换刀方式。

刀库与主轴同方向无机械手换刀方式的特点是：刀库整体前后移动与主轴上直接换刀，省去机械手，结构紧凑，但刀库运动较多，刀库旋转是在工步与工步之间进行的，即旋转所需的辅助时间与加工时间不重合，因而换刀时间较长。无机械手换刀方式主要用于小型加工中心，刀具数量较少（30 把以内），而且刀具尺寸也小。

具体换刀过程如表 7-2 所示。无机械手换刀通常利用刀座编码识别方法控制换刀。

图 7-5 无机械手换刀

表 7-2 无机械手换刀过程图例及说明

当上工步工作结束后执行换刀指令，主轴准停，主轴箱带着主轴沿立柱导轨上升	换刀时，主轴沿立柱导轨上升至换刀位置，主轴上的刀具进入刀库的存放位置，主轴内夹刀机构松开	刀库夹持住刀具顺着主轴方向向前移动，从主轴中将刀具拔出	刀库回转，将下一步用刀具转到与主轴对齐的位置；主轴进行孔吹清洗	刀库退回，将一把新刀具插入主轴中，刀具随即被夹紧	主轴箱下移到工作位置，开始新的加工

2. 有机械手换刀

采用机械手进行刀具交换的方式应用最广泛，这是因为机械手换刀灵活，而且可以减少换刀时间。由于刀库及刀具交换方式的不同，换刀机械手也有多种形式，以手臂的类型来分，有单臂机械手，双臂机械手。常用的双臂机械手有钩手、插手、伸缩手等。

如图7-7所示，为常用的双臂机械手结构形式举例，这几种机械手能够完成抓刀、拔刀、回转、插刀、返回等一系列动作。为了防止刀具掉落，各机械手的活动爪都带有自锁机构。由于双臂回转机械手的动作比较简单，而且能够同时抓取和装卸机床主轴和刀库中的刀具，因此换刀时间进一步缩短。

双臂机械手自动换刀的动作过程举例：

如表7-3中图例（a），刀库与主轴方向相垂直，机械手为双臂机械钩手，一把待换刀具停在换刀位置上。自动换刀的动作过程，如表7-3中图例（a）~（f）所示的一次换刀循环过程及说明。

表7-3 双臂机械手换刀过程

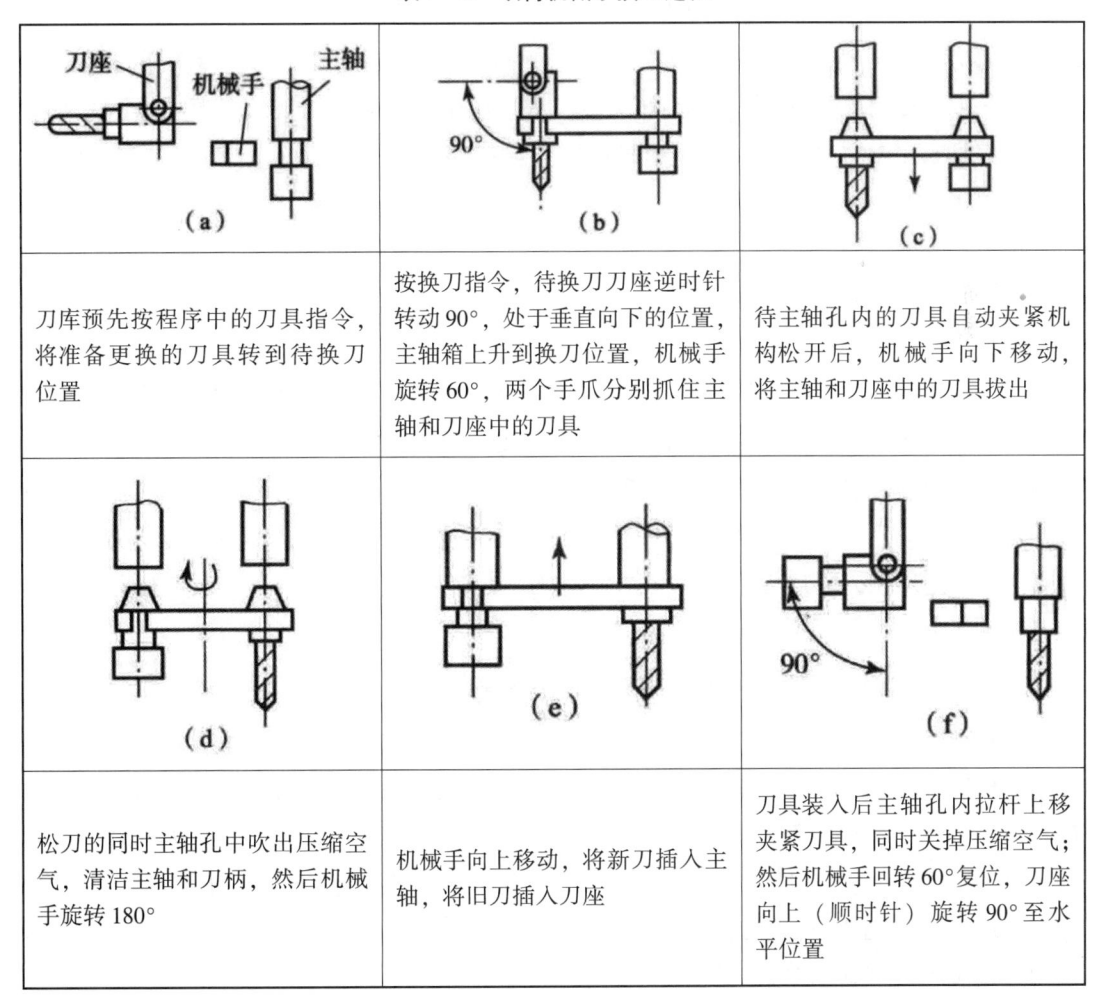

(a)	(b)	(c)
刀库预先按程序中的刀具指令，将准备更换的刀具转到待换刀位置	按换刀指令，待换刀刀座逆时针转动90°，处于垂直向下的位置，主轴箱上升到换刀位置，机械手旋转60°，两个手爪分别抓住主轴和刀座中的刀具	待主轴孔内的刀具自动夹紧机构松开后，机械手向下移动，将主轴和刀座中的刀具拔出
(d)	(e)	(f)
松刀的同时主轴孔中吹出压缩空气，清洁主轴和刀柄，然后机械手旋转180°	机械手向上移动，将新刀插入主轴，将旧刀插入刀座	刀具装入后主轴孔内拉杆上移夹紧刀具，同时关掉压缩空气；然后机械手回转60°复位，刀座向上（顺时针）旋转90°至水平位置

7.1.4 换刀程序的编制

分析上述刀具选择方式及 ATC 换刀的特点可见，刀具存放刀库时，刀具号与刀座号一致的加工中心，换刀方式的特点是还刀、装新刀必须顺序进行。刀具号与刀座号可不一致的加工中心，换刀方式的特点是还刀、装新刀可同时进行。这个区别与换刀程序的编制相关。

1. 刀具号与刀座号一致的加工中心换刀程序编写

比较为特定加工工序服务的顺序选刀方式和任意选刀的刀座编码识别方式，它们都是刀具号与刀座号一致的加工中心，换刀动作过程有共同的特点，换刀装置都是根据刀座编码识别刀具，刀具都必须对号入座，都必须先还旧刀才能找新刀、装新刀，换刀动作过程是：找旧刀位→还旧刀→找新刀→装新刀，因此这两种方式的换刀程序指令类似。

因为 CNC 系统可以默认旧刀总是要回到自己在刀库中的位置，还旧刀在换刀程序中可以不必说明。换刀程序要给出的信息是新刀刀号和新刀装上主轴的时刻，然后，数控系统的 PLC 程序可自动控制"找旧刀位→还旧刀→找新刀→装新刀"的连续的开关量动作。换刀程序编程很简单，以 FANUC 系统为例，程序用 T 指令来指令刀库选择当前要换到主轴上的刀具，用 M06 指令来指令换刀机构执行换刀系列动作。例如：

换刀程序为：

N87 T04 M06；

或：N87 M06 T04；

或：N87 T04 N88 M06；

对于为特定加工工序服务的顺序选刀方式的加工中心，上述换刀程序指令含义是：将 3 号刀具还到刀库的 3 号座位，将 4 号刀具安装到主轴上。换刀程序的特点是刀具指令与换刀指令要连续，中间不要穿插其他指令。

对于任意选刀的刀座编码识别方式的加工中心，上述换刀程序指令含义是：刀库先找主轴上刀具的座位，并归还到其座位，然后刀库找新刀（4 号刀具），然后将 4 号刀具安装到主轴上。

2. 刀具号与刀座号可不一致的加工中心换刀程序编写

任意选刀的刀具编码识别方式和任意选刀的软件记忆识别方式有共同的特点，换刀装置不必根据刀座编码识别刀具，换刀时刀具不必对号入座，在旧刀加工的同时可先指令刀库找新刀，刀库选刀完成则等待换刀指令 M06，到了换刀时刻，还刀、装新刀同时进行。

例如，在程序中实现从 T011→T06→T02 刀具间的换刀的程序编制如下：

O7101；（开始时在主轴上无刀或有任意刀具）

N1 G21 G17 G40 G80 T11；（T11 刀准备）

N2 G28 M05；（回机床换刀点）

N3 M06；（T11 刀安装到主轴上）

N4 G00 G54 G00 X～Y～S～M03 T06；（指令刀库找 T06 刀，刀库待换刀状态）

N5 G43 Z～H11 M08；（趋近工件）

………… （使用 T11 加工）

N48 G00 Z～M09；（T11 刀完成加工，Z 轴退回到安全高度）

N49 G28 Z～M05；（回机床换刀点）

N50 M06；（T11 刀回刀库，同时 T06 装到主轴上）

N51 G00 G54 G00X～Y～S～M03 T02；（T06 开始加工，刀库找 T02 做换刀准备）

………… （使用 T06 加工）

N75 G90 G00 Z30；（T06 刀完成加工，Z 轴退回到安全高度）

N76 G28 Z30 M05；（T06 使用完毕，回机床换刀点）

HW M06；（T06 刀回刀库，T02 装到主轴上）

…………

见表 7-4 中图例及说明形象地显示了 T011→T06→T02 换刀过程。换刀程序的特点是：指令刀库寻找刀具的 T 指令可与换刀指令分开，T 指令与 M06 间可穿插其他加工指令。

表 7-4 程序中的换刀指令

7.1.5 加工中心自动换刀程序

1. 编写换刀子程序

CNC 加工中心使用 M06 进行换刀。执行换刀前，应满足必要的换刀的条件，如：机床原点复位、冷却液取消、主轴停止。换刀的条件亦是换刀程序不可或缺的部分，建立正确的换刀条件需要多个程序段。

以普通的立式 CNC 加工中心自动换刀为例，通常换刀程序应包括的内容：①关闭冷却液；②取消固定循环模式；③取消刀具半径偏置；④主轴停止旋转；⑤返回机床参考点；⑥取消刀具长度偏置；⑦进行实际换刀。

加工中心多刀加工时，每次编写的自动换刀程序内容通常都一样，因此可以将换刀程序编写成换刀子程序，以备主程序在换刀时调用。如编成换刀子程序 O9888：

O9888；（换刀子程序）
M09；（关闭冷却液）
G80 G40 D00；（取消固定循环模式；取消刀具半径偏置）
G49 H00；（取消刀具长度偏置）
M05；（主轴停止旋转）
G91 G28 Z0；（返回机床参考点）
G90 M06；（进行实际换刀）
M99；（返回主程序）

应注意的是：以上换刀子程序适用于刀具号与刀座号可不一致的加工中心换刀，比如要用刀具编码识别方式的加工中心，或者采用软件记忆刀具识别方式的加工中心，它们允许刀具指令与换刀指令分开。

2. 编写加工中心自动换刀程序

加工主程序调用换刀子程序能够简化程序编写，如对上面的 O7101 程序用主程序调用换刀子程序的方法进行改进，实现从 T011→T06→T02 刀具间的自动换刀和加工，示例如下：

O7101；
N1 G21；（公制模式）
N2 G90 G40 G80 G49 G17 T11；（初始化设置，同时 T11 刀准备）
N3 T11 M98P9888；（调用换刀子程序，T11 装上主轴）
N4 G00 G54 G00 X～Y～S～M03 T06；（设置 T11 工作条件，刀库找 T06）
N5 G43Z～H11 M08；（T11 趋近工件）
　　……（T11 刀工作）
N41 G00 Z～；（T11 刀完成加工，离开工作地点）
N42 T06 M98 P9888；（调用换刀子程序，T06 装上主轴）

N43 G90 G54 G00 X～Y～S～M03 T02；（设置 T06 的工作条件，刀库找 T02）

N44 G43 Z－H06 M08；（T06 趋近工件）

………（T06 刀工作）

可见用了换刀子程序，可使加工中心多刀加工程序的编制变得简洁、方便，并且增强了程序的安全性。

上述程序适用于任意选刀的刀具编码识别方式、软件记忆识别方式的加工中心，对于刀具号与刀座号一致的加工中心，如果应用换刀子程序，M06 指令要从换刀子程序中拿出来，与主程序 T 指令放在一起。

3. 主程序调用各刀的换刀子程序、加工子程序

各把刀的加工程序一般可分为：设置工作参数、刀具引入、加工过程、加工返回等阶段。如果进一步把各把刀的加工程序作为子程序由主程序调用，将可使主程序变得更为简洁、明了。

设 T11 号刀的加工子程序是 O7111；T06 号刀的加工子程序是 O7106；T02 号刀的加工子程序是 O7102。主程序 O7101 调用各刀的换刀子程序和加工子程序示例如下：

OO7101；

N1 G21；（公制模式）

N2 G90 G94 G40 G80 G49 G17 T11；（初始化设置，同时 T011 刀准备）

N3 T11 M98 P9888（调用换刀子程序，T011 刀装上主轴）

N4 M98 P7111 T06（调用 T01 刀加工程序 O7711，同时刀库寻找 T06）

N5 T06 M98 P9888（调用换刀子程序，T06 刀装上主轴，T11 还回刀库）

N6 M98 P7106 T02（调用 T06 刀加工程序 O7106，同时刀库寻找 T02）

N7 T02 M98 P9888（调用换刀子程序，T02 装上主轴，T06 还回刀库）

N8 M98 P7102；（调用 T02 刀加工程序 O7102）

N9 G91 G28 Z0 G49；（回到机床 Z 向零点）N10 M05；（主轴停转）

N11 M30；（程序结束，光标回到起始行）

7.2 孔加工要求及孔加工固定循环

7.2.1 孔加工概述

孔加工是最常见的零件结构加工之一，孔加工工艺内容广泛，包括钻削、扩孔、铰孔、镗孔、攻丝、键孔等孔加工工艺方法。

在 CNC 铣床和加工中心上加工孔时，孔的形状和直径由刀具选择来控制，孔的位置和加工深度则由程序来控制。

圆柱孔在整个机器零件中起着支承、定位和保持装配精度的重要作用。因此，对圆柱孔有一定的技术要求。孔加工的主要技术要求有：

（1）尺寸精度：配合孔的尺寸精度要控制在IT6～IT8，要求较低的孔一般控制在IT11。

（2）形状精度：孔的形状精度，主要是指圆度、圆柱度及孔轴心线的直线度，一般应控制在孔径公差以内。对于精度要求较高的孔，其形状精度应控制在孔径公差的1/2～1/3。

（3）位置精度：一般有各孔距间误差，各孔轴心线对端面的垂直度允差和平行度允差等。

（4）表面粗糙度：孔的表面粗糙度要求一般在 $Ra12.5～0.4\mu m$ 之间。

加工一个精度要求不高的孔很简单，往往只需一把刀具一次切削即可完成；对精度要求高的孔则需要几把刀具多次加工才能完成。

7.2.2 孔加工固定循环格式

1. 孔加工固定循环的概念

钻孔、铰孔、攻丝以及镗削加工时，孔加工路线包括X、Y方向的点到点的点定位路线，Z轴向的切削运动。各种孔加工运动过程类似，其过程至少包括：

①在Z向安全高度刀具X、Y向快速点定位于孔加工位置上方；

②Z轴方向快速接近工件运动到切削的起点；

③以切削进给率进给运动到指定深度；

④刀具完成所有Z方向运动离开工件返回到安全的高度位置。

一些孔的加工或有更多的动作细节。

孔加工运动可用G00、G01编程指令表达，但为避免每次孔加工编程时，编写G00、G01运动信息的重复，数控系统软件工程师把类似的孔加工步骤、顺序动作编写成预存储的微型程序，固化存储于计算机的内存里，该存储的微型程序就称为固定循环。机床应用人员在编程时，可用系统规定的固定循环指令调用孔加工的系列动作。固定循环指令的使用方便孔加工编程，并减少程序段数。

2. 孔加工固定循环通用格式 孔加工固定循环通用格式：

【G90/G91】【G98/G99】【G73～G89】X～Y～Z～R～Q～P～F～K～；

其中：

X，Y—孔加工定位位置；

R—刀具准备Z向工作进给的起点高度；

Z—孔底平面的位置；

Q—当有 Z 向间隙进给时，刀具每次加工深度；在精镗或反镗孔循环中为退刀量；

P—指定刀具在孔底的暂停时间，数字不加小数点，以 ms 作为时间单位；

F—孔加工切削进给时的进给速度；

K—指定孔加工循环的次数。

孔加工循环的通用格式表达了孔加工所有可能的运动，如图 7-6（a），孔加工运动可分解为 6 个运动，这些动作应由孔加工循环格式中相应的指令字描述。

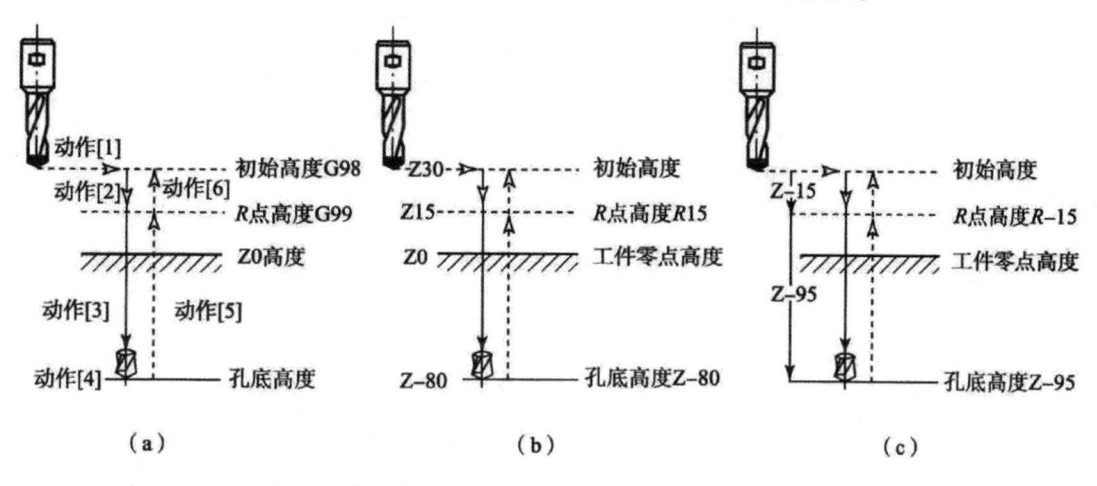

图 7-8　孔加工的六个运动及 G90 或 G91 时的坐标计算方法

（a）固定循环的动作；（b）G90 编程数值；（c）G91 编程数值

孔加工动作与孔加工固定循环通用格式中的指令字一一对应，见表 7-5。

表 7-5　孔加工动作及固定循环格式中的指令字

G17 平面快速定位	给定孔中心定位位置——X，Y 值
Z 向快速进给到点	给定开始工进的起始位置——R 值
Z 轴切削进给，进行孔加工	给定工进的终止位置，孔底——Z 值
	给定孔进给加工时信息——F，Q 值
孔底部的动作	给定刀具在孔底的暂停时间——P 值
Z 轴退刀到 R 点	给定返回 R 平面模式——G99
Z 轴快速回到起始位置	给定返回初始平面模式——G98

并不是每一种孔加工循环的编程都要用到孔加工循环的通用格式的所有指令字。以上格式中，除 K 代码外，其他所有代码都是模态代码，只有在循环取消时才被清除，因此这些指令一经指定，在后面的重复加工中不必重新指定。取消孔加工循环采用代码 G80。另外，如在孔加工循环中出现 01 组的 G 代码，如：G01、G02，则孔加工方式也会自动取消。

3. 孔加工固定循环编程格式中的 G 指令

（1）孔加工固定循环【G73～G89】

FANUC-0 系统加工中心配备的固定循环功能，主要用于孔加工，包括钻孔、镗孔、攻螺纹等，调用固定循环的 G 指令有：G73、G74、G76、G81～G89，G80 用于取消固定循环状态。各固定循环指令各种不同类型的孔加工动作，见表7-6。

表7-6 孔加工固定循环及动作一览表

G 代码	加工动作（-Z 方向）	孔底动作	退刀动作（+Z 方向）	用途
G73	间歇进给		快速进给	高速深孔加工
G74	连续切削进给	暂停、主轴正转	切削进给	攻左旋螺纹
G76	连续切削进给	主轴准停	快速进给	精镗
G80				取消固定循环
G81	连续切削进给		快速进给	钻孔
G82	连续切削进给	暂停	快速进给	钻、镗阶梯孔
G83	间歇进给		快速进给	深孔加工
G84	连续切削进给	暂停、主轴反转	切削进给	攻右旋螺纹
G85	连续切削进给		切削进给	镗孔
G86	连续切削进给	主轴停	快速进给	镗孔
G87	连续切削进给	主轴正转	快速进给	反镗孔
G88	连续切削进给	暂停、主轴停	手动	镗孔
G89	连续切削进给	暂停	切削进给	镗孔

（2）数据形式 G90/G91

固定循环指令中，地址 R 与地址 Z 的数据指定与 G90 或 G91 的方式选择有关。G90 指令绝对数据，G91 指令增量数据。图7-6（b）、（c）所示，选择 G90 或 G91，坐标计算方法不同。

如图7-6（b），选择 G90 方式时，R 与 Z 一律取相对 Z 向零点的绝对坐标值；

如图7-6（c），选择 G91 方式时，则 R 是指自初始面到 R 面的距离，Z 是指自 R 点所在面到孔底平面的 Z 向距离。

X、Y 地址的数据指定与 G90 或 G91 的方式选择也有关。G91 模式下的；X、Y 数据值是相对前一个孔的 X、F 方向的增量距离。

（3）返回点平面指令【G98/G99】

由 G98 或 G99 决定刀具在返回时到达的平面，如图7-8（a）。

如用 G98 时，则返回到初始平面，返回面高度由初始点的 Z 值指定。

如用 G99 时，则返回时到达点平面，返回面高度由 R 值指定。

G98 和 G99 代码只用于固定循环，它们的主要作用是为了刀具在孔定位运动时，绕开障碍物。障碍物包括夹具、零件的突出部分、未加工区域以及附件等。

采用固定循环进行孔系加工时，一般不用返回到初始平面，只有在全部孔加工完成后，或孔之间存在凸台或夹具等干涉件时，才回到初始平面。

4. 固定循环中的 Z 向高度位置及选用

在孔加工运动过程中，刀具运动涉及 Z 向坐标的三个高度位置：初始平面高度，R 平面高度，钻削深度。孔加工工艺设计时，要对这三个高度位置进行适当选择。

（1）初始平面高度

初始平面是为安全点定位及安全下刀而规定的一个平面，可称为安全平面。安全平面的高度应能确保它高于所有的障碍物。当使用同一把刀具加工多个孔时，刀具在初始平面内的任意点定位移动应能保证刀具不会与夹具、工件凸台等发生干涉，特别防止快速运动中切削刀具与工件、夹具和机床的碰撞。

（2）R 平面高度

平面为刀具切削进给运动的起点高度，即从尺平面高度开始刀具处于切削状态。由 R ~ 指定 Z 轴的孔切削起点的坐标。

对于所有的循环都应该仔细地选择 R 平面的高度，通常选择在 Z0 平面上方（1 ~ 5mm）处。考虑到批量生产时，同批工件的安装变换等原因可能引起 Z0 面高度变化的因素，如果有必要，对 R 点高度设置进行调整。

（3）孔切削深度

固定循环中必须包括切削深度，到达这一深度时刀具将停止进给。在循环程序段中以 Z 地址来表示深度，Z 值表示切削深度的终点。

编程中，固定循环中的 Z 值一定要使用通过精确计算得出的 Z 向深度，Z 向深度计算必须考虑的因素有：图样标注的孔的直径和深度；绝对或增量编程方法；切削刀具类型和刀尖长度；加工通孔时的工件材料厚度和加工盲孔时的全直径孔深要求；工件上方间隙量和加工通孔时在工件下方的间隙量等。

7.2.3 钻孔加工循环及应用

1. 钻孔循环 G81 与锪孔循环 G82

（1）指令格式：

钻孔循环：G81 X ~ Y ~ Z ~ R ~ F ~ ；

锪孔循环：G82 X ~ Y ~ Z ~ R ~ P ~ F ~ ；

（2）孔加工动作图解及说明：

如图 7-7 所示为 G81、G82 加工动作图解，指令应用说明如下：

G81 指令用于正常的钻孔，切削进给执行到孔底，然后刀具从孔底快速移动退回。

G82 动作类似于 G81，只是在孔底增加了进给后的暂停动作。因此，在盲孔加工中，可减小孔底表面粗糙度值。该指令常用于引正孔加工、锪孔加工。

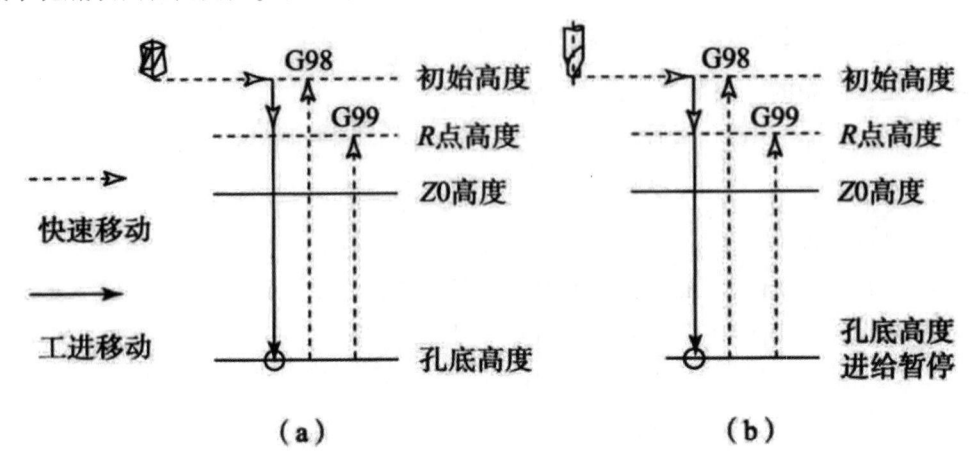

图 7-7 G81 与 G82 动作图
(a) G81 循环路线；(b) G82 循环路线

(3) 指令应用示例：

加工如图 7-8 所示工件四个孔，工件坐标系如图设定。试用固定循环 G81 或 G82 指令编写孔加工程序。

孔加工设计如下：

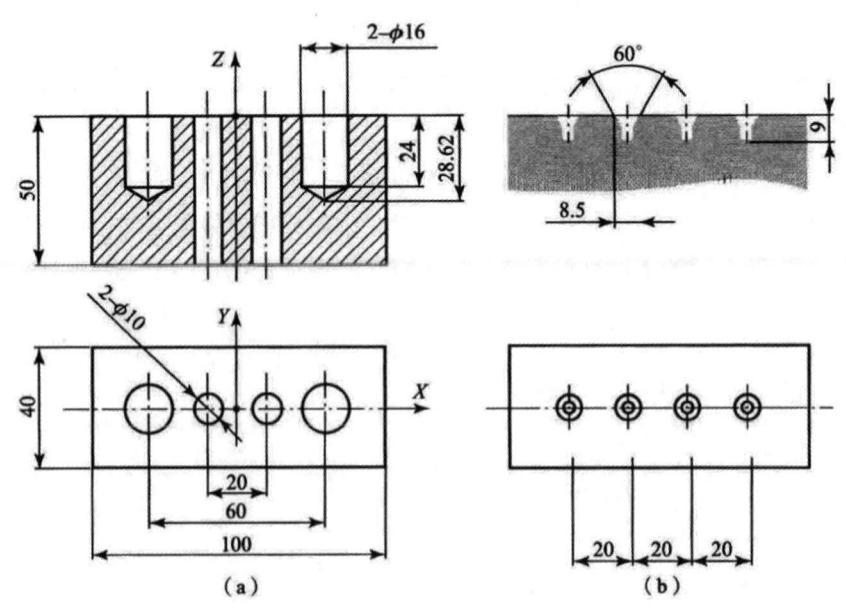

图 7-8 固定循环 081、082、073、083 指令应用示例图
(a) 示例工件图；(b) 中心孔定距重复加工图

① 引正孔：(M 中心孔钻打引正孔，用 G82 孔加工循环——T01
② 钻孔：φ10 麻花钻头钻通孔，用 G81 孔加工循环——T02
③ 钻孔：φ16 麻花钻头钻盲孔，用 G82 孔加工循环——T03

孔加工程序编制如下：

O7201；

（T01—φ4 中心孔钻打引正孔）

G21 G17 G40 G80；

T01 M06；

S900 M03；

G90 G54 G00 X-30 Y0；

G00 G43 Z50.0 H01 M08；

G99 G82 R5.0 Z-9.0 P100 F35；

X-10；

X10；

X30；

G80 Z50.0 M09；

G49 G28 M05；

M01；

（T02—φ10 麻花钻头钻通孔）

T02 M06 S650 M03；

G90 G54 G00 X-10 Y0；

G43 Z50.0 H02 M08；

G99 G81 R5.0 Z-55.0 F60；

X10；

G80 Z50.0 M09；

G49 G28 M05；

M01；

（T03—φ16 麻花钻头钻盲孔）

T03 M06 S500 M03；

G90 G54 G00 X-30 Y0；

G43 Z50.0 H03 M08；

G99 G82 R5 Z-29.0 P100 F80；

X30；

G80 Z50.0 M09；

G49 G28 M05；

M30；

2. 深孔钻削循环 C73、G83

（1）指令格式

高速深孔钻循环：G73 X～Y～Z～R～Q～F～；

深孔环：G83 X～Y～Z～R～Q～F～；

孔加工动作图解及说明：

如图7-9所示为G73、G83加工动作图解，指令应用说明如下：

G73指令通过Z轴方向的间歇进给可以较容易地实现断屑与排屑。指令中的值是指每一次的加工深度，为正值。G73中钻头退刀距离很小，在5～10mm之间。

G83指令同样通过Z轴方向的间歇进给来实现断屑与排屑的目的，但与G73指令不同的是，刀具间歇进给后快速回退到点，再Z向快速进给到上次切削孔底平面上方距离为3的高度处，从该点处，快进变成工进，工进距离为Q+d。d值由机床系统指定，无须用户指定。Q值指定每次进给的实际切削深度，Q值越小所需的进给次数就越多，Q值越大则所需的进给次数就越少。

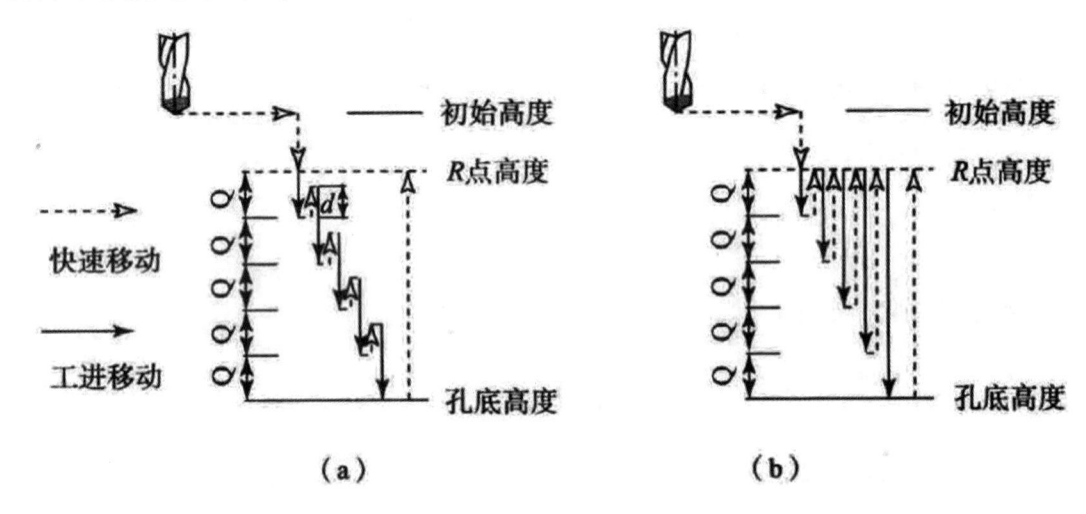

图7-9 G73与G83动作图

(a) G73循环路线；(b) G83循环路线

（3）间歇进给断续切削特点及应用：

对于太深而不能使用一次进给运动加工的孔，通常使用深孔钻，深孔钻削的加工方法也可以用于改善标准钻的工艺技术。以下是深孔钻方法在孔加工中的一些可能的应用：

①深孔的钻削。

②用于较硬材料的短孔加工时断屑。

③清除堆积在钻头螺旋槽内的切屑。

④钻头切削刃的冷却和润滑。

3. 固定循环的重复

L 和 K 地址：在一些 CNC 控制器中用 L 或 K 地址来表示循环的重复次数。

用 K 时一般以增量方式（G91），以 X、Y 指令第一个孔位，然后可对等间距的相同孔进行重复钻削；若用 G90 时，则在相同的位置重复钻孔，显然这并没有什么意义。

例：如图 7-8（b），要用 T01——ϕ4 中心孔钻在一条直线上打引四个引正孔，四个引循环加工引正孔。

（3）供应冷却液的钻头

在实体材料上加工孔时，钻头处于封闭的状态下进行切削，传热、散热困难，为此，一些钻削刀具设计成钻头切削部为耐高温的硬质合金，并且钻头设计有一个或两个从刀柄通向切削点的孔，供应冷却液，钻头工作时，压缩空气、油或切削液要流入钻头。钻深孔时这种钻头特别有用。供应冷却液的钻头，见图 7-10（a）。

（4）扁钻

扁钻由于结构简单、刚性好及制造成本低，近年来在自动线及数控机床上也得到广泛应用。

整体式扁钻主要用于加工浅孔，特别是加工 ϕ0.03~0.5mm 的微孔。

装配式扁钻，见图 7-10（b），由两部分组成：扁钻刀杆和用镙钉安装到刀杆的扁钻刀片，用于加工大尺寸的浅孔。一般来说，当钻直径超过 25mm 的浅孔时，装配式扁钻要比麻花钻更具优势，加工出的孔精度会更高，往往通过一次进给就加工出孔。

扁钻加工通常需要有高压冷却系统，用于冷却和冲屑。扁钻的钻孔深度受到一定的限制，不适合用于较深孔的加工，这是因为扁钻上没有用于排屑的螺旋槽。

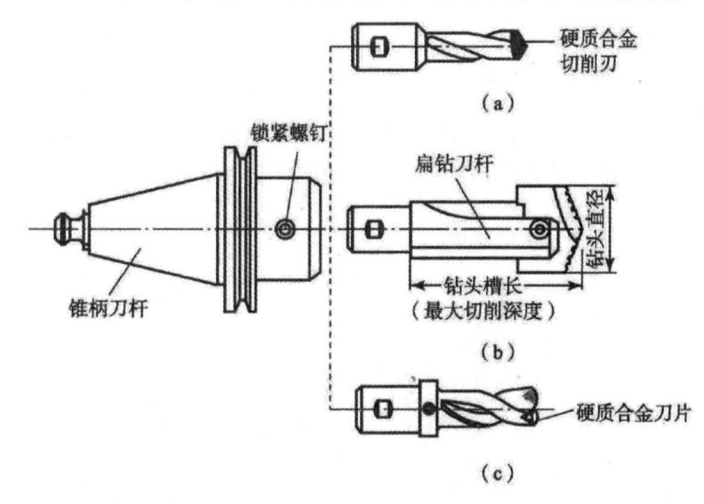

图 7-10 硬质合金刀尖钻头、扁钻、可转位硬质合金钻头
(a) 硬质合金刀尖供冷却液钻头；(b) 装配式扁钻；(c) 硬质合金可转位钻头

(5) 可转位硬质合金钻头

如图 7-10（c）所示，是可转位硬质合金刀片钻头，是 CNC 钻孔技术新发展。用可转位硬质合金刀片钻头来代替高速钢麻花钻，其钻孔速度要比高速钢麻花钻的钻孔速度高很多，硬质合金刀片还允许加工较硬的材料。用可转位硬质合金刀片钻头在实体工件上钻孔，加工孔的长径比宜控制在 4∶1 以内，适用于钻直径为 16~80mm 的孔。

2. 实体上钻孔加工特点、方法

在实体材料上加工孔时，钻头是在半封闭的状态下进行切削的，散热困难，切削温度较高，排屑又很困难。同时切削量大，需要较大的钻削力，钻孔容易产生振动，容易造成钻头磨损。因此孔加工精度较低。

在工件实体钻孔，一般先加工孔口平面，再加工孔，刀具在加工过的平面上定位，稳定削刃和一个横刃。两个螺旋槽是切屑流经的表面，为前刀面；与孔底相对的端部两曲面为主后刀面；与孔壁相对的两条刃带为副后刀面。

麻花钻的材料是高速钢，材料特性是红硬度低、强度高，但两个较深的螺旋槽又影响到刀具的强度。因为麻花钻红硬度低，钻削时切削速度要低一些，同时注意充分冷却。

麻花钻悬伸量越大，刚度越低，为了提高麻花钻钻头刚性，应尽量选用较短的钻头，但麻花钻的工作部分应大于孔深，以便排屑和输送切削液。

(2) 钻引正孔刀具

在加工中心上钻孔，因无夹具钻模导向，受两切削刃上切削力不对称的影响，容易引起钻孔偏斜，因此一般钻深控制在直径的 5 倍左右之内。一般在用麻花钻钻削前，要先用中心钻，或刚性好的短钻头，打引正孔，用以准确确定孔中心的起始位置，并引正钻头，保证 Z 向切削的正确性。

如图 7-11 所示刀具为常用于钻削引正孔的刀具，图（a）是中心孔钻头，图（b）刀尖角为一定角度的点钻，图（c）是球头铣刀，球头面上具有延伸到中心的切削刃。引正孔钻到指定深度后，不宜直接抬刀，而应有孔底暂停的动作，对引导面进行修磨（常常用 G82

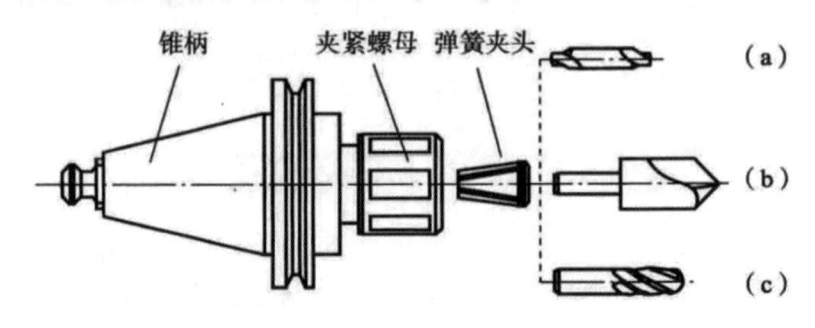

图 7-11 钻引正孔刀具

(a) 中心钻头；(b) 点钻；(c) 球头铣刀

表7-7 高速钢麻花钻的切削速度

加工材料	硬度/HB	切削速度 v m/s（m/min）
低碳钢	100~125	0.45（27）
	125~175	0.40（24）
	175~225	0.35（21）
中、高碳钢	125~175	0.37（22）
	175~225	0.33（20）
	225~275	0.25（15）
	275~325	0.20（12）
合金钢	175~225	0.30（18）
	225~275	0.25（15）
	275~325	0.20（12）
	325~375	0.17（10）
高速钢	200~250	0.22（13）
灰铸铁	100~140	0.55（33）
	140~190	0.45（27）
	190~220	0.35（21）
	220~260	0.25（15）
	260~320	0.15（9）
铝合金、镁合金		1.25~1.50（75~90）
铜合金		0.33-0.80（20-48）

4. 钻孔时的冷却和润滑

钻孔时，由于加工材料和加工要求不一，所用切削液的种类和作用也不一样。

钻孔一般属于粗加工，又是半封闭状态加工，摩擦严重，散热困难，加切削液的目的应以冷却为主。

在高强度材料上钻孔时，因钻头前刀面要承受较大的压力，要求润滑膜有足够的强度，以减少摩擦和钻削阻力。因此，可在切削液中增加硫、二硫化钼等成分，如硫化切削油。

在塑性、韧性较大的材料上钻孔，要求加强润滑作用，在切削液中可加入适当的动物油和矿物油。

孔的尺寸精度及表面质量要求较高时，应选用主要起润滑作用的切削液。

7.3 钻孔、扩孔、锪孔加工工艺及编程

7.3.1 实体上钻孔加工

用钻头在实体材料上加工孔的方法，称为钻孔。钻削时，工件固定，钻头安装在主轴上做旋转运动（主运动），钻头沿轴线方向移动（进给运动）。在实体上钻孔刀具有普通麻花钻、可转位浅孔钻及扁钻等。

1. 实体上钻孔加工刀具

（1）麻花钻

麻花钻是一种使用量很大的孔加工刀具。钻头主要用来钻孔，也可用来扩孔。

麻花钻如图 7-12（a）所示，柄部用于装夹钻头和传递扭矩，有莫氏锥柄和圆柱柄两种，工作部分进行切削和导向。麻花钻导向部分起导向、修光、排屑和输送切削液作用，也是切削部分的后备。如图 7-12（d）所示：麻花钻的切削部分有两个主切削刃、两个副切钻削加工 $4 \times \varphi 12$，保证尺寸公差 IT11，并达到如图所示的孔距位置精度要求，表面质量达到 $Ra6.3$ 的要求，孔口面有 C1.5 的倒角；钻削加工 $\varphi 16H10$ 的通孔加工，孔面达到 $Ra3.2$ 的表面质量要求，并在此基础上加工 $\varphi 24$ 深 10 的沉头孔。

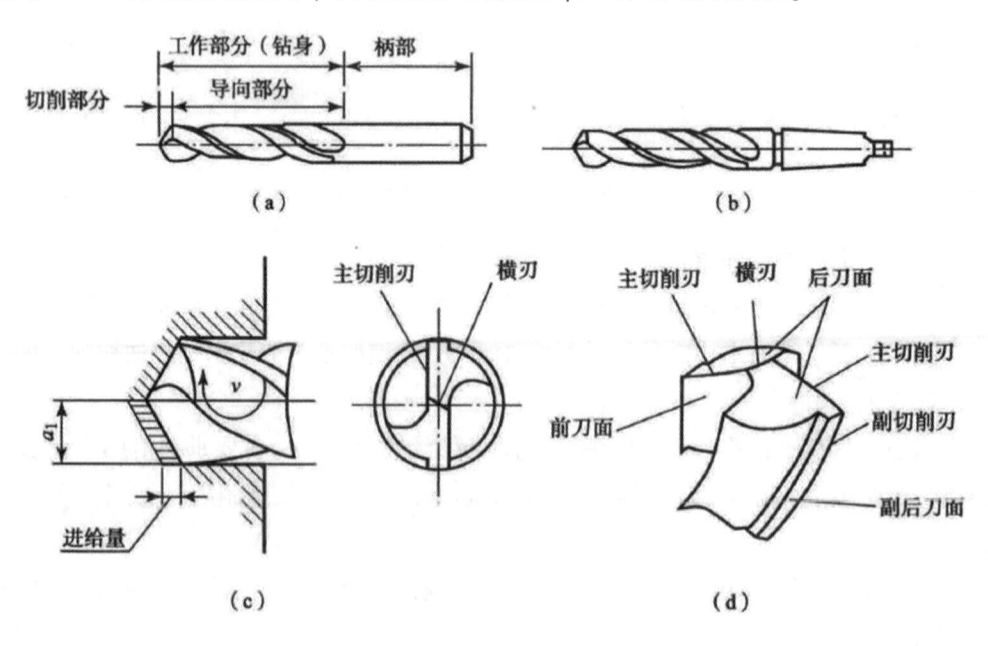

图 7-12 麻花钻

（a）圆柱柄；（b）锥柄；（c）钻削用量；（d）钻头各部分

2. 加工方法分析

通孔 4×φ12 及孔口倒角加工设计

由于 4×φ12 的孔尺寸公差 IT11，表面 Ra6.3 的要求，用先打引正孔，然后用钻头钻孔加工方法就可以了，加工步骤及刀具选择如下：

①引正孔：φ18 钻尖为 90°的点钻打引正孔，并完成孔口倒角；用 G82 孔加工循环。

②钻孔：4×φ12 麻花钻头钻通孔，用 G81 孔加工循环。

(2) 通孔 φ16H10 的通孔及 φ24 沉头孔加工工艺分析：

φ16 的通孔加工，有 H10 尺寸精度、表面 Ra3 的粗糙度要求，φ24 沉头孔为一般加工要求，选择加工过程：如 8 钻尖为 90°的点钻打引正孔→φ12 麻花钻头钻通孔→φ16 扩孔钻扩孔→φ24 锪孔钻加工沉头孔。

钻引正孔、锪孔钻加工沉头孔用 G82 孔加工循环，φ12 麻花钻头钻通孔、φ16 扩孔钻扩孔用 G81 孔加工循环。

3. 切削用量的计算

零件材料为 45 钢。

(1) T01 为 φ18 钻尖为 90°的点钻，刀具材料高速钢，进给量 0.1mm/r，切削速度 v = 20m/min，则主轴转速 S = 318v/D = 318×20÷18≈350r/min；进给速度 F = S×f = 350×0.1 = 35mm/min。

(2) T02 为直径 12mm 麻花钻头，刀具材料高速钢，进给量 0.1mm/r，切削速度 v = 20m/min 则，S = 318v/D = 318×20÷12≈550r/min；F = S×f = 550×0.1 = 55mm/min。

(3) T03 为直径 16mm 扩孔钻，刀具材料高速钢，进给量 0.2mm/r，切削速度 v = 15m/min 则，S = 318×15÷16≈300r/min；F = S×f = 300×0.2 = 60mm/min。

(4) T04 为 φ24 锪孔钻，刀具材料高速钢，进给量 0.2mm/r，切削速度 v = 15m/min 则，S = 318×15÷24 = 200r/min；F = S×f = 200×0.2 = 40mm/min。

以上工艺总结成工序卡，见表 7-8。

表 7-8 孔加工工序卡

顺序	加工内容	刀具号	刀具规格	主轴转速（r/min）	进给速度（mm/min）	补偿号
1	引正孔	T01	φ18 钻尖为 90°的点钻	350	35	H01
2	钻 5×φ12 孔	T02	直径 12mm 麻花钻头	550	55	H02
3	扩 φ16mm 的孔	T03	直径 16mm 扩孔钻	300	60	H03
4	锪 φ24mm 的孔	T04	φ24 锪孔钻刀	200	40	H04

4. 工件坐标系及坐标值

工件长、宽向设计基准分别在左右、前后的对称面，设定 X、F 向工件零点在工件对称中心，Z 向零点设在距底面 40mm 上表面。

（1）各孔 X、Y 位置直角坐标如下：

孔号	1	2	3	4	5
直角坐标	X33，Y30	X-33，Y30	X-33，Y-30	X33，Y-30	X0，Y0

（2）孔加工循环的高度值选择（以下 Z 值为相对工件 Z0 的绝对值）

各刀初始平面高度：上表面上方 50mm。Z 向面高度：孔口表面上方 5mm。

孔底高度：钻尖为 90°的点钻，钻削深度：Z = -10 - 1.5 - 6 = -17.5mm。

使用 φ12 的标准麻花钻加工通孔，深度为 Z-40mm。如果考虑 118°~120°的刀尖角，就需要在指定深度上加上 0.3×12≈4mm（0.3 是比 tan30°/2 稍大的经验系数），Z 向深度为：Z = -40 - 4 = -44mm。

扩 φ16 孔钻深至 Z-45；

锪孔深度：Z-10。

5. 孔加工程序编写

加工程序编制如下：

07301；（程序号）

(T01-钻尖 90°φ18 点钻钻引正孔)

G21 G17 G40 G80；

T01 M06；

G90 G54 G00 X0 Y0 S350 M03；

G43 Z50.0 H01 M08；

G99 G82 R5.0 Z-8.0 P100 F35；

G98 R-5.0 Z-17.5 M98 P7302；

G80 Z50.0 M09；

G49 G28 M05；

M01；

(T02——12mm 直径钻头钻 5×φ12 孔)

T02 M06；

G90 G54 G00 X0 Y0 S650 M03；

G43 Z20.0 H02 M08；

G99 G81 R5.0 Z-45.0 F70；

G98 R-5.0 M98 P7302；

G80 Z50.0 M09；

G49 G28 M05；

M01

(T03——直径 16 扩孔钻扩 φ16mm 的孔)

T03 M06；

S450 M03；

G90 G54 G00 X0 Y0；

G43 Z50.0 H03 M08；

G99 G81 R5.0 Z-45.0 F60；

G80 Z50.0 M09；

G49 G28 M05；

M01；

(T04——φ24锪孔钻锪φ24mm的孔)

T04 M06；

G90 G54 G00 X0Y0 S200 M03；

G43 Z50.0 H04 M08；

G99 G82 R5.0 Z-10.0 P1000 F40；

G80 Z50.0 M09；

G49 G28 M05；

M30；

(1#、2#、3#、4#孔的点定位子程序)

O7302；

G90 X33.0 Y30.0；

X-33.0 Y30.0；

X-33.0 Y-30.0；

X33.0 Y-30.0；

M99；

7.3.2 扩孔加工

用扩孔工具（如扩孔钻）扩大工件铸造孔和预钻孔孔径的加工方法称为扩孔。用扩孔钻扩孔，可以是为铰孔作准备，也可以是精度要求不高孔加工的最终工序。钻孔后进行扩孔，可以校正孔的轴线偏差，使其获得较正确的几何形状与较小的表面粗糙度值。

1. 用麻花钻扩孔

如果孔径较大或孔面有一定的表面质量要求，孔不能用麻花钻在实体上一次钻出，常用直径较小的麻花钻预钻一孔，然后用修磨的大直径麻花钻进行扩孔。用麻花钻扩孔时，扩孔可靠，孔加工的编程数据容易确定，并能减小钻孔时轴线歪斜程度。

在加工中心上，用麻花钻钻削前，要先打引正孔，避免两切削刃上切削力不对称的影响，防止钻孔偏斜。

对钻削直径较大的孔和精度要求较高的孔，宜先用较小的钻头钻孔至所需深度 z，再用较大的钻头进行钻孔，最后用所需直径的钻头进行加工，以保证孔的精度。在进行较深的孔加工时，特别要注意钻头的冷却和排屑问题，一般利用深孔钻削循环指令 G83 进行编程，可以工进一段后，钻头快速退出工件进行排屑和冷却，再工进，再进行冷却断续进行加工。

2. 选择钻削用量的原则

在实体上钻孔时，背吃刀量由钻头直径所定，所以只需选择切削速度和进给量。

切削深度的选择：直径小于 30mm 的孔一次钻出；直径为 30~80mm 的孔可分为两次钻削，先用（0.5~0.7）D 的钻头钻底孔（D 为要求的孔径），然后用直径为 D 的钻头将孔扩大。这样可减小切削深度，减小工艺系统轴向受力，并有利于提高钻孔加工质量。

进给量的选择：孔的尺寸精度及表面质量要求较高时，应取较小的进给量；钻孔较深、钻头较长、刚度和强度较差时，也应取较小的进给量。

钻削速度的选择：当钻头的直径和进给量确定后，钻削速度应按钻头的寿命选取合理的数值，孔深较大时，钻削条件差，应取较小的切削速度。

高速钢麻花钻的进给量选用可参考表 7-10；高速钢麻花钻的切削速度选用可参考表 7-9。

表 7-9 高速钢麻花钻的进给量

钻头直径	钢 σ_b/MPa			铸铁/HB	
	900 以下	900-1100	1100 以上	<170	>170
	进给量 mm/r			进给量 mm/r	
2	0.025~0.05	0.02~0.04	0.015-0.03		
4	0.045-0.09	0.04~0.07	0.025~0.05		
6	0.080-0.16	0.055-0.11	0.045~0.09		
8	0.10~0.20	0.07~0.14	0.06~0.12		
10	0.12~0.25	0.10~0.19	0.08~0.15	0.25~0.45	0.20~0.35
12	0.14-0.28	0.11~0.21	0.09~0.17	0.30-0.50	0.20-0.35
16	0.17~0.34	0.13~0.25	0.10~0.20	0.35~0.60	0.25~0.40
20	0.20~0.39	0.15~0.29	0.12~0.23	0.40~0.70	0.25~0.40
23				0.45~0.80	0.30~0.45
24	0.22~0.43	0.16~0.32	0.13-0.26		
26				0.50~0.85	0.35~0.50
28	0.24~0.49	0.17~0.34	0.14~0.28		
29				0.50~0.90	0.40-0.60
30	0.25~0.50	0.18~0.36	0.15~0.30		
35	0.27-0.54	0.20~0.40	0.16~0.32		

表 7-10 高速钢、硬质合金锪钻切削用量选用参考

材料	高速钢锪钻		硬质合金锪钻	
	进给量（mm/r）	切削速度（m/s）	进给量（mm/r）	切削速度（m/s）
铝	0.13~0.38	2.0~4.08	0.15~0.30	2.50-4.08
黄铜	0.13~0.25	0.75~1.50	0.15~0.30	2.0-3.50
软铸铁	0.13~0.18	0.62~0.72	0.15~0.30	1.50-1.78
软钢	0.08~0.13	0.38~0.43	0.10~0.20	1.25-1.50
金合钢及工具钢	0.08~0.13	0.20-0.40	0.10~0.20	0.92~1.0

7.3.3 锪孔加工

锪钻它是用来加工各种沉头孔和锪平孔口端面的。锪钻通常通过其定位导向结构（如，导向柱）来保证被锪的孔或端面与原有孔的同轴度或垂直度要求。

锪钻一般分柱形锪钻、锥形锪钻和端面锪钻三种。锪圆柱形埋头孔的锪钻称为柱形锪钻，其结构如图 7-12（a）所示。锪钻前端有导柱，导柱直径与工件已有孔为紧密的间隙配合，以保证良好的定心和导向。

锪锥形埋头孔的锪钻称为锥形锪钻，其结构如图 7-12（b）所示。锥形锪钻的锥角按工件锥形埋头孔的要求不同，有 60°、75°、90°、120°四种，其中 90°的用得最多。

专门用来锪平孔口端面的锪钻称为端面锪钻，如图 7-12（c）所示。其端面刀齿为切削刃，前端导柱用来导向定心，以保证孔端面与孔中心线的垂直度。

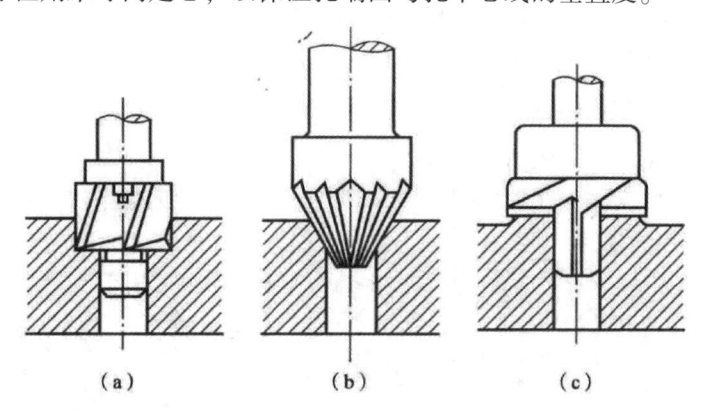

图 7-12 锪钻的加工
（a）柱形锪钻锪孔；（b）锥形锪钻锪锥孔；（c）端面锪钻锪孔端面

锪孔时存在的主要问题是所锪的端面或锥面出现振痕。锪、孔时，进给量较钻孔大，切削速度为钻孔时的 1/3~1/2。精锪时，往往用较小的主轴的转速来锪孔，以减少振动而获得光滑表面。高速钢、硬质合金锪钻切削用量选用可参考表 7-9。

正孔坐标分别为（X-30.0，Y0.0）、（X-10，Y0.0）、（X10，Y0.0）、（X30，Y0.0），孔深都为-9。用 G82 孔加工循环加工孔，程序可改进为：

（T01—φ4 中心孔钻打引正孔）

……………

G90 G99 G82 X-30 Y0 R5.0 Z-9.0 P100 F35；

N30 G91 X20 L3（或 K3）；

G90 G80 Z50.0 M09；

由于相邻孔 X 值之间的增量为 20，在程序段 N30 中采用增量模式，并利用重复次数 L 或 K 的功能，便可显著缩短 CNC 程序。在多孔加工模式中，采用这种方法是非常有效的。

7.4　铰孔工艺及编程

7.4.1　铰孔加工工艺

1. 铰孔加工概述

铰孔是孔的精加工方法之一，铰孔时，铰刀从工件孔壁上切除微量金属层，以提高其尺寸精度和减小其表面粗糙度值，常用作直径不很大、硬度不太高的工件孔的精加工，也可用于磨孔或研孔前的预加工。机铰生产率高，劳动强度小，适宜于大批大量生产。

铰孔加工精度可达 IT9～IT7 级，表面粗糙度一般达 $Ra1.6～0.8\mu m$。这是由于铰孔所用的铰刀结构特殊，加工余量小，并用很低的切削速度工作的缘故。

如图 7-13 所示的工件，加工 $6×\varphi20H7$ 均布孔，孔面有 $Ra1.6$ 的表面质量要求，适合用铰孔方法进行孔的精加工。

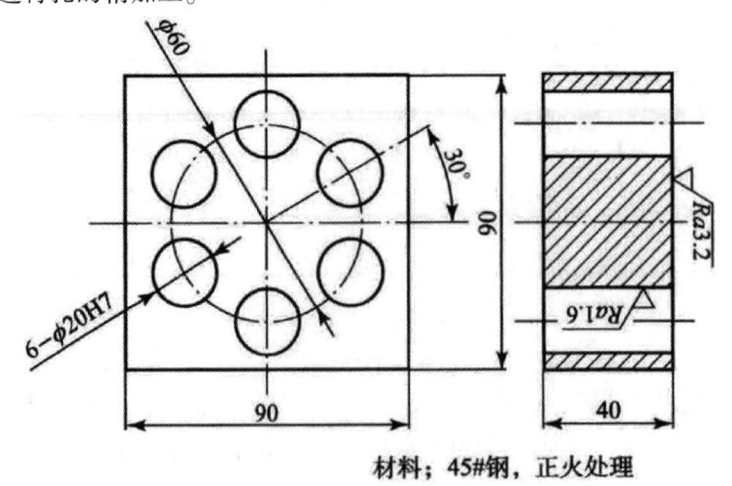

图 7-13　圆周均布孔加工零件

第7章 加工中心的使用技术

一般来说，对于 IT8 级精度的孔，只要铰削一次就能达到要求；IT7 级精度的孔应铰两次，先用小于孔径 0.05~0.2mm 的铰刀粗铰一次，再用符合孔径公差的铰刀精铰一次；IT6 级精度的孔则应铰削三次。

铰孔对于纠正孔的位置误差的能力有限，因此，孔的有关位置精度应由铰孔前的预加工工序予以保证，在铰削前孔的预加工，应先进行减少和消除位置误差。如，对于同轴度和位置公差有较高要求的孔，首先使用中心钻或点钻加工，然后钻孔，接着是粗镗，最后才由铰刀完成加工。另外铰孔前，孔的表面粗糙度应小于 $Ra3.2\mu m$。

铰孔操作需要使用冷却液，以得到较好的表面质量并在加工中帮助排屑。切削中并不会产生大量的热，所以选用标准的冷却液即可。

2. 铰刀及选用

（1）铰刀结构

在加工中心上铰孔时，多采用通用的标准机用铰刀。通用标准铰刀，有直柄、锥柄和套式三种。直柄铰刀直径为 $\varphi 6mm \sim \varphi 20mm$，小孔直柄铰刀直径为 $\varphi 1mm \sim \varphi 6mm$，锥柄铰刀直径为 $\varphi 10mm \sim \varphi 32mm$，套式铰刀直径为 $\varphi 25mm \sim \varphi 80mm$。铰刀一般分 H7、H8、H9 三种精度等级

如图 7-14（a），整体式铰刀工作部分包括切削部分与校准部分。

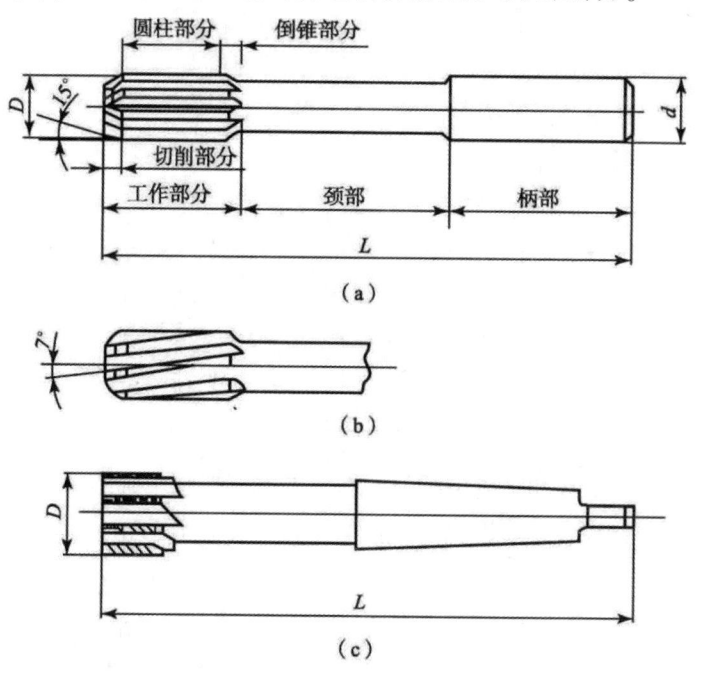

图 7-14 铰刀结构图

（a）直柄整体式高速钢铰刀 A 型；（b）直柄整体式高速钢铰刀 B 型；（c）锥柄硬质合金铰刀

铰刀刀头开始部分，称为刀头倒角或"引导锥"，方便刀具进入一个没有倒角的孔。一些铰刀在刀头设计一段锥形切削刃，为刀具切削部分，承担主要的切削工作，其切削半锥角较小，一般为1°~15°，因此，铰削时定心好，切屑薄。

校准部分的作用是校正孔径、修光孔壁和导向。校准部分包括圆柱部分和倒锥部分。圆柱部分保证铰刀直径和便于测量。刀体后半部分呈倒锥形可以减小铰刀与孔壁的摩擦。

（2）铰刀直径尺寸的确定

铰孔的尺寸精度主要决定于铰刀的尺寸精度。

由于新的标准圆柱铰刀，直径上留在研磨余量，且其表面粗糙度也较差，所以在铰削IT8级精度以上孔时，应先将铰刀的直径研磨到所需的尺寸精度。

由于铰孔后，孔径会扩张或缩小，目前对孔的扩张或缩/h量尚无统一规定，一般铰刀的直径多采用经验数值：

铰刀直径的基本尺寸 = 孔的基本尺寸；

上偏差 = 2/3 被加工孔的直径公差；

下偏差 = 1/3 被加工孔的直径公差；

（3）铰刀齿数确定

铰刀是多刃刀具，铰刀齿数取决于孔径及加工精度，标准铰刀有4~12齿。齿数过多，刀具的制造刃磨较困难，在刀具直径一定时，刀齿的强度会降低，容屑空间小，由此造成切屑堵塞和划伤孔壁甚至蹦刃。齿数过少，则铰削时的稳定性差，刀齿的切削负荷增大，且容易产生几何形状误差。铰刀齿数可参照表7-11选择。

表7-11 铰刀齿数选择

铰刀直径/mm		1.5~3	3~14	14~40	>40
齿数	一般加工精度	4	4	6	8
	高加工精度		6	8	10~12

铰刀的刀齿又分为直齿和螺旋齿两种。螺旋齿铰刀带有左旋的螺旋槽，这种设计适合于加工通孔，在切削过程中左旋螺旋槽"迫使"切屑往孔底移动并进入空区。不过它不适合盲孔加工。

（4）铰刀材料确定

铰刀材料通常是高速钢、钴合金或带焊接硬质合金刀尖的硬质合金刀具。硬质合金铰刀耐磨性较好；高速钢铰刀较经济实用，但耐磨性较差。

3. 铰削用量的选用

(1) 铰削余量

铰削余量是留作铰削加工的切深的大小。通常要进行铰孔余量比扩孔或镗孔的余量要小，铰削余量太大会增大切削压力而损坏铰刀，导致加工表面粗植度很差。余量过大时可采取粗铰和精铰分开，以保证技术要求。

另一方面，如果毛坯余量太小会使铰刀过早磨损，不能正常切削，也会使表面粗糙度差。

一般铰削余量为 0.1~0.25mm，对于较大直径的孔，余量不能大于 0.3mm。

有一种经验建议留出铰刀直径 1%~3% 大小的厚度作为铰削余量（直径值），如 $\varphi 20$ 的铰刀加 $\varphi 19.6$ 左右的孔直径比较合适：

$$20 - (20 \times 2/100) = 19.6\text{mm}$$

对于硬材料和一些航空材料，铰孔余量通常取得更小。

(2) 铰孔的进给率

铰孔的进给率比钻孔要大，通常为它的 2~3 倍。取较高进给率的目的是使铰刀切削材料而不是摩擦材料。但铰孔的粗糙度 Ra 值随进给量的增加而增大。

进给量过小时，会导致刀具径向摩擦力的增大，铰刀会迅速磨损引起铰刀颤动，使孔的表面变粗糙。

(3) 铰孔操作的主轴转速

铰削用量各要素对铰孔的表面粗糙度均有影响，其中以铰削速度影响最大，如用高速钢铰刀铰孔，要获得较好的粗糙度 $Ra63$；对中碳钢工件来说，铰削速度不应超过 5m/min，因为此时不易产生积屑瘤，且速度也不高；而铰削铸铁时，因切屑断为粒状，不会形成积屑瘤，故速度可以提高到 8~10m/min。

通常铰孔的主轴转速可选为同材料上钻孔主轴转速的 2/3。例如，如果钻孔主轴转速为 500r/min，那么铰孔主轴转速定为它的 2/3 比较合理：500×0.660 = 330r/min。

4. 适合于铰孔切削循环

通常铰孔的步骤和其他操作一样。加工盲孔时，先采用钻削然后铰孔，但是在钻孔过程中必然会在孔内留下一些碎屑影响铰孔的正常操作。因此在铰孔之前，应用 M00 停止程序，允许操作者除去所有的碎屑。

铰孔编程也需要用到固定循环。实际上并没有直接定义的铰孔循环。FANUC 控制系统中比较合适的循环为 G85，该循环可实现进给运动"进"和进给运动"出"，且两种运动的进给率相同。G85 固定循环路线如图 7-15 所示。

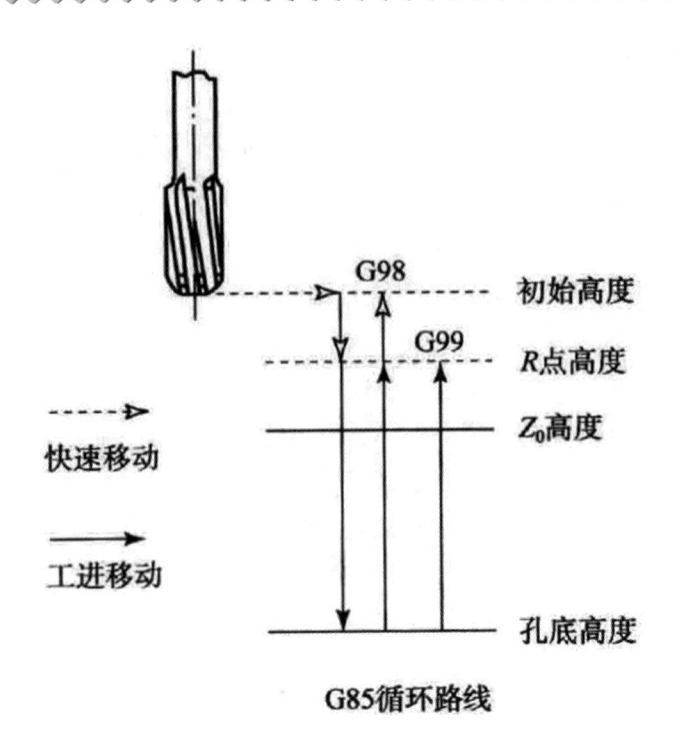

图 7－15　G85 固定循环路线

7.4.2　铰孔工艺编程实例

1. 工件孔加工任务

如图 7－16 所示工件，毛坯尺寸：90×90×42，材料为 45 钢，正火处理，已在普通铣床上完成 90×90 侧面轮廓和基本定位面底平面加工，上表面留下了 2mm 的余量，现需要加工：

（1）铣削上表面，保证尺寸 30，上表面达到 2 的表面质量要求；

（2）6×ϕ20H7 圆周均布通孔加工，孔面达到 Ra1.6 的表面质量要求。

2. 工件坐标系设定

如图 7－16，工件长、宽向设计基准分别在左右、前后的对称面，设定 X、Y 向工件零点在工件对称中心，Z 向零点设在距底面 30mm 上表面。

3. 圆周均布通孔加工方法选择

选用钻→扩→铰的加工方法加工 φ20H7，加工步骤及刀具选择如下：

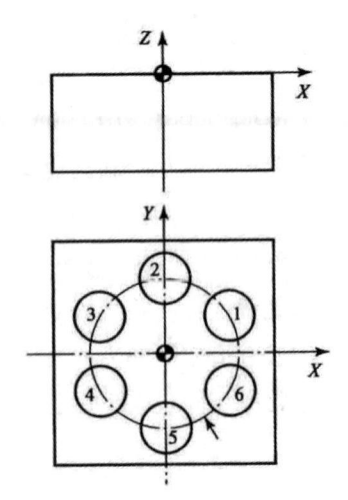

图 7－16　工件坐标系

①引正孔：φ4 中心钻钻引正孔。

②钻孔：φ19.3 麻花钻头钻通孔。

③孔口倒角：φ25 高速钢倒角钻（钻尖 90°）。

④粗铰：用 φ19.8 高速钢大螺旋角铰刀粗铰孔，半精加工。

⑤铰孔：φ20H7 机用铰刀铰孔精加工。

4. 各孔 X、Y 位置坐标值

如表 7-12 所示，各孔位置极坐标表示法：

表 7-12 各孔 X、Y 位置极坐标值

	1	2	3	4	5	6
极坐标	X30，Y30	X30，Y90	X30，Y150	X30，Y210	X30，Y270	X30，Y330

5. 工序卡

表 7-13 工序卡

顺序	加工内容	刀具号	刀具规格	主轴转速（r/min）	进给速度（mm/min）	补偿号
1	铣平面	T1	硬质合金端铣刀盘 φ80	300	200	H01
2	引正孔	T2	φ4 中心钻	900	100	H02
3	钻 6×φ19.3 孔	T3	高速钢 φ19.3 钻头	550	80	H03
4	孔口倒角	T5	φ25 点钻（90°）	300	50	H04
5	φ19.8 孔	T4	φ19.8 高速钢大螺旋角铰刀	300	90	H04
6	铰孔精加工	T6	φ20H7 机用铰刀	350	100	H05

6. 孔加工编程

编写铰孔精加工程序如下：（其余加工程序略）

...

（T06—φ20H7 机用铰刀铰孔精加工）

G90 G54 G21 G97 G94；

T06 M06；

S350 M03；

G43 Z50.0 H03 M08；

G17 G16

G99 G85 X30 Y30 R5.0 Z-40.0 P100 F100；

M98 P0757 G15

G80 Z50.0 M09；

G49 G28 M05；

M30；
O0757；（孔定位子程序）
X30 Y90；
Y150；
Y210；
Y270；
Y330；
M99；

7.5 镗孔工艺及编程

7.5.1 镗孔加工概述

1. 镗孔加工要求

镗孔是加工中心的主要加工内容之一，它能精确地保证孔系的尺寸精度和形位精度，并纠正上道工序的误差。

通过镗削上加工的圆柱孔，大多数是机器零件中的主要配合孔或支承孔，所以有较高的尺寸精度要求。一般配合孔的尺寸精度要求控制在 IT7~IT8，机床主轴箱体孔的尺寸精度为 IT6，精度要求较低的孔一般控制在 IT11。

对于精度要求较高的支架类、套类零件的孔以及箱体类零件的重要孔，其形状精度应控制在孔径公差的 1/2~1/3。镗孔的孔距间误差一般控制在 ±0.025~0.06mm，两孔轴心线平行度误差控制在 0.03~0.10mm。镗削表面粗糙度，一般是 6~0.4μm。

2. 镗孔加工方法

孔的镗削加工往往要经过粗镗、半精镗、精镗工序的过程。粗镗、半精镗、精镗工序的选择，决定于所镗孔的精度要求、工件的材质及工件的具体结构等因素。

（1）粗镗

粗镗是圆柱孔镗削加工的重要工艺过程，它主要是对工件的毛坯孔（铸、锻孔）或对钻、扩后的孔进行预加工，为下一步半精镗、精镗加工达到要求奠定基础，并能及时发现毛坯的缺陷（裂纹、夹砂、砂眼等）。

粗镗后一般留单边 2~3mm 作为半精镗和精镗的余量。对于精密的箱体类工件，一般粗镗后还应安排回火或时效处理，以消除粗镗时所产生的内应力，最后再进行精镗。

由于在粗镗中采用较大的切削用量，故在粗镗中产生的切削力大、切削温度高、刀具磨损严重。为了保证粗镗的生产率及一定的镗削精度，因此要求粗镗刀应有足够的强度，能承受较大的切削力，并有良好的抗冲击性能；粗镗要求镗刀有合适的几何角度，以减小切削力,减小对工艺系统的破坏,并有利于镗刀的散热。

(2) 半精镗

半精镗是精镗的预备工序,主要是解决粗镗时残留下来的余量不均部分。对精度要求高的孔,半精镗一般分两次进行:第一次主要是去掉粗镗时留下的余量不均匀的部分;第二次是镗削余下的余量,以提高孔的尺寸精度、形状精度及减小表面粗糙度。半精镗后一般留精镗余量为 0.3~0.4mm(单边),对精度要求不高的孔,粗镗后可直接进行精镗,不必设半精镗工序。

(4) 精镗

精镗是在粗镗和半精镗的基础上,用较高的切削速度、较小的进给量,切去粗镗或半精镗留下的较少余量,准确地达到图纸规定的内孔表面。粗镗后应将夹紧压板松一下,再重新进行夹紧,以减少夹紧变形对加工精度的影响。通常精镗背吃刀量大于等于 0.01mm,进给量大于等于 0.05mm/r。

7.5.2 镗刀及选用

加工中心用的镗刀,就其切削部分而言,与外圆车刀没有本质的区别,但在加工中心上进行镗孔通常是采用悬臂式的加工,因此要求镗刀有足够的刚性和较好的精度。为适应不同的切削条件,镗刀有多种类型。按镗刀的切削刃数量可分为单刃镗刀和双刃镗刀。

1. 单刃镗刀

大多数单刃镗刀制成可调结构。图 7-17 (a)、(b) 和 (c) 所示分别为用于镗削通孔、阶梯孔和盲孔的单刃镗刀,螺钉 1 用于调整尺寸,螺钉 2 起锁紧作用。单刃镗刀刚性差,切削时易引起振动,所以镗刀的主偏角选得较大,以减少径向力。上述结构通过镗刀移动来保证加工尺寸,调整麻烦,效率低,只能用于单件小批生产。但单刃镗刀结构简单,适应性较广,因而应用广泛。

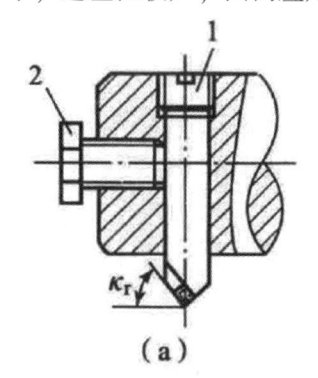

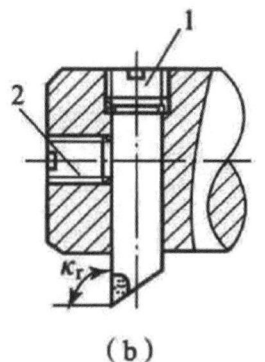

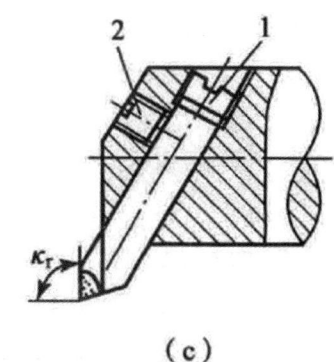

图 7-17 单刃镗刀

(a) 通孔镗刀;(b) 阶梯孔镗刀;(c) 盲孔镗刀

1—调节螺钉;2—紧固螺钉

2. 双刃镗刀

简单的双刃镗刀就是镗刀的两端有一对对称的切削刃同时参与切削，其优点是可以消除径向力对镗杆的影响，可以用较大的切削用量，对刀杆刚度要求低，不易振动，所以切削效率高。图 7-18 所示为广泛使用的双刃机夹镗刀，其刀片更换方便，不需重磨，易于调整，对称切削镗孔的精度较高。同时与单刃镗刀相比，每转进给量可提高一倍左右，生产率高。大直径的镗孔加工可选用可调双刃镗刀，其镗刀头部可作大范围的更换调整，最大镗孔直径可达 1000mm。

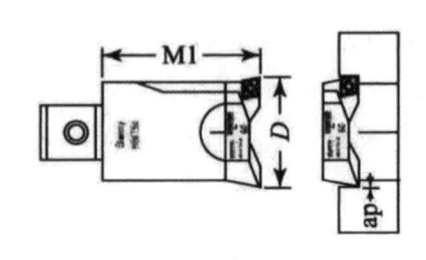

图 7-18 双刃机夹镗刀

3. 微调镗刀

加工中心常用图 7-19 所示的精镗微调镗刀。这种镗刀的径向尺寸可以在一定范围内调整，其读数值可达 0.01mm。调整尺寸时，先松开拉紧螺钉，然后转动带刻度盘的调整螺母，待刀头调至所需尺寸，再拧紧螺钉。此种镗刀的结构比较简单，精度较高，通用性强，刚性好。

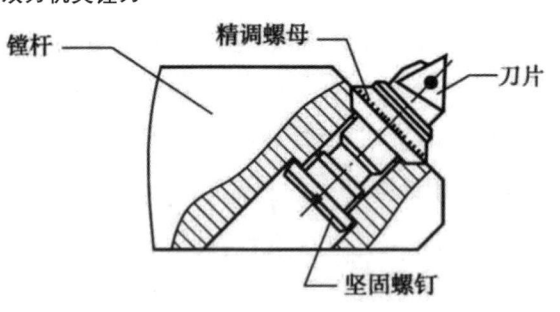

图 7-19 微调镗刀

7.5.3 镗孔循环

常用的粗镗孔循环有 G85、G86、G88、G89、G76、G87 六种，其指令格式与钻孔循环指令格式基本相同。

指令格式

G85 X~Y~Z~R~F~；

G89 X~Y~Z~R~P~F~；

G86 X~Y~Z~R~P~F~；

G76 X~Y~Z~R~Q~P~F~；

G88 X~Y~Z~R~P~F~；

G87 X~Y~Z~R~Q~F~；

2. 镗孔加工动作

(1) G85 循环

如图 7-20 所示。执行 G85 循环，刀具以切削进给方式加工到孔底，然后仍以切削进给方式返回到平面或初始平面。因此该指令除可用于较精密的镗孔外，还可用于铰孔、扩孔的加工。

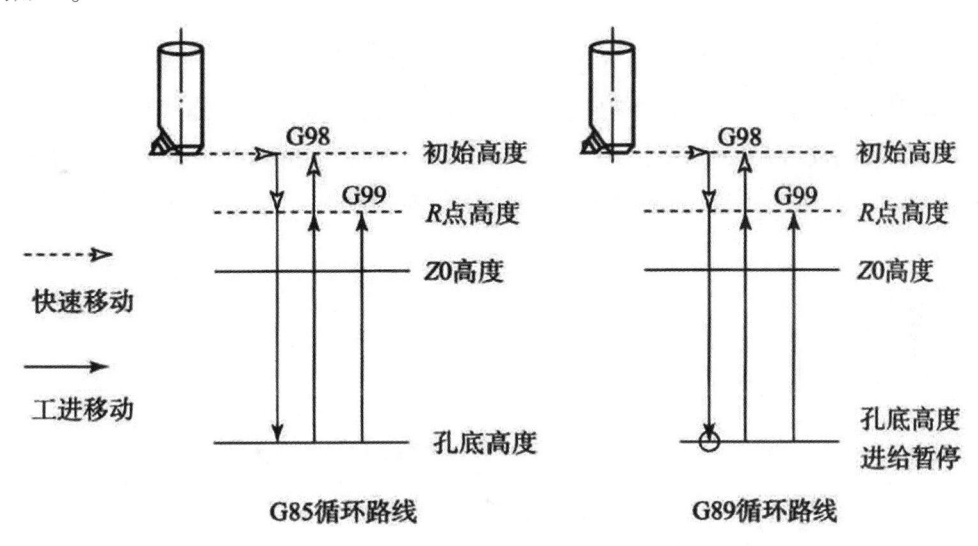

图 7-20 G8S、G89 固定循环路线图

(2) G89 循环

G89 动作与 G85 动作基本类似，不同的是 G89 动作在孔底增加了暂停，因此该指令常用于阶梯孔的加工。

(3) G86 循环

如图 7-21 所示，执行 G86 循环，刀具以切削进给方式加工到孔底，然后主轴停转，刀具快速退到点平面或初始平面后，主轴正转。由于刀具在退回过程中容易在工件表面划出条痕，所以该指令常用于精度或粗糙度要求不高的镗孔加工。

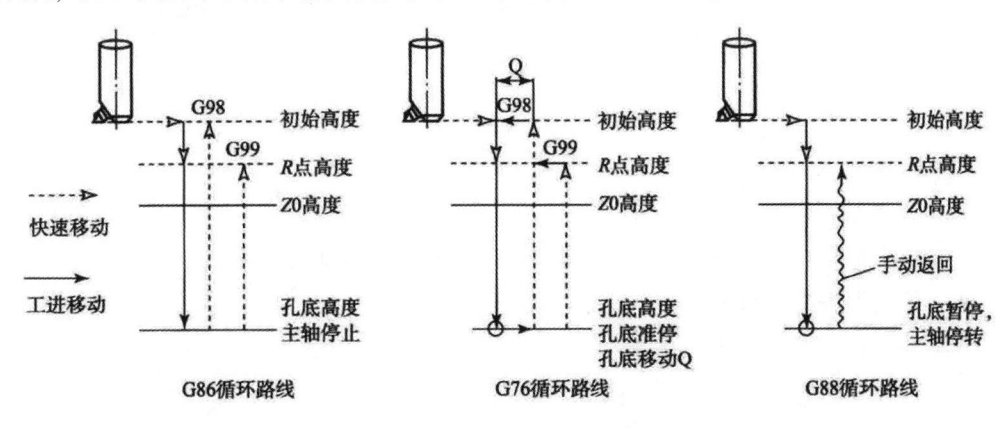

图 7-21 G86、G76、G88 固定循环路线图

(4) G76 循环

如图 7-26 所示，G76 指令主要用于精密镗孔加工。执行 G76 循环，刀具以切削进给方式加工到孔底，实现主轴准停，刀具向刀尖相反方向移动（?，使刀具脱离工件表面，保证刀具不擦伤工件表面，然后快速退刀至《平面或初始平面，刀具向刀尖方向移动 Q，返回到 X、Y 向定位点，主轴正转。

(5) G88 循环

显然，能使用 G76 循环加工的机床，必须有定向准停功能，对于没有定向准停功能的机床，精镗完毕后又不想让刀划伤孔壁，可用 G88 循环。如图 7-26 所示，执行 G88 循环，刀具以切削进给方式加工到孔底，刀具在孔底暂停后主轴停转，这时可通过手动方式从孔中安全退出刀具，主轴恢复正转。此种方式虽能相应提高孔的加工精度，但加工效率较低。

(6) G87 循环

G87 循环比较特殊，是从下向上反向镗削，称为反镗循环。如图 7-22 所示，执行 G87 循环，可分八个动作：

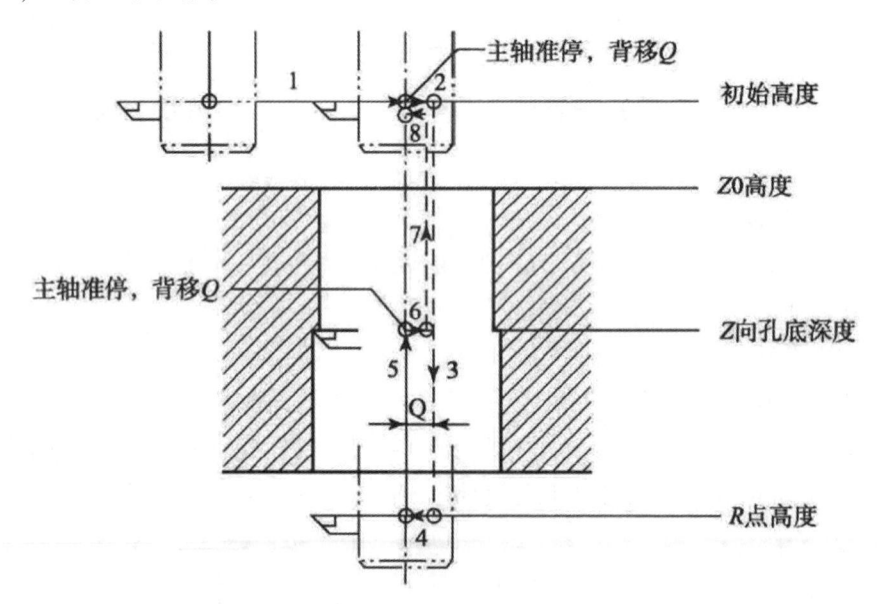

图 7-22 G87 固定循环

①刀具在 ZF 平面内定位后，主轴准停。

②刀具向刀尖相反方向偏移 Q。

③刀具快速移动到 R 点，注意 R 点的位置，在孔底面的下方。

④刀具向刀尖方向移动值。

⑤主轴正转并切削进给到孔底。

⑥主轴准停，并沿刀尖相反方向偏移 Q。

⑦快速提刀至初始平面，该循环不能用 G99 进行编程，因为 G99 指令返回点，可是 ft

点的位置在孔底面的下方。

⑧向刀尖方向偏移 Q 返回到初平面的定位点,主轴开始正转,循环结束。

7.5.4 镗孔工艺和编程实例

如图 7-28 所示的工件的孔结构,加工 φ25 和 φ30 的两同轴孔,毛坯是实心件,材料是中碳钢。工件很简单,但工艺和编程的注意点比较多。

1. 加工过程及刀具选用

根据对零件的孔结构的加工要求分析,拟定该孔结构加工方法为:①钻引正孔;②φ24 钻头钻底孔;③正镗孔保证尺寸 φ25H9;④正、反镗粗、精加工 φ30H7。

加工工艺及过程参见表 7-14 工序卡。

2. 孔加工循环的选择使用

钻中心孔用 G82 孔加工循环;φ24 钻头钻削用 G81 孔加工循环;φ25 精镗孔用 G76 循环;正镗 φ30 的孔用 G89 循环加工;反镗 φ30 的孔必须选择 G87 的背镗孔加工循环,因为它在"工件背面"。

加工 φ30mm 孔 φ30mm 背镗刀的刀具的安装值得注意,刀具安装如图 7-23 所示,因为它从孔底向上加工,主切削刃应向上,必须保证有足够的间隙使镗刀杆可以进入孔内并到达孔底,因此应注意 G76 正镗时可取 0.3mm;但对背镗循环 G87,刀具向刀尖相反方向偏移 Q =(30-25)+2+0.3 = 2.8mm。另外考虑到对刀时,镗刀是以刀尖高度作为刀位点的高度,刀尖下面的结构有一定的长度,因此初始面高度要足够的大,以防止刀尖下面的结构在定位时对工件干涉。

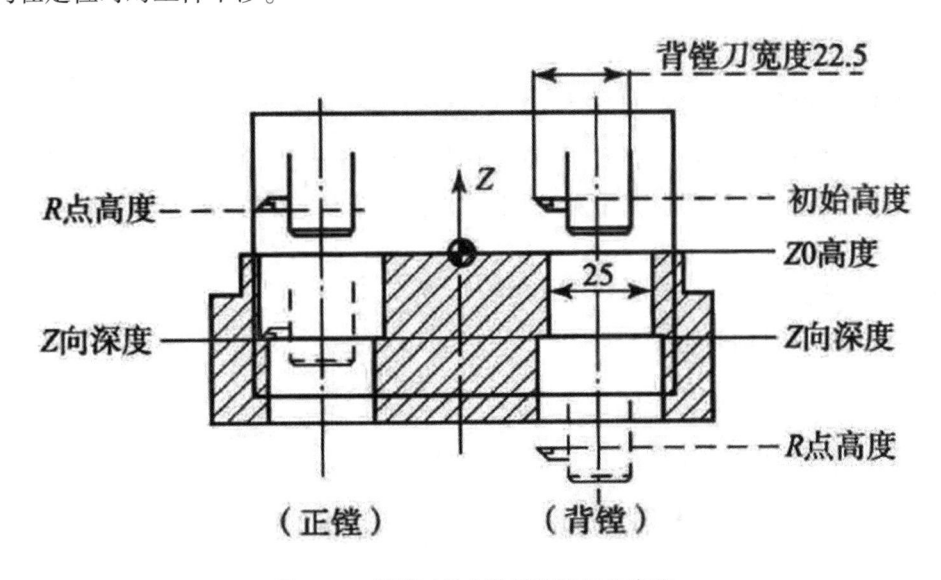

图 7-23 背镗刀的安装及背镗各点高度

4. 工序卡

表 7-14 工序卡

顺序	加工内容	刀具号	刀具规格	主轴转速 (r/min)	进给速度 (mm/min)	补偿号	子程序号
1	铣平面	T1	硬质合金端铣刀盘 φ80	300	200	H01	O0761
2	引正孔	T2	φ4 中心钻	2000	40	H02	O0762
3	钻 2×φ24. 底孔	T3	高速钢 φ24 钻头	300	50	H03	O0763
4	镗 φ25mm 的孔	T4	硬质合金直径 φ25 镗刀	900	100	H04	O0764
5	正镗 φ29.5mm 的孔	T5	硬质合金直径 φ29.5 正镗刀	900	120	H05	O0765
6	反镗 φ29.5mm 的孔	T6	硬质合金直径 φ29.5 反镗刀	900	120	H06	O0766
7	正镗 φ30H7 的孔	T7	硬质合金 φ30H7 正镗刀	1000	100	H07	O0767
8	反镗 φ30H7 的孔	T8	硬质合金 φ30H7 反镗刀	1000	100	H08	O0768

5. 孔加工编程

多刀加工程序结构设计：设刀号与工艺序号一致，每把刀的加工过程编写成独立的子程序，由主程序调用，换刀时调用换刀子程序以简化编程。设选用任意选刀的刀座编码加工中心，其刀具与刀座号要求一致。

O0760；主程序：
G54 G21 G90 G94 G17 T01 M98 P9888；
T01 M06；
M98 P0761；
M98 P9888；
T02 M06；
M98 P0762；
M98 P9888；
T03 M06；

M98 P0763；

M98 P9888；

T04 M06；

M98 P00764；

M98 P9888；

T05 M06；

M98 P0765；

M98 P9888；

T06 M06；

M98 P0766；

M98 P9888；

T07 M06；

M98 P0767；

M98 P9888；

T08 M06；

M98 P0768；

G91 G28 Z0；

M05；

M30

O0761（T01 铣平面）

O0762（T02 中心钻钻引正孔）

O0763（T03 麻花钻头钻通孔 φ24）

以上子程序略

（换刀子程序）

O9888；

M09；（关闭冷却液；）

G80 G40 D00；（取消固定循环模式；取消刀具半径偏置）

G49 H00；（取消刀具长度偏置）

M05；（主轴停止旋转）

G91 G28 Z0；（返回机床参考点）

G90；

M99；（返回主程序）

（T04—硬质合金直径 φ25 镗刀精镗 φ25 孔子程序）

O0764；

S900 M03；

G43 Z20.0 H04 M08；

G99 G85 X−33.0 Y0 R5.0 Z−45.0 F80.0；

X33.0；

G00 Z20.0；

M99；

（T05—硬质合金直径 φ29.5 正镗刀正向粗镗 φ30 孔）

O0765；

S800 M03；

G43 Z20.0 H05 M08；

G99 G89 X-33.0 Y0 R5.0 Z-20.0 P100 F80.0； G00 Z20.0；

M99；

（T06—硬质合金直径 φ29.5 反镗刀粗镗反向 φ30 孔）

O0766；

S800 M03

G43 Z20.0 H06 M08

G98 G87 X33.0 Y0 R-45.0 Z-20.0 Q2.8 F80.0； G00 Z50.0；

M99；

（T07—硬质合金直径 φ30 正镗刀正向精镗 φ30 孔）

O0767；

S1000 M03；

G43 Z20.0 H07 M08；

G99 G89 X-33.0 Y0 R5.0 Z-20.0 P100 F60.；

G00 Z20.0；

M99；

（T08—硬质合金 φ30H7 反镗刀反向精镗 φ30 孔）

O0768；

S1000 M03；

G43 Z20.0 H08 M08；

G98 G87 X33 Y0 R-45.0 Z-20.0 Q2.8 F80.0；

G00 Z50.0；

M99；

第 8 章 数控电火花线切割机床操作

8.1 数控电火花线切割机床概述

数控电火花线切割加工既是数控加工也属特种加工。所谓特种加工是指将电、磁、声、光、化学等能量或其组合施加在工件的被加工部位上，从而实现材料被去除、变形、改变性能或被镀覆等的非传统加工方法。数控电火花线切割加工是直接利用电能与热能对工件进行加工的。它可加工一般切削加工方法难以加工的各种导电材料，如高硬、高脆、高韧、高热敏性的金属或半导体，常用于加工冲压模具的凸、凹模、电火花成形机床的工具电极、工件样板、工具量规和细微复杂形状的小工件或窄缝等，并可以对薄片重叠起来加工以获得一致尺寸。自20世纪50年代末开始应用以来，数控电火花线切割加工凭着自己独特的特点获得了极其迅速的发展，已逐步成为一种高精度高自动化的加工方法。

8.1.1 数控电火花线切割机床的加工原理与特点

1. 加工原理

数控电火花线切割加工简称"线切割"。它是利用移动的细金属丝（电极丝）作为工具电极，并在电极丝与工件间加以脉冲电压，利用脉冲放电的腐蚀作用对工件进行切割加工的，其工作原理见图 8-1。

电火花线切割加工时，电极丝接脉冲电源的负极，经导丝轮在走丝机构的控制下沿电极丝轴向作往复（或单向）移动。工件接脉冲电源的正极，安装在与床身绝缘的工作台上，并随由控制电机驱动的工作台沿加工轨迹移动。

在正负极之间施加脉冲电压，并不断喷注具有一定绝缘性能的工作液，当两电极间的间隙小到一定程度时，由于两电极的微观表面是凹凸不平的，其电场分布不均匀，离得最近凸点处的电场度最高，极间液体介质被击穿，形成放电通道，电流迅速上升。在电场作用下，通道内的电子高速奔向阳极，正离子奔向阴极形成火花放电，电子和离子在电场作用下高速运动时相互碰撞，阳极和阴极表面分别受到电子流和离子流的轰击，使电极间隙内形成瞬时高温热源，通道中心温度可达到 10000℃ 以上，以致局部金属材料熔化和气化。气化后的工作液和工件材料蒸气瞬间迅速膨胀，并具有爆炸的特性。在这种热膨胀、热爆

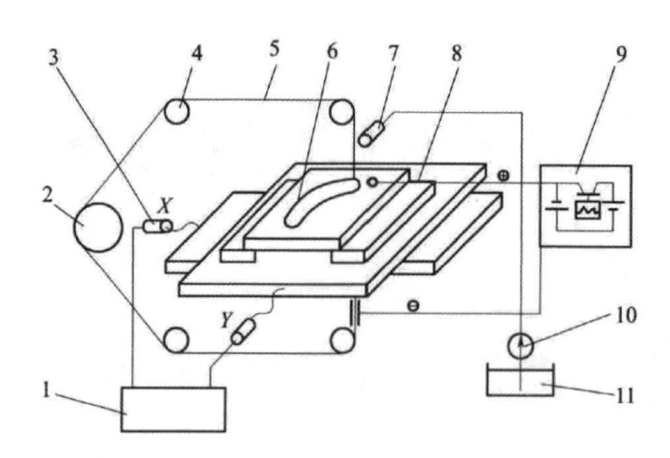

图 8-1 线切割加工原理

1—数控装置；2—储丝筒；3—控制电机；4—导丝轮；5—电极丝；6—工件；
7—喷嘴；8—绝缘板；9—脉冲电源；10—液压泵；11—工作液箱。

炸以及工作液冲压的共同作用下，熔化和气化了的工件材料被抛出放电通道，至此完成一次火花放电过程。此时两极间又产生间隙，工作液也恢复绝缘强度。当下一个电脉冲来到时，继续重复以上火花放电过程，这样在保持电极丝与工件之间恒定放电间隙的条件下，一边蚀除工件材料，一边控制工件不断向电极丝进给就可沿预定轨迹逐步将工件切割成形。

由以上电火花线切割的加工原理可知，实现放电加工必须具备下列几个条件：

（1）必须使用脉冲电源，即必须是间歇性的脉冲火花放电；

（2）电极丝与工件的被加工表面之间必须保持一定间隙；

（3）必须在有一定绝缘性能的液体介质中进行。

2. 加工特点

数控电火花线切割能加工机械加工方法无法加工或难以加工的的各种材料和复杂形状的工件，具有机械加工无法比拟的特点，具体有以下几点：

（1）采用线状电极切割工件，无需制造特定形状的工具电极，降低工具电极的设计和制造费用，缩短了加工周期。

（2）直接利用电能进行脉冲放电加工，便于实现自动化控制。

（3）加工时电极丝和工件不接触，两者之间宏观作用力极小，无产生毛刺和明显刀痕等缺陷，有利于加工低刚度零件及微细零件。

（4）电极丝材料无需比工件材料硬，不受工件热处理状况限制，只要是导电或半导电的材料都能进行加工。

（5）加工中电极丝的损耗较小，加工精度高，无须刃磨刀具，缩短辅助时间。

（6）切缝窄，材料利用率高，能有效节约贵重材料。

（7）采用乳化液或去离子水的工作液，不易引燃起火，可实现安全无人运转，但工作液的净化和加工中产生的烟雾污染处理比较麻烦。

（8）可加工锥度、上下截面异形体、形状扭曲的曲面体和球形体等零件，但不能加工盲孔及纵向阶梯表面。

（9）加工后表面产生变质层，在某些应用中须进一步去除。

（10）加工速度较慢，大面积切割时花费工时长，不适合批量零件的生产。

8.1.2 数控电火花线切割机床的组成

数控电火花线切割机床主要由床身、工作台、走丝机构、锥度切割装置、立柱、供液系统、控制系统及脉冲电源等部分组成。

（1）床身是机床主机的基础部件，作为工作台、立柱、储丝筒等部件的支承基础。

（2）工作台由工作台面、中拖板和下拖板组成。工作台面用以安装夹具和切割工件，中拖板和下拖板是由步进电机、变速齿轮、滚珠丝杆副和滚动导轨组成的一个 X 向、y 向坐标驱动系统，完成工件切割的成形运动。工作台的移动精度直接影响工件的加工质量，因此各拖板均采用滚珠丝杠传动副和滚动导轨，便于实现精确和微量移动，且运动灵活、平稳。

（3）走丝机构是电火花线切割机床的重要组成部分，用于控制电极丝沿 Z 轴方向进入与离开放电区域，其结构形式多样，根据走丝速度可分为快走丝机构和慢走丝机构。

快走丝机构主要由储丝筒、走丝滑座、走丝电机、张丝装置、丝架和导轮等部件组成。

储丝筒是缠绕并带动电极丝做高速运动的部件，安装在走丝滑座上，电极丝一般采用钼丝，其传动系统见图 8-2。它采用钢制薄壁空心圆柱体结构，装配后整体精加工制成，精度高、惯性小，通过弹性联轴器由走丝电机直接带动高速旋转，走丝速度等于储丝筒直径上的线速度，速度可调，同时通过同步齿形带以一定传动比带动丝杆旋转使走丝滑座沿轴向移动。为使丝筒自动换向实现连续正、反向运动，走丝滑板上置有左、右行程限位挡块，当储丝筒轴向运动到接近电极丝供丝端终端时，行程限位挡块碰到行程开关，立即控制储丝筒反转，使供丝端成为收丝端，电极丝则反向移动，如此循环即可实现电极丝的往复运动。

快走丝机构的张丝装置由紧丝重锤、张紧轮和张丝滑块等构成。如图 8-3 所示，紧丝重锤在重力作用下带动张丝滑块和张紧轮沿导轨产生预紧力作用，从而使加工过程中电极丝始终处于拉紧状态，防止电极丝因松弛、抖动造成加工不稳定或脱丝。

慢走丝机构主要包括供丝绕线轴、伺服电机恒张力控制装置、电极丝导向器和电极丝自动卷绕机构。电极丝一般采用成卷的黄铜丝，可达数千米长、数十千克重，预装在供丝绕线轴上，为防止电极丝散乱，轴上装有力矩很小的预张力电机。如图 8-4 所示，切割时电极丝的走行路径为：整卷的电极丝由供丝绕线轴送出，经一系列轮组、恒张力控制装

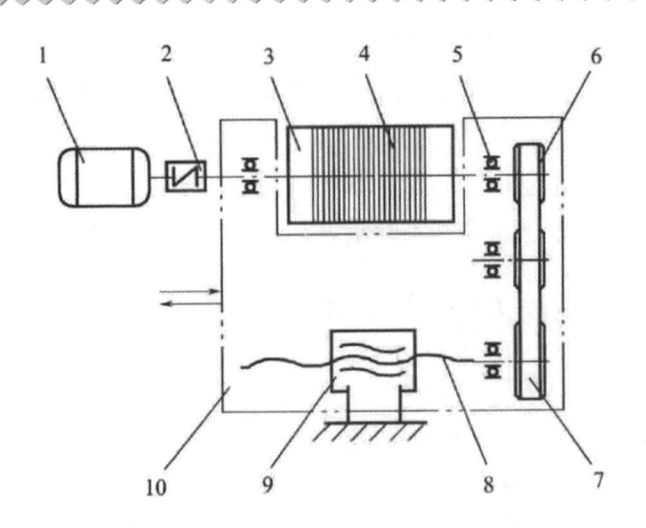

图8-2 快走丝机构的储丝筒传动系统

1—走丝电机；2—联轴器；3—储丝筒；4—电极丝；5—轴承；6—齿轮；7—同步齿形带；
8—丝杠；9—床身螺母；10—走丝滑座。

置、上部导向器引至工作台处，再经下部导向器和导轮走向自动卷绕机构，被拉丝卷筒和压紧卷筒夹住，靠拉丝卷筒的等速回转使电极丝缓慢移动。在运行过程中，电极丝由丝架支撑，通过电极丝自动卷绕机构中两个卷筒的夹送作用，确保电极丝以一定的速度运行；并依靠伺服电机恒张力控制装置，在一定范围内调整张力，使电极丝保持一定的直线度，稳定地运行。电极丝经放电后就成为废弃物，不再使用，被送到专门的收集器中或被再卷绕至收丝卷筒上回收。

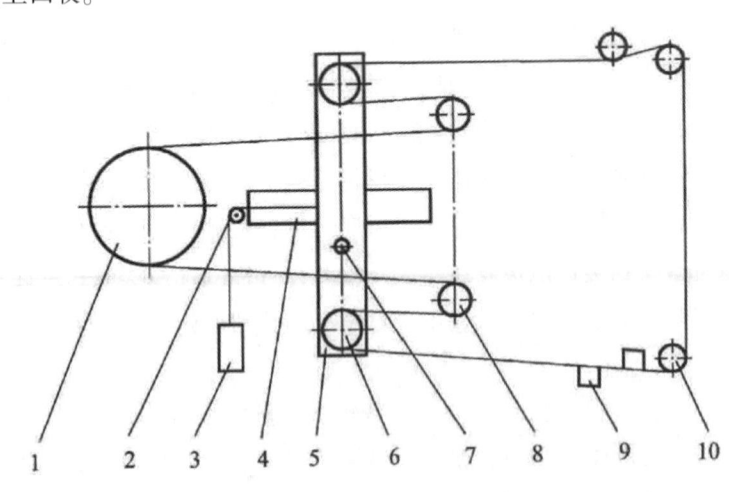

图8-3 快走丝机构的张丝装置

1—储丝筒；2—定滑轮；3—重锤；4—导轨；5—张丝滑块；6—张紧轮；7—固定销孔；
8—副导轮；9—导电块；10—主导轮。

（4）锥度切割装置用于加工某些带锥度工件的内外表面，在线切割机床上广泛采用，其结构形式也有多种，比较常见的是数控四轴联动锥度切割装置。它是由位于立柱头部的

第8章 数控电火花线切割机床操作

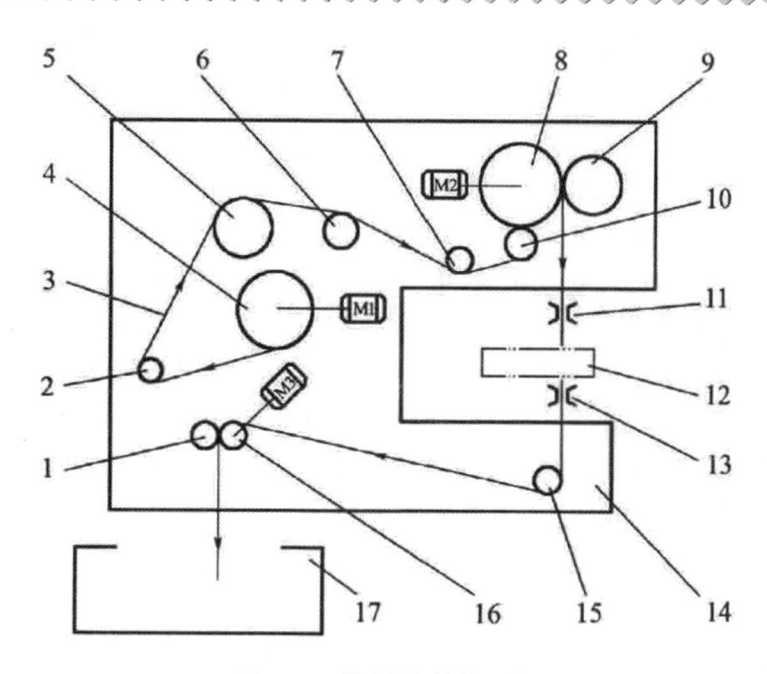

图8-4 慢走丝机构的组成

M1—预张力电机；M2—恒张力控制伺服电机；M3—电极丝自动卷绕电机；
1、9、10—压紧卷筒；2—滚筒；3—电极丝；4—供丝绕线轴；5、6、7、15—导轮；8—恒张力控制轮；
11—上导向器；12—工件；13—下导向器；14—丝架；16—拉丝卷筒；17—废丝回收箱。

两个步进电机直接与两个滑动丝杠相连带动滑板做 U 向、V 向坐标移动，与坐标工作台的 X、Y 轴驱动构成数控四轴联动，使电极丝倾斜一定的角度，从而达到工件上各个方向的斜面切割和上下截面形状异形加工的目的。进行锥度切割时，保持电极丝与上、下部导轮（或导向器）的两个接触点之间的直线距离一定，是获得高精度的重要前提。为此，有的机床具有 Z 轴设置功能以设置这一导向间距。

（5）立柱是走丝机构、Z 轴和锥度切割装置的支承基础件，它的刚度直接影响工件的加工精度。在立柱头部装有滑枕、滑板等部件，滑枕通过手轮、齿轮、齿条可使其在滑板上作 Z 轴坐标移动，它带动斜度切割装置及上导轮部件上下移动，以适应对薄厚不同工件的加工。

（6）供液系统是线切割机床不可缺少的组成部分。电火花线切割加工必须在有一定绝缘性能的液体介质中进行，以利于产生脉冲性的火花放电。另外，线切割加工切缝窄且火花放电区的温度很高，因此排屑和防止电极丝烧断是非常重要的问题。加工时必须充分连续地向放电区域供给清洁的工作液，以保证脉冲放电过程持续稳定地进行。

工作液的主要作用是：及时排除其间的电蚀产物；冷却电极丝和工件；对放电区消电离；冲刷导轮、导电块上的堆积物。

工作液种类很多，常见的有乳化液、去离子水、煤油等。快走丝线切割时采用的工作液一般是油酸钾皂乳化液，液压泵抽出储液箱里的工作液，流经上、下供液管被压送到加工区域，随后经坐标工作台中的回液管流回储液箱，经分级过滤后继续使用；慢走丝线切割时一般采用去离子水做工作液，即将自来水通过离子交换树脂净化器去除水中的离子后供使用。

（7）控制系统是机床完成轨迹控制和加工控制的主要部件，现大多采用计算机数控系统，其作用是控制电极丝相对工件的运动轨迹以及走丝系统、供液系统的正常工作，并能按加工要求实现进给速度调整、接触感知、短路回退、间隙补偿等控制功能。从进给伺服系统的类型来说，快走丝电火花线切割机床大多采用较简单的步进电机开环系统，慢走丝电火花线切割机床则大多是伺服电动机加码盘的半闭环系统，仅在一些少量的超精密线切割机床上采用伺服电动机加磁尺或光栅的全闭环系统。

（8）脉冲电源是线切割机床最为关键的设备之一，对线切割加工的表面质量、加工速度、加工过程的稳定性和电极丝损耗等都有很大影响。采用脉冲电源是因为放电加工必须是脉冲性、间歇性的火花放电，而不能是持续性的电弧放电。如图8-5所示，T为脉冲周期，在脉冲间隔时间T_{OFF}内，放电间隙中的介质完成消电离，恢复绝缘强度，使下一个脉冲能在两极间击穿介质放电，一般脉冲间隔T_{OFF}应为脉冲宽度T_{ON}的5倍以上。此外，受加工表面粗糙度和电极丝允许承载电流的限制，线切割加工总是采用正极性加工，即工件接脉冲电源正极，电极丝接脉冲电源负极。

常用的脉冲电源类型有晶体管脉冲电源、并联电容式脉冲电源、高频交流式脉冲电源、自适应控制脉冲电源等。

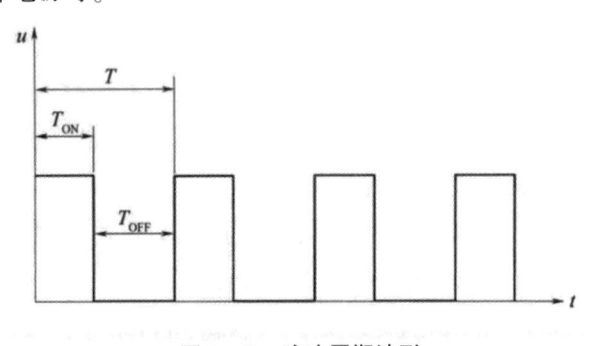

图8-5 脉冲周期波形

8.1.3 数控电火花线切割机床的分类与加工对象

1. 线切割机床分类

通常按电极丝的运行速度快慢，数控电火花线切割机床可分为快走丝线切割机床和慢走丝线切割机床。快走丝线切割机床在我国应用广泛，具有结构简单、操作方便、可维护性好，加工费用低、占地面积小、性价比高等特点；慢走丝线切割机床采用一次性电极丝，可多次切割，有利于提高加工精度和降低表面粗糙度，属于精密加工设备，它是国外生产和使用的主流机种，已成为电火花线切割机床的发展趋势。表8-1列出了两种机床

的主要区别。

表8-1 快走丝与慢走丝线切割机床对比

机床类型 比较项目	快走丝线切割机床	慢走丝线切割机床
走丝速度/(m/s)	6~12	0.2左右
电极丝材料	钼、铜钨合金、钼钨合金	黄铜、镀锌材料
电极丝直径/mm	0.04~0.25 常用值0.12~0.20	0.003~0.3 常用值0.20
电极丝长度/mm	几百	数千
电极丝运行方式	往复供丝，反复使用	单向供丝，一次性使用
电极丝张力	固定	可调
电极丝抖动	较大	较小
电极丝损耗	加工 $(3~10) \times 10^4 mm^2$ 损耗0.01mm	不计
走丝机构	较简单	较复杂
导丝方式	导轮	导向器
穿丝方式	手工	手工或自动
切割次数	通常1次	多次
放电间隙（单边mm）	0.01~0.03	0.01~0.08
工作液	乳化液、水基工作液	去离子水、煤油
工作液电阻率（kΩ/cm）	0.5~50	10~100
切割速度/（mm2/min）	20~160	20~240
加工精度/mm	±0.01~0.02	±0.005~0.002
表面粗糙度 Ra/μm	3.2~1.25	1.6~0.8
重复定位精度/mm	±0.01	±0.002

此外，线切割机床可按电极丝位置分为立式线切割机床和卧式线切割机床，按电极丝倾斜状态可分为直壁线切割机床与锥度线切割机床，按工作液供给方式分为冲液式线切割机床和浸液式线切割机床。

2. 加工对象

数控电火花线切割加工为模具制造、精密零件加工以及新产品试制开辟了一条新的工艺途径，已在生产中获得广泛应用。

(1) 模具制造

适用于加工各种形状的冲模，通过调整不同的间隙补偿量，只需一次编程就可以切割出凸模、凸模固定板、凹模及卸料板等，模具配合间隙、加工精度通常都能达到要求。此外，还可加工挤压模、粉末冶金模、弯曲模、塑压模等带有锥度的模具。

（2）电火花成形工具电极的加工

使用线切割机床制造电火花成形工具电极特别经济、方便。可加工穿孔加工用、带锥度型腔加工用及微细复杂形状的电极，以及铜钨、银钨合金之类的电极材料。

（3）各种特殊材料和复杂形状零件的加工

电火花线切割可加工各种高硬度、高强度、高脆性的金属或半导体材料，如淬火钢、工具钢、硬质合金、钛合金等。在零件制造方面，可用于各种型孔、特殊齿轮凸轮、样板、材料试验样件、成形刀具等复杂形状的零件以及微细件、异形件的加工。

此外，在试制新产品时，可直接用线切割加工某些零件，不需另行制造模具，可大大缩短试制周期，降低加工成本。

8.2 数控电火花线切割加工工艺

数控电火花线切割加工属于特种加工。为使工件达到图样规定的尺寸、形状、位置精度和表面粗糙度要求，在确定其加工工艺时，应兼顾数控加工和电火花加工的特点与要求，认真考虑、分析各种可能影响加工精度的工艺因素，从而制定出合理的加工工艺方案。以下是数控电火花线切割加工工艺设计的几个主要内容。

8.2.1 模坯准备

线切割加工尤其在模具制造中通常是最后一道工序，因此模坯材料的选择与加工前的准备工序十分重要。

模具工作零件一般采用锻造毛坯，其线切割加工常在淬火与回火后进行。由于受材料淬透性的影响，当大面积去除金属和切断加工时，会使材料内部残余应力的相对平衡状态遭到破坏而产生变形，影响加工精度，甚至在切割过程中造成材料突然开裂。为减少这种影响，在设计时除应选用锻造性能好、淬透性好、热处理变形小的合金工具钢（如（Cr12、Cr12MoV、CrWMn）作模具工作零件材料外，对模具毛坯锻造及热处理工艺也应正确进行。

模坯的准备工序是指凸模或凹模在线切割加工之前的全部加工工序。凹模类工件的准备工序包括下料，锻造，退火，铣（车）表面，划线，加工型孔、螺孔、销孔、穿丝孔，淬火，磨平面，退磁。凸模类工件的准备工序可根据凸模的结构特点，参照凹模的准备工序，将其中不需要的工序去掉即可。

对凹模类封闭形工件的加工，加工起始点必须选在材料实体之内。这就需要在切割前预制工艺孔（即穿丝孔），以便穿丝。对凸模类工件的加工，起始点可以选在材料实体之

外，这时就不必预制穿丝孔，但有时也有必要把起始点选在实体之内而预制穿丝孔，这是因为坯件材料在切断时，会在很大程度上破坏材料内部应力的平衡状态，造成工件材料的变形，影响加工精度，严重时甚至造成夹丝、断丝，使切割无法进行。

对于电火花线切割加工，在选择加工路线时应尽量保持工件或毛坯的结构刚性，以免因工件强度下降或材料内部应力的释放而引起变形，具体应注意以下几点：

（1）切割凸模类工件应尽量避免从工件端面由外向里进刀，最好从坯件预制的穿丝孔开始加工，如图 8-6 所示。

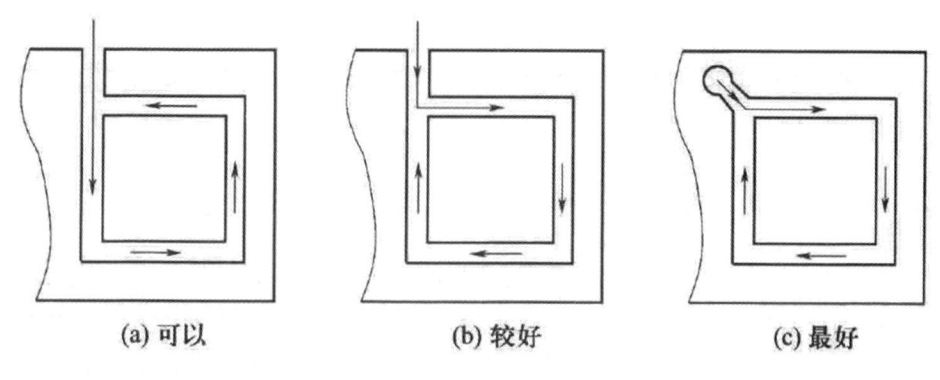

图 8-6 加工路线选择 Ⅰ

（2）加工路线应向远离工件夹具的方向进行，即将工件与其装夹部位分离的部分安排在切割路线的末端。如图 8-7（a）所示，若以 O→A→D→C→B→A→O 路线切割，则加工至 D 点处工件的刚度就降低了，容易产生变形而影响加工精度，若以 O→A→B→C→D→A→O 为加工路线，则整个加工过程中工件的刚度保持较好，工件变形小，加工精度高；图 8-7（b）由于是从 B 点引入，则无论顺逆切割，工件变形都较大，加工精度也低。

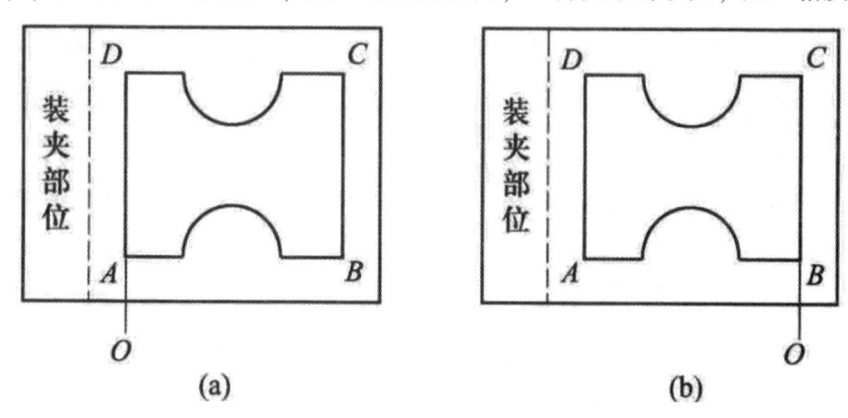

图 8-7 加工路线选择 Ⅱ

（3）在一块毛坯上要切出两个以上零件时，为减小变形应从不同的穿丝孔开始加工，如图 8-8 所示。

（4）加工轨迹与毛坯边缘距离应大于 5mm，见图 8-8，以防因工件的结构强度差而产生变形。

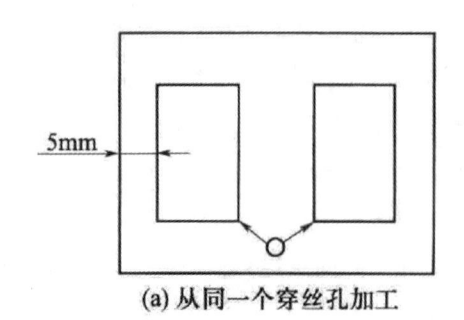

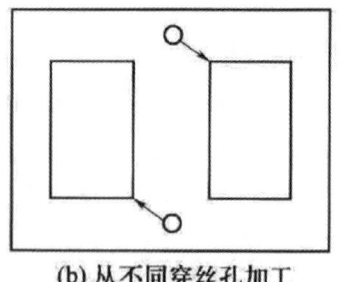

(a) 从同一个穿丝孔加工　　(b) 从不同穿丝孔加工

图8-8　加工路线选择Ⅲ

（5）避免沿工件端面切割，这样放电时电极丝单向受电火花冲击力，使电极丝运行不稳定，难以保证尺寸和表面精度。

8.2.3　穿丝孔位置的确定

穿丝孔是电极丝相对工件运动的起点，同时也是程序执行的起点，故也称程序原点。

（1）穿丝孔应选在容易找正，并在加工过程中便于检查的位置。

（2）切割凹模等零件的内表面时，一般穿丝孔位置也是加工基准，其位置还必须考虑运算和编程的方便。

通常设置在工件对称中心较为方便，但切入行程较长，不适合大型工件采用。此时，为缩短切入行程，穿丝孔应设置在靠近加工轨迹的已知坐标点上，如图8-9上B点所示。

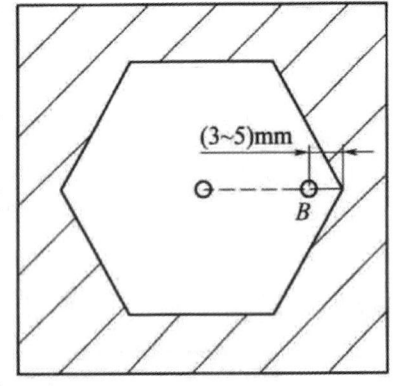

（3）在加工大型工件时，还应沿加工轨迹设置多个穿丝孔，以便发生断丝时能就近重新穿丝，再切入断丝点。

图8-9　穿丝孔位置设置

（4）在切割凸模需要设置穿丝孔时，其位置可选在加工轨迹的拐角附近以简化编程。

8.2.4　切入点位置的确定

由于线切割加工经常是封闭轮廓切割，所以切入点一般也是切出点。受加工过程中存在各种工艺因素的影响，电极丝返回到起点时必然存在重复位置误差，造成加工痕迹，使精度和外观质量下降。为了避免或减少加工痕迹，切入点应按下述原则选定：

（1）被切割工件各表面的粗糙度要求不同时，应在粗糙度要求较低的面上选择起点。

（2）工件各面的粗糙度要求相同时，则尽量在截面图形的相交点上选择起点。当图形上有若干个相交点时，尽量选择相交角较小的交点作为起点。当各交角相同时，起点的优先选择顺序是：直线与直线的交点、直线与圆弧的交点、圆弧与圆弧的交点。

(3) 对于工件各切割面既无技术要求的差异又没有型面的交点的工件,切入点尽量选择在便于钳工修复的位置上。例如,外轮廓的平面、半径大的弧面,要避免选择在凹入部分的平面或圆弧上。

另外,工件切入处应干净,尤其对热处理工件,切入处要去积盐及氧化皮保证导电。

8.2.5 工件的装夹与找正

1. 工件的装夹

电火花线切割是一种贯穿加工方法,因此,装夹工件时必须保证工件的切割部位悬空于机床工作台行程的允许范围之内。一般以磨削加工过的面定位为好,装夹位置应便于找正,同时还应考虑切割时电极丝的运动空间,避免加工中发生干涉。与切削类机床相比,对工件的夹紧力不需太大,但要求均匀。选用夹具时应尽可能选择通用或标准件,且应便于装夹,便于协调工件和机床的尺寸关系。如图 8-10 是几种常见的装夹方式。

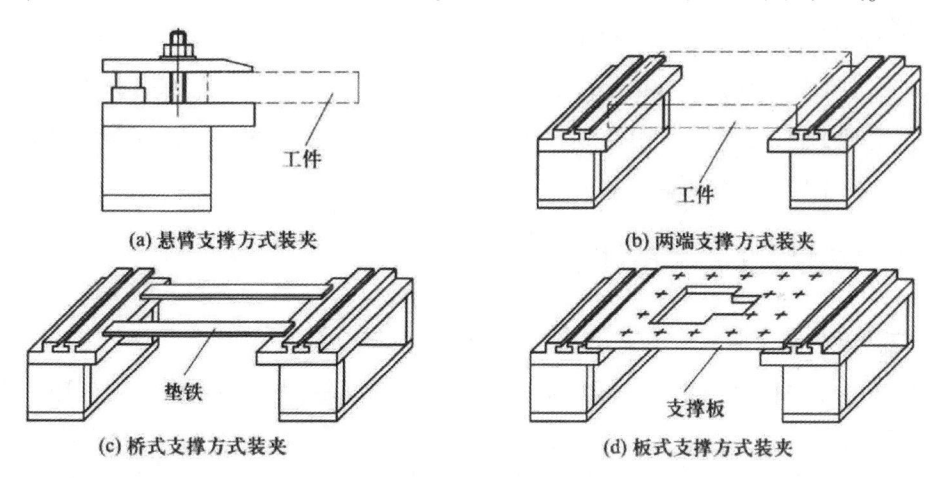

图 8-10 工件装夹方式

(1) 悬臂支撑方式装夹

采用悬臂支撑方式装夹工件,装夹方便、通用性强,但由于工件一端悬伸,易出现切割表面与工件上下平面间的垂直度误差。一般仅在加工要求不高或悬臂较短的情况下使用。

(2) 两端支撑方式装夹

采用两端支撑方式装夹工件,装夹方便、稳定,定位精度高,但工件长度要大于台面距离,不适于装夹小型零件。

(3) 桥式支撑方式装夹

这种方式是在工作台面上放置两条平行垫铁后再装夹工件,装夹方便、灵活,通用性强,对大、中、小型工件都适用。

(4) 板式支撑方式装夹

这种方式是根据常规工件的形状和尺寸大小，制作带有通孔与装夹螺孔的支撑板来装夹工件，装夹精度高，但通用性较差。

此外，对于圆柱形工件，还可使用 V 型铁、分度头等辅助夹具；对于批量加工工件，选用线切割专用夹具可大大缩短装夹与找正时间，提高生产效率。

2. 工件找正

采用以上方式装夹工件，还必须配合找正法进行调整，才能使工件的定位基准面分别与机床的工作台面和工作台的进给方向 X，Y 保持平行，以保证所切割的表面与基准面之间的相对位置精度。常用的找正方法有：

(1) 用百分表找正

用磁力表架将百分表固定在丝架或其他位置上，百分表的测量头与工件基面接触，往复移动工作台，按百分表指示值调整工件的位置，直至百分表指针的偏摆范围达到所要求的数值。找正应在相互垂直的 X，Y，Z 三个方向上进行。

(2) 划线法找正

当工件切割轨迹与定位基准之间的相互位置精度要求不高时，可采用划线法找正。利用固定在丝架上的划针对准工件上划出的基准线，往复移动工作台，目测划针与基准间的偏离情况，将工件调整到正确位置。

8.2.6 电极丝的选择与对刀

1. 电极丝的选择

电极丝是线切割加工过程中必不可少的重要工具，合理选择电极丝是保证加工稳定进行的重要环节。

电极丝材料应具有良好的导电性、较大的抗拉强度和良好的耐电腐蚀性能，且电极丝的质量应该均匀，直线性好，无弯折和打结现象。快走丝线切割机床上用的电极丝主要是钼丝和钨钼合金丝，尤以钼丝的抗拉强度较高，韧性好，不易断丝，因而应用广泛。钨钼合金丝的加工效果比钼丝好，但抗拉强度较差，价格较贵，仅在特殊情况下使用；慢走丝线切割机床常使用黄铜丝，其加工表面粗糙度和平直度较好，蚀屑附着少，但抗拉强度差，损耗大。

电极丝直径小；有利于加工出窄缝和内尖角的工件，但线径太细，能够加工的工件厚度也将受限。因此，电极丝直径的大小应根据切缝宽窄、工件厚度及凹角尺寸大小等要求进行选择。通常，若加工带尖角、窄缝的小型模具宜选用较细的电极丝；若加工大厚度工件或大电流切割时应选较粗的电极丝。

2. 对刀

线切割加工对刀即将电极丝调整到切割的起始坐标位置上，其调整方法有以下几种：

(1) 目测法

对于加工要求较低的工件,在确定电极丝与工件基准间的相对位置时,可以直接利用目测或借助 2~8 倍的放大镜来进行观察。如图 8-11 所示,当确认电极丝与工件基准面接触或使电极丝中心与基准线重合后,记下电极丝中心的坐标值,再以此为依据推算出电极丝中心与加工起点之间的相对距离,将电极丝移动到加工起点上。

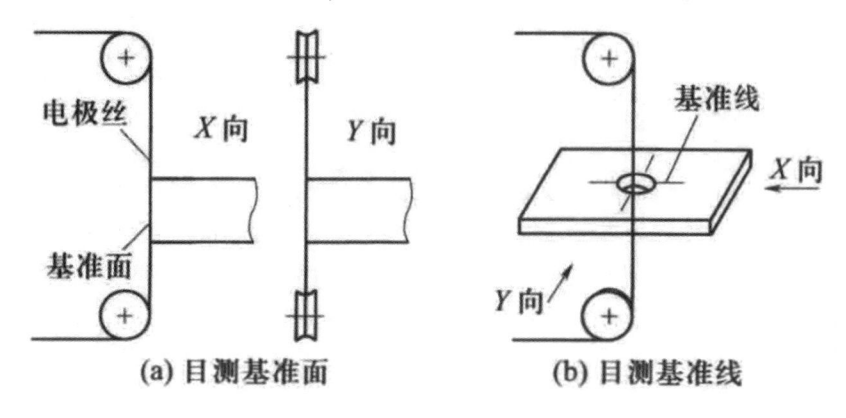

图 8-11 目测法对刀

(2) 火花法

这种方法是利用电极丝与工件在一定间隙下发生火花放电来确定电极丝的坐标位置的。如图 8-12 所示,调整时,启动高频电源,移动工作台使工件的基准面逐渐靠近电极丝,在出现火花的瞬时,记下电极丝中心的相应坐标值,再根据电极丝半径值和放电间隙推算电极丝中心与加工起点之间的相对距离;最后将电极丝移到加工起点。此法简单易行,但往往因电极丝靠近基准面时产生的放电间隙与正常切割条件下的放电间隙不完全相同而产生误差。

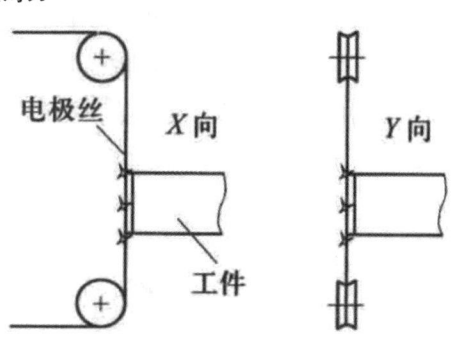

图 8-12 火花法对刀

(3) 接触感知法

这种方法是利用电极丝与工件基准面由绝缘到短路的瞬间,两者间电阻值突然变化的特点来确定电极丝接触到了工件,并在接触点自动停下来,显示该点的坐标,即为电极丝中心的坐标值。目前装有计算机数控系统的线切割机床都具有接触感知功能,用于电极丝定位最为方便。如图 8-13 所示,首先启动 X 或 Y 方向接触感知,使电极丝朝工件基准面运动并感知到基准面,记下该点坐标,据此算出加工起点的 X(或坐标;再用同样的方法得到加工起点的 Y 或 X 坐标,最后将电极丝移动到加工起点 (X_0, Y_0)。

此外,利用接触感知原理还可实现自动找孔中心,即让电极丝去接触感知孔的四个方向,自动计算出孔的中心坐标,并移动到工件孔的中心。工件内孔可为圆孔或对称孔。如图 8-14 所示,启用此功能后,机床自动横向 (X 轴) 移动工作台使电极丝与孔壁一侧接

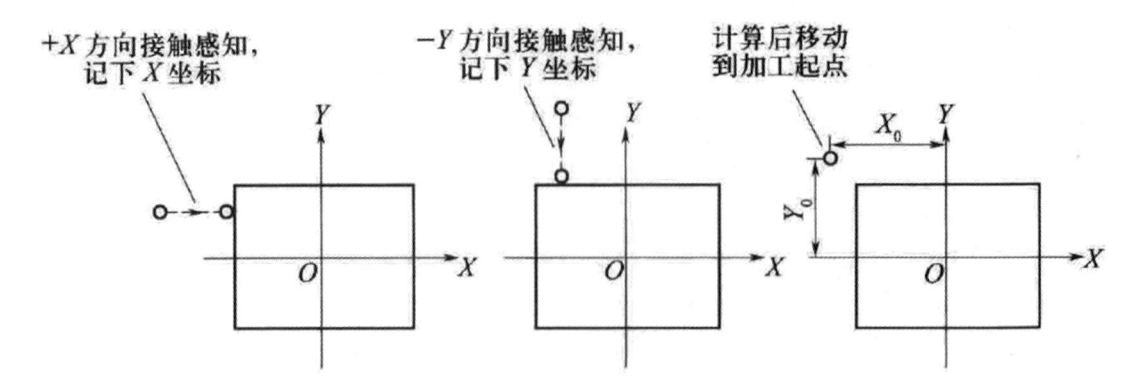

图8-13 接触感知法对刀

触,则此时当前点 X 坐标为 X_1,接着反方向移动工作台使电极丝与孔壁另一侧接触,此时当前点 Z 坐标为 X_2,然后系统自动计算 X 方向中点坐标,并使电极丝到达 X 方向中点位置 X_0,接着在 Y 轴方向进行上述过程,最终使电极丝定位在孔中心坐标（X_0 [$X_0 = (X_1 + X_2)/2$]；Y_0 [$Y_0 = (Y_1 + Y_2)/2$] 处。

在使用接触感知法或自动找孔中心对刀时,为减小误差,特别要注意以下几点：

（1）使用前要校直电极丝,保证电极丝与工件基准面或内孔母线平行；

（2）保证工件基准面或内孔壁无毛刺、脏物,接触面最好经过精加工处理；

（3）保证电极丝上无脏物,导轮、导电块要清洗干净；

（4）保证电极丝要有足够张力,不能太松,并检查导轮有无松动、窜动等；

（5）为提高定位精度,可重复进行几次后取平均值。

8.2.7 脉冲参数的选择

脉冲参数主要包括脉冲宽度、脉冲间隙、峰值电流等电参数。在电火花线切割加工中,提高脉冲频率或增加单个脉冲的能量都能提高生产率,但工件加工表面的粗糙度和电极丝损耗也随之增大。因此,应综合考虑各参数对加工的影响,合理地选择脉冲参数,在保证工件加工精度的前提下,提高生产率,降低加工成本。

（1）脉冲宽度

脉冲宽度是指脉冲电流的持续时间,与放电能量成正比,在其他加工条件相同的情况下,脉冲宽度越宽切割速度就越高,此时加工较稳定,但放电间隙大,表面粗糙度大。相反脉冲宽度越小,加工出的工件表面质量就越好,但切割效率就会下降。

（2）脉冲间隔

脉冲间隔是指脉冲电流的停歇时间,与放电能量成反比,其他条件不变,脉冲间隔越大,相当于降低了脉冲频率增加的单位时间内的放电次数,使切割速度下降,但有利于排除电蚀物,提高加工的稳定性。当脉冲间隔减小到一定程度之后,电蚀物不能及时排除,放电间隙的绝缘强度来不及恢复,破坏了加工的稳定性,使切割效率下降。

(3) 峰值电流

峰值电流是指放电电流的最大值。峰值电流对切割速度的影响也就是单个脉冲能量对加工速度的影响，它和脉冲宽度对切割速度和表面粗糙度的影响相似，但程度更大些，放电电流过大，电极丝的损耗也随之增大易造成断丝。

以上只是这些参数的基本选择方法，此外它与工件材料、工件厚度、进给速度、走丝速度及加工环境等都有着密切的关系，需在实际加工过程中多加探索才能达到比较满意的效果。

8.2.8 补偿量的确定

由于线切割加工是一种非接触性加工，受电极丝与火花放电间隙的影响，如图 8-15 (a) 所示，实际切割后工件的尺寸与工件所要求的尺寸不一致。为此编程时就要对原工件尺寸进行偏置，利用数控系统的线径补偿功能，使电极丝实际运行的轨迹与原工件轮廓偏移一定距离，如图 8-15 (b) 所示，这个距离即称为单边补偿量/或偏置量)。偏移的方向视电极丝的运动方向而定，分左偏与右偏两种，编程时分别用 G 代码 G41 和 G42 表示。补偿量的计算公式为

$$F = \frac{1}{2}d + \delta$$

式中：d 为电极丝直径；δ 为单边放电间隙（通常 δ 取 0.01~0.02mm）。

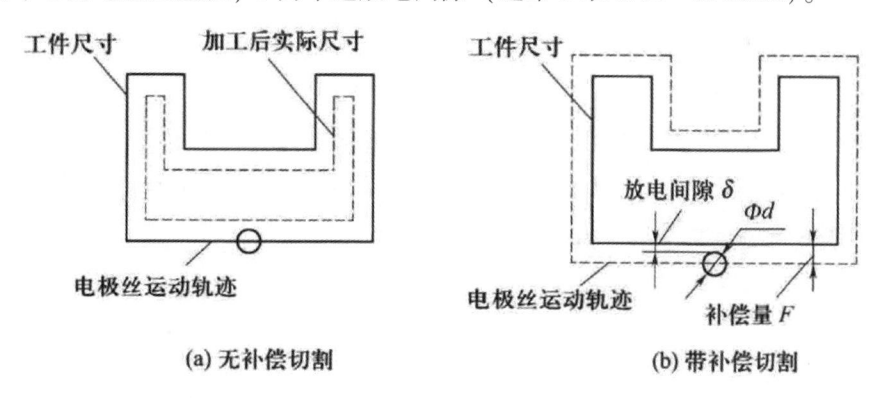

图 8-15 电极丝运动轨迹与工件尺寸的关系

若当加工工件要求留有加工余量时，则补偿量的计算公式为

$$F = \frac{1}{2}d + \delta + t$$

式中：t 为工件的后续加工余量。

另外，在进行要求有配合间隙的冲裁模加工时，通过调整不同的补偿量，可一次编程实现凸模、凹模、凸模固定板及卸料板等模具组件的加工，节省编程时间。

8.2.9 工作液的选配

电火花线切割加工中,工作液的选配是十分重要的问题。它对切割速度、表面粗糙度、加工稳定性、电极丝损耗等都有较大影响,加工时必须注意正确选配与调整。

常用的工作液主要有乳化液和去离子水。对于快速走丝线切割加工,目前最常用的是乳化液。乳化液是由乳化油和工作介质配制而成的,工作介质可用自来水,也可用蒸馏水、高纯水和磁化水,一般配比浓度为5%~15%,加工中应按工件材料、工件厚度及工件表面质量要求等的不同进行调整;慢速走丝线切割加工,目前普遍使用去离子水。为了提高切割速度,在加工时还要加进有利于提高切割速度的导电液,以增加工作液的电阻率。例如,加工淬火钢应使电阻率在 $2 \times 10^4 \Omega \cdot cm$ 左右,加工硬质合金使电阻率控制在 $30 \times 10^4 \Omega \cdot cm$ 左右。

8.3 数控电火花线切割编程指令

与其他数控机床一样,数控电火花线切割机床也是按预先编制好的数控程序来控制加工轨迹的。它所使用的指令代码格式有 ISO、3B 或 4B 等。目前的数控电火花线切割机床大都应用计算机控制数控系统,采用 ISO 格式,早期生产的机床常采用 3B 或 4B 格式。

8.3.1 ISO 代码

数控电火花线切割机床所使用的 ISO 代码编程格式与数控铣削类机床类似,具体可按机床说明书定义使用,表8-2 是 HCKX320A 型机床的 G、M 代码功能定义,下面重点介绍一下线径补偿与锥度加工编程指令。

表8-2 G、M代码功能定义

代码	功能	代码	功能
G00	快速定位(移动)	G11	X、Y轴镜像,X、Y轴交换
G01	直线插补	G12	取消镜像
G02	顺时针圆弧插补(CW)	G40	取消线径补偿
G03	逆时针圆弧插补(CCW)	G41	线径左补偿 D补偿量
G05	X轴镜像	G42	线径右补偿 D补偿量
G06	Y轴镜像	G50	撤销锥度
G07	X、Y轴交换	G51	锥度左偏 A角度值
G08	X轴镜像、Y轴镜像	G52	锥度右偏 A角度值

续表

代码	功能	代码	功能
G09	X 轴镜像轴交换	G54	工件坐标系 1 选择
G10	Y 轴镜像，X、Y 轴交换	G55	工件坐标系 2 选择
G56	工件坐标系 3 选择	G92	建立工件坐标系
G57	工件坐标系 4 选择	M00	程序暂停
G58	工件坐标系 5 选择	M02	程序结束
G59	工件坐标系 6 选择	M05	接触感知解除
G80	接触感知	M96	主程序调用文件程序
G82	半程移动	M97	主程序调用文件结束
G84	微弱放电找正	M98	子程序调用
G90	绝对坐标	M99	子程序调用结束
G91	相对坐标		

1. 线径补偿指令（G41、G42、G40）

指令格式：

G41 D＿＿＿ /左补偿，D 后为补偿量 F 的值

G42 D＿＿＿ /右补偿，D 后为补偿量 F 的值

G40　　　　 /撤销补偿

由上一节补偿量的确定可知，电火花线切割加工时，为消除电极丝半径和放电间隙对加工尺寸的影响，需在编程时进行对工件尺寸进行补偿，偏移方向应视电极丝的运动方向而定。如图 8-16 所示，对于凸模类工件，顺时针加工时使用 G41，逆时针加工使用 Q42；凹模类工件正好相反，顺时针加工使用 G42；逆时针加工使用 G41。

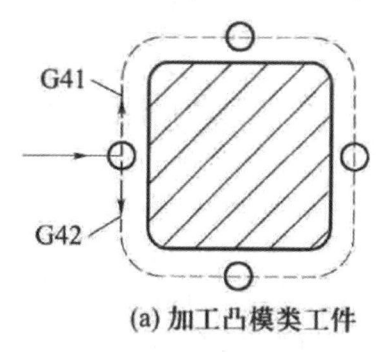

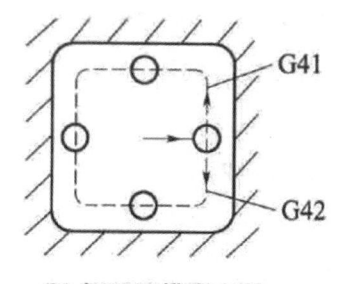

(a) 加工凸模类工件　　(b) 加工凹模类工件

图 8-16　线径补偿指令

2. 锥度加工指令（G51、G52、G50）

指令格式：

G51 A_ _ _ /锥度左偏，A 后锥度值
G52 A_ _ _ /锥度右偏，A 后锥度值
G50   /撤销锥度

当加工带有锥度的工件时，需使用锥度加工指令使电极丝偏摆一定角度。若加工工件上大下小称为正锥，加工工件上小下大则称为负锥。电极丝的偏摆方向也应视电极丝的运动方向而定。如图8-17所示，对于正锥加工，顺时针加工时使用G51，逆时针加工使用G52；负锥加工正好相反，顺时针加工使用G52；逆时针加工使用G51。

锥度加工编程时应以工件下底面尺寸为编程尺寸，工件上表面尺寸由所加工锥度的大小自动决定。另外，在程序开头还必须输入下列参数，如图8-18所示。

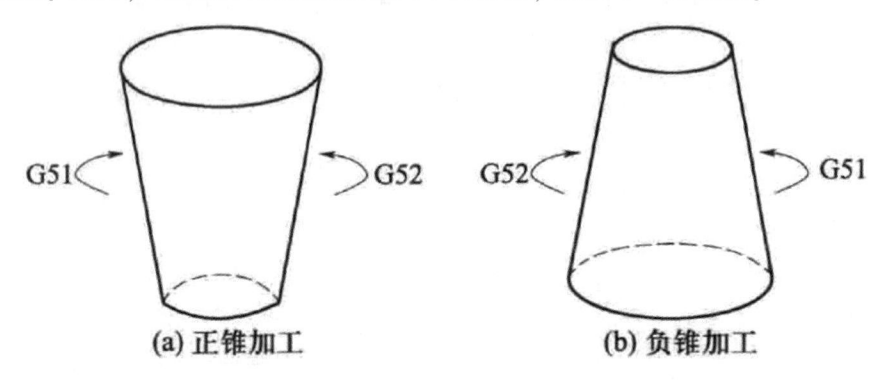

图8-17 锥度加工指令

(1) S——上导轮中心到工作台面的距离（通过机床Z轴标尺观测得出）；

(2) W——工作台面到下导轮中心的距离（机床固定值）；

(3) H——工件厚度（通过实测得出）。

注意：在进行线径补偿和锥度加工编程时，进、退刀线程序段必须采用G01直线插补指令，并且进刀线与退刀线方向不能和第一条路径重合或夹角过小。

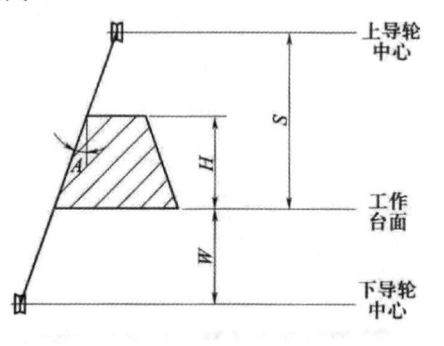

图8-18 锥度加工编程参数

3. 编程举例

如图8-19所示，加工一底面为 16mm × 16mm 见方的四棱台（上小下大），锥度 4 = 4°，工件厚度 H = 50mm，S = 90mm，W = 60mm；电极丝直径 Φ = 0.18mm，放电间隙 5 = 0.01mm，试编写其加工程序。

以图中O点为加工起点，为进刀线，按顺时针方向加工。工件上小下大；故锥度指令使用G52；补偿指令使用G41，补偿量 F = 0.18/2 + 0.01 = 0.1mm。

程序清单：

```
G92 X0 Y0          /建立工件坐标系
W = 60000
H = 50000          /工件厚度
S = 90000
G52 A4             /右偏摆,角度4°
G41 D100           /左补偿,F = 0.18/2 + 0.01 ≈ 0.1
G01 X5000 Y0       /进刀线
G01 X5000 Y8000
G01 X21000 Y8000
G01 X21000 Y -8000
G01 X5000 Y -8000
G01 X5000 Y0
G50                /撤销锥度
G40                /撤销补偿
G01 X0 Y0          /退刀线
M02                /程序结束
```

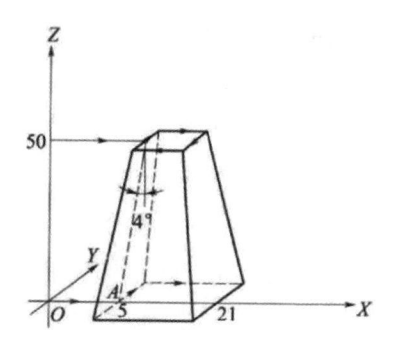

图 8 – 19 ISO 格式编程实例

8.3.2 3B、4B 代码

3B、4B 格式结构比较简单,是我国早期电火花线切割机床常使用的编程格式,目前仍在沿用,其中 4B 格式带有间隙补偿和锥度加工功能。下面对 3B 代码格式作一些简单介绍。

1. 编程格式

3B 指令编程采用"5 指令 3B"格式:B X B Y B J G Z;其中:

B——分隔符,用来将 X、Y、J 数值区分开来;

X、Y——X、Y 坐标的绝对值;

J——加工轨迹的计数长度;

G——加工轨迹的计数方向;

Z 加工指令。

(1) 坐标值与坐标原点

坐标值 U 为直线段终点或圆弧起点坐标的绝对值,单位为 Am。3B 指令对每一直线段或圆弧建立一个基本的相对坐标,加工直线段时,坐标原点设在该线段的起点,X、Y 为该线段的终点坐标值或其斜率,对于与坐标轴平行的直线段,X、Y 取零,且可省略不写;加工圆弧时,以圆弧的圆心为坐标原点,X、Y 为该圆弧的起点坐标值。

(2) 计数长度

计数长度是指加工轨迹(直线或圆弧)在计数方向坐标轴上投影的绝对值总和,亦以

μm 为单位，一般计数长度 J 应为 6 位，不够的前面补零。

(3) 计数方向

计数方向是计数时选择作为投影轴的坐标轴方向。记作 GX 或 GY。无论是直线还是圆弧加工，计数方向均按终点位置确定。

①直线加工。如图 8-20（a）所示，加工直线段的终点靠近哪个轴，计数方向就取该轴。若终点正好处在与坐标轴成 45°时，计数方向取 X、Y 轴均可。即：

$|X| > |Y|$ 时，取 GX；$|Y| > |X|$ 时，取 GY；$|X| = |Y|$ 时，取 GX 或 GY。

②圆弧加工。如图 8-20（b）所示，加工圆弧的终点靠近哪个轴，计数方向就取另一轴。若终点正好处在与坐标轴成 45°时，计数方向取；T、F 轴均可。即：

$|X| > |Y|$ 时，取 GY；$|Y| > |X|$ 时，取 GX；$|X| = |Y|$ 时，取 GX 或 GY。

(4) 加工指令

加工指令 Z 用来确定轨迹形状、起点或终点所在象限及加工方向等信息，共有十二种加工指令。

①直线加工指令共有四种，由直线段终点位置确定。如图 8-21（a）所示，当直线段的终点位于第Ⅰ象限或坐标轴 +X 上时，记作 L1；当直线段的终点位于第Ⅱ象限或坐标轴 +Y 上时，记作 L2；当直线段的终点位于第Ⅲ象限或坐标轴 -Z 上时，记作 L3；当直线段的终点位于第Ⅳ象限或坐标轴 -Y 上时，记作 L4。

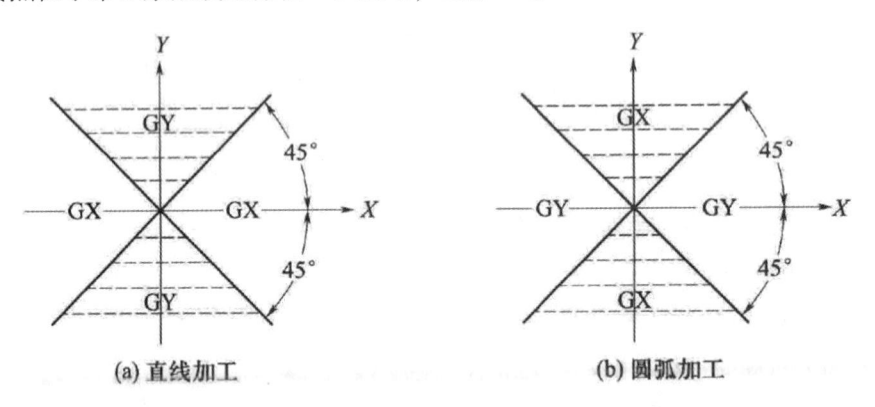

(a) 直线加工　　(b) 圆弧加工

图 8-20　计数方向的区域分布

(2) 圆弧加工指令共有八种，由圆弧起点位置与加工方向确定。如图 8-21（b）所示，顺时针圆弧加工，当圆弧起点位于第Ⅰ象限或坐标轴 +Y 时，记作 SR1，其他依此类推，分别记作 SR2、SR3、SR4；逆时针圆弧加工，当圆弧起点位于第Ⅰ象限或坐标轴 +X 时，记作 NR1，其他依此类推，分别记作 NR2、NR3、NR4。

2. 编程举例

(1) 如图 8-22（a）所示，加工直线段 AB，终点 B 坐标 X = -3mm，Y = 5mm，试写出其 3B 编程指令。

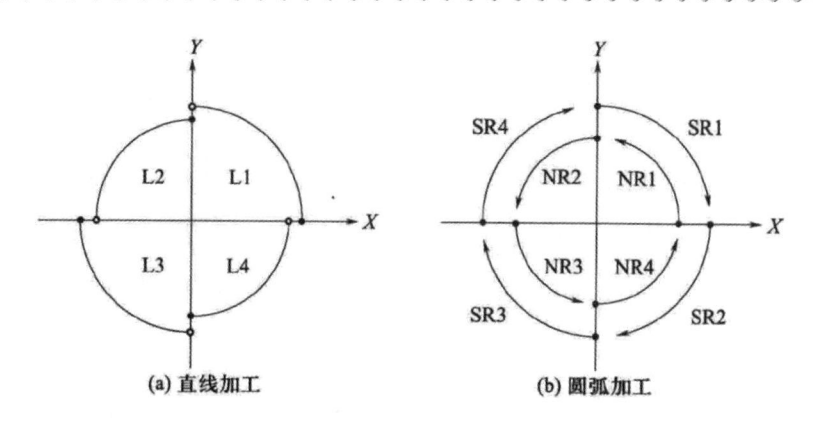

图 8-21 加工指令的区域分布

以起点 A 为坐标原点，因终点 B 坐标 |5000| > |-3000|，计数方向取 GY，计数长度 J 则为 B 点的纵坐标，即 J=5000，又因终点 B 位于第Ⅱ象限，故该直线段的编程指令为 B3000B5000B005000GYL2

(2) 如图 8-22 (b) 所示，加工半径 5mm 的圆弧(9)，起点 P 坐标为 (-5, 0)，终点坐标为 (3；4)，试写出其 3B 编程指令。

以圆心 O 为坐标原点，因终点 Q 坐标 |4000| > |-3000|，计数方向取 GX，计数长度 J 则为圆弧 PQ 在 X 轴上投影的绝对值总和，即 J=5000+5000+3000=13000；又因起点户位于 -X 轴上，故该圆弧的编程指令为 B5000B0B013000GXNR3

以上介绍了数控电火花线切割加工的部分编程指令，如遇一些计算繁琐、手工编程困难或手工无法编出的程序时；则往往采用自动编程。编程人员只需用 CAD 功能绘出零件的几何图形，然后利用 CAM 功能设置工件坐标系零点、穿丝点、加工路线、电极丝直径、补偿量等工艺参数，计算机就可自动完成电极丝运动轨迹数据的计算，并生成 NC 代码 (ISO 或 3B 格式)，使得一些计算繁琐、手工编程困难或手工无法编出的程序都能够实现，同时也提高了编程效率。

现在比较常用的线切割 CAD/CAM 软件有 CAXA、MASTERCAM 或机床随机软件等，各种软件在功能及使用方式上基本类似，这里不予详细介绍，读者可参阅相关资料。

8.4　数控电火花线切割机床的操作

本节以国产 HCKX 系列 DK7732A 型快走丝线切割机床为例介绍数控电火花线切割机床的基本操作与加工，以下是该机床的主要技术参数：

X、F 坐标工作台最大行程　　　　320mm×400mm
Z 轴方向行程　　　　　　　　　　150mm
工件最大加工尺寸（长×宽×高）　630mm×400mm×200mm

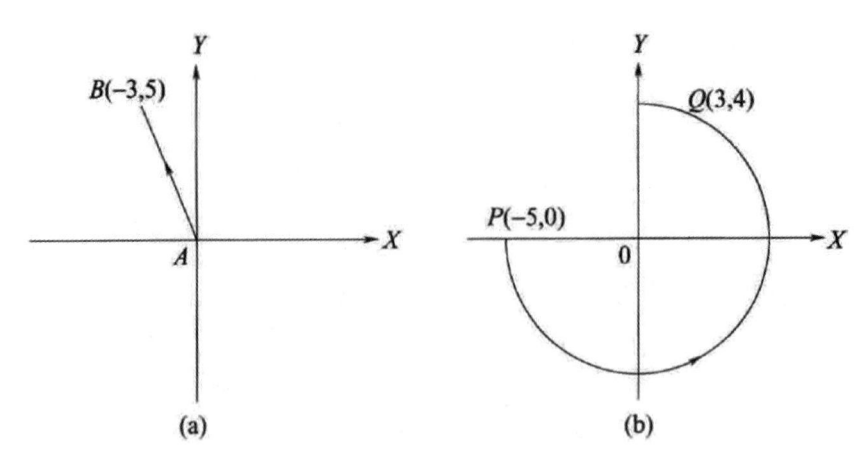

图 8-22 3B 格式编程实例

工件最大加工质量	200kg
U 轴方向行程	35mm ± 17.5mm
V 轴方向行程	35mm ± 17.5mm
切割最大锥度	±6°/50mm
脉冲当量	0.001mm
储丝筒最大行程	180mm
排丝距	0.30mm
电极丝直径	0.12~0.25mm
电极丝最大长度	约 250mm
电极丝速度	2.5；4.6；5.9；7.6；9.2m/s
加工表面粗糙度	$Ra \geq 2.5 \mu m$
U 定位精度	0.016mm、0.018mm
加工电压	80V
电源	380V±5% 50Hz±1Hz
最大加工电流	5A
消耗功率	2.5kW
主机净重约	1500kg
电控柜净重约	250kg

8.4.1 操作面板

DK7732A 型数控电火花线切割机床的操作面板包括数控脉冲电源柜控制面板和储丝筒操作面板。

1. 数控脉冲电源柜

图 8-23 为 DK7732A 型数控电火花线切割机床的数控脉冲电源柜，其各组件的功能

说明如下：

①电压表。用于显示高频脉冲电源的加工电压，空载电压一般为80V左右。

②电流表。用于显示高频脉冲电源的加工电流（加工电流应小于5A）。

③手动变频调整旋钮。加工中可旋转此旋钮调整脉冲频率以选择适当的切割速度。

④鼠标。在绘图及APT自动编程时使用，操作与普通计算机相同。

⑤启动按钮。按下后（灯亮），接通数控系统电源。

⑥急停按钮。加工中出现紧急故障应立即按此按钮关机。

⑦软盘插口。软盘从此插入，指示灯亮时不得退出磁盘以免损坏数据。

⑧键盘。用于输入程序或指令，操作与普通计算机相同。

⑨手控盒。用于在手动方式下移动机床坐标轴。如图8-24所示，其波段开关分、1、2、3四挡移动速度，即点动、低、中、高四挡，设定移动速度后按下移动坐标轴的对应方向键，机床工作台开始移动。

（10）显示器。显示系统软件加工菜单、程序内容、加工轨迹及NC信息等。

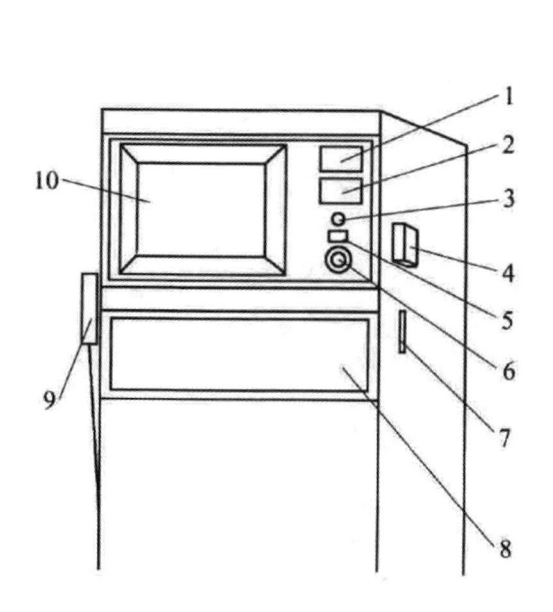

图8-23 DK7732A型线切割机床的数控电柜

1—电压表；2—电流表；3—手动变频调整旋钮；
4—鼠标；5—启动按钮；6—急停按钮；7—软盘插口；
8—键盘；9—手控盒；10—显示器。

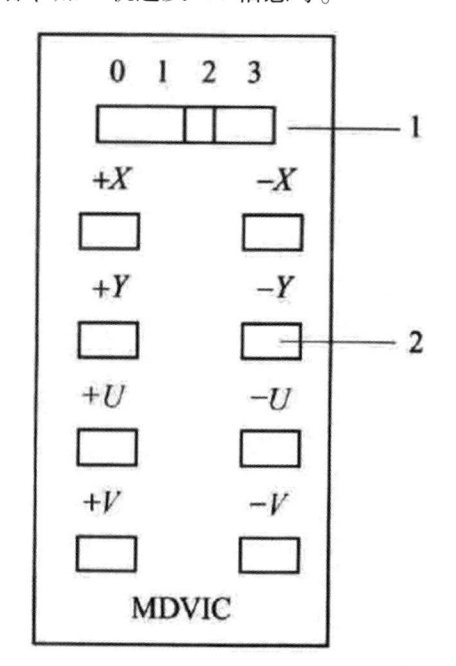

图8-24 手控盒操作面板

1—波段选择开关；2—移动轴方向键。

2. 储丝筒操作面板

图8-25为DK7732A型数控电火花线切割机床的储丝筒操作面板，其主要是用于控制储丝筒和上丝电机的启动、停止以及断丝保护等。其各控制开关功能说明如下：

①断丝检测开关。此开关用来控制断丝检测回路,通过运丝路径上两个与电极丝接触的导电块作为检测元件。当运丝系统正常运转时,两个导电块通过电极丝短路,检测回路正常;当工作中断丝时,两个导电块之间形成开路,检测回路即发出信号,控制储丝筒及电源柜程序停止。

②上丝电机开关。开启此开关,可实现半自动上丝。丝盘在上丝电机带动下产生恒定反扭矩将丝张紧,使电极丝能均匀、整齐并以一定的张力缠绕在储丝筒上。

③储丝筒启、停按钮。此按钮控制储丝筒的开启和停止。用于在上丝、穿丝等非程序运行中控制储丝筒的运转。在进行手动上丝或穿丝操作时,务必按下储丝筒停止钮并锁定,防止误操作启动丝筒造成意外事故。开启丝筒前应先弹起停止按钮,再按启动按钮。

④储丝筒调速开关。储丝筒电机有五挡转速,用此旋钮调挡可使电极丝速在 2.5 ~ 9.2m/s 间转换。"1"挡转速最低专用于半自动上丝,"2""3"挡用于切割较薄的工件,"4""5"挡用于切割较厚的工件。

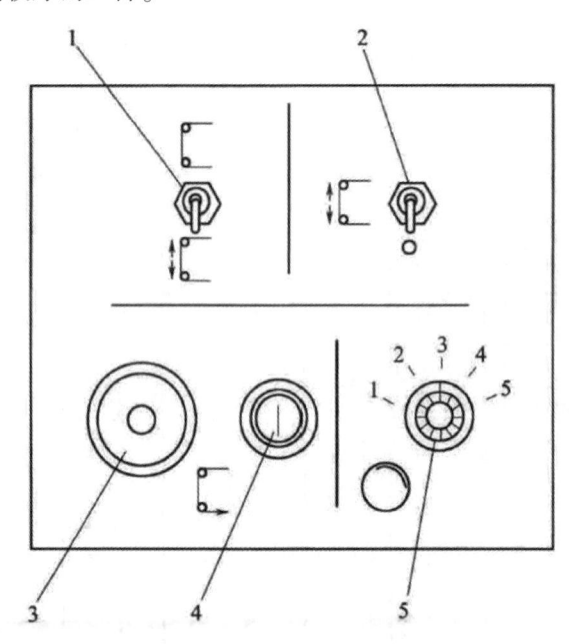

图 8 - 25 储丝筒操作面板
1—断丝检测开关;2—上丝电机开关;
3—停转按钮;4—启动按钮;5—调速选择开关。

8.4.2 软件功能

1. 屏幕划分

DK7732A 型数控线切割机床开机后即自动进入软件操作界面,如图 8 - 26 所示,可划分为五个显示区域:

(1) 运行状态区。X、Y、U、V：显示各轴的当前坐标位置（工件坐标系）；起始时间：显示加工开始的时间；终止时间：显示系统当前时间；坐标系：显示当前所用工件坐标系。

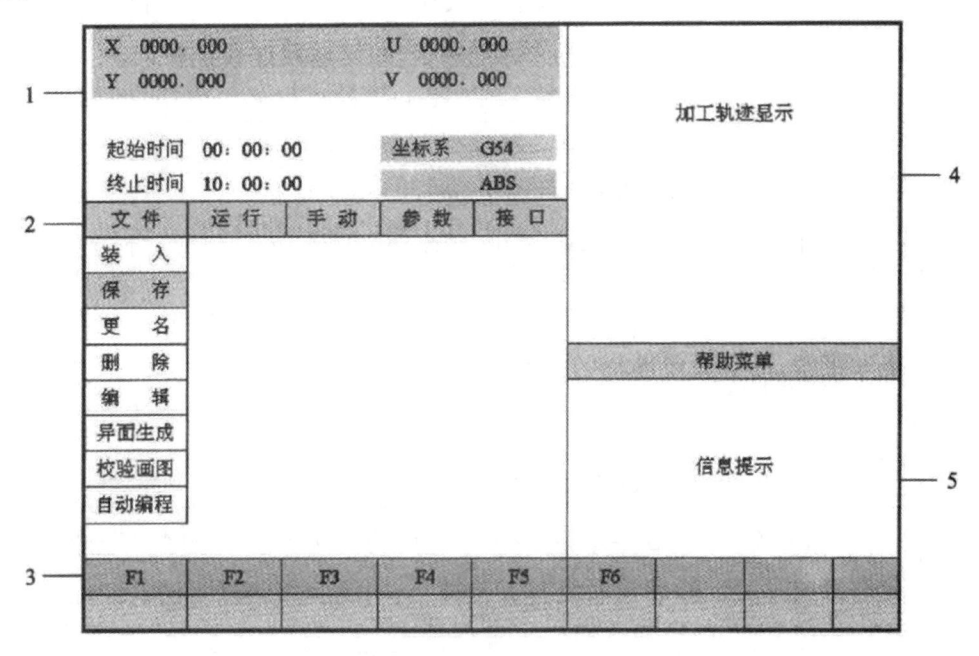

图 8-26 软件操作界面

1—运行状态区；2—系统菜单区；3—功能键区；4—图形显示区；5—操作帮助区。

(2) 系统菜单区。软件的主要功能通过各菜单实现，选择相应菜单可进行如程序编辑、校验、自动运行、手动调整、设置参数及检测等操作。

(3) 功能键区。选择功能键（F1～F10）可进行各种功能设置与操作。

(4) 图形显示区。在程序校验或加工时，三维显示工件加工轨迹。

(5) 操作帮助区。可实时显示有关各种操作的提示信息。

2. 系统菜单

DK7732A 型数控线切割机床的软件系统菜单包括文件管理、加工运行、手动操作、机床参数、接口检测五个主菜单，每个主菜单又包含几个子菜单；分别对应不同的操作功能，表 8-3 为各菜单的功能说明。

表 8-3 系统菜单功能

文件管理菜单	
装入	从内存或磁盘调入加工程序
保存	将内存中的程序保存到硬盘或软盘上，只能在内存中有程序的情况下操作
更名	用于更改磁盘上的程序名，文件名可用字母或数字，不能超过 8 个字符，不加扩展名

删除	将用户磁盘上不用的文件删除，保留更多磁盘空间。F1：删除一个文件，F2：删除全部文件
编辑	用于编辑加工用的 ISO、3B 代码程序以及对已有的内存文件的修改或创建新文件。F1：编辑内存文件，F2：编辑磁盘文件；F3：创建新文件
异面生成	也称"拟合"，用于上、下异形切割时轨迹的拟合处理，自动生成异面加工程序
校验画图	对加工程序的语法校验，以保证程序的正确，系统逐条检测加工程序，当发现错误时显示错误位置，如果正确系统会给出加工信息及立体图形
自动编程	调用自动编程软件，采用 CAD 作图方法将工件的形状用图形画出，并直接生成加工程序
加工运行菜单	
内存	运行新编程序，运行加工程序前要先画图校验，保证程序正确才能用于加工
磁盘	运行用户磁盘上的程序，操作同上
串行口	接受从 RS-232 串口传送的加工程序并运行
模拟运行	加工程序运行前一般要进行模拟运行模拟实际加工，在此方式下机床不开强电（丝筒、水泵、高频电源）以较高速度按加工轨迹空运行
断点加工	在因停电或其他原因造成的加工中断时，此功能可实现从断点继续按加工轨迹的切割
手动操作菜单	
手控盒	将机床坐标移动控制权交给手控盒控制
移动	实现机床坐标的快速定位和简易加工等功能，F1：快速定位，F2：简易加工，F3：回加工零点，F4：回程序零点，F5：切回断点继续加工，F6：回机床零点
撞极限	选择此功能时，机床高速向指定极限撞去，完成后机床重新设极限值
接触感知	实现找基准点、电极丝找正、找圆孔中心功能
设零点	设置坐标零点及坐标系，FI~F4：在当前坐标系分别给 X、Y、U、V 轴设零点，F5：在当前坐标系给 X、Y、U、V 轴同时设零点，F6：选择坐标系，F7：选择绝对坐标系或增量坐标系，F8：查看机床坐标
机床参数菜单	
工艺参数	也称"加工条件"，本功能可显示或修改加工参数，并能发出高频脉冲供加工程序调用，F1：发出当前设定参数的高频脉冲
机床参数	进行极限坐标、反向补偿设置和螺距补偿设置，一般不要随意修改
代码设置	选择编程、加工所用代码，FI：ISO 代码格式，F2：3B 代码格式
代码转换	将 3B 格式代码转换为 ISO 代码
接口检测菜单	

输入接口	检测系统主机及数控电源柜的硬件输入信号，系统规定输入信号无效时为"1"，有效时为"0"
输出接口	检测系统主机及数控电源柜的硬件输出信号，系统规定平时为"　"，发出信号时为"1"
系统调试	用于改变系统时间、电机转速和脉冲延时

8.4.3 基本操作

1. 开机、关机

①打开数控柜左侧的空气开关，接通机床总电源；
②释放急停按钮；
③按下绿色启动按钮，进入控制系统。

当出现死机或系统错误无法返回主菜单时，可以按"Ctrl + Alt + Del"键，重新启动计算机。关机时，先按急停按钮，再关闭左侧空气开关。

2. 上丝操作

上丝可半自动或手动操作进行，上丝的路径如图8-27所示，具体操作方法如下：
①按下储丝筒停止按钮，断开断丝检测开关；
②将丝盘套在上丝电机轴上，并用螺母锁紧；
③用摇把将储丝筒摇至与极限位置或与极限位置保留一段距离；
④将丝盘上电极丝一端拉出绕过上丝介轮、导轮，并将丝头固定在储丝筒端部紧固螺钉上；
⑤剪掉多余丝头，顺时针转动储丝筒几圈后打开上丝电机开关，电极丝被拉紧；
⑥转动储丝筒，将丝缠绕至10~15mm宽度，取下摇把，松开储丝筒停止按钮，将调速旋钮调至"1"挡；
⑦调整储丝筒左右行程挡块，按下储丝筒开启按钮开始绕丝；
⑧接近极限位置时，按下储丝筒停止按钮；
⑨拉紧电极丝，关掉上丝电机，剪掉多余电极丝并固定好丝头，半自动上丝完成。

如采用手动上丝，则不需开启丝筒，用摇把匀速转动丝筒将丝上满即可。

注意：在上丝操作中储丝筒上、下边丝不能交叉；摇把使用后必须立即取下，以免误操作使摇把甩出，造成人身伤害或设备损坏；上丝结束时一定要沿绕丝方向拉紧电极丝再关断上丝电机避免电极丝松脱造成乱丝。

3. 穿丝操作

①按下储丝筒停止按钮；

②将张丝支架拉至最右端并用插销定位；

③取下储丝筒一端丝头并拉紧，按穿丝路径依次绕过各导轮；最后固定在丝筒紧固螺钉处；

④剪掉多余丝头，用摇把转动储丝筒反绕几圈；

⑤拔下张丝滑块上的插销，手扶张丝滑块缓慢放松到滑块停止移动，穿丝结束。如果电极丝是新丝，加工时电极丝表层氧化皮会脱落，且新丝具有较大的延展性，易被拉长，这时就需要进行紧丝操作，其方法类似于穿丝，操作时需要特别注意防止电极丝从导轮槽脱出，并要保证与导电块接触良好，一般新丝试运行期间需 2~3 次紧丝处理。另外，当加工中出现断丝，如果确信不是丝本身质量、使用寿命的问题，可抽掉丝筒上较少的一半电极丝，取下另一半丝的断头按穿丝路径重新穿好丝；然后调用系统断点加工功能继续加工。

4. 储丝筒行程调整

穿丝完毕后，根据储丝筒上电极丝的多少和位置来确定储丝筒的行程。为防止机械性断丝，在行程挡块确定的长度之外，储丝筒两端还应有一定的储丝量。具体调整方法是：

①用摇把将储丝筒摇至在轴向剩下 10mm 左右的位置停止；

②松开相应的限位块上的紧固螺钉，移动限位块至接近感应开关的中心位置后固定；用同样方法调整另一端，两行程挡块之间的距离即储丝筒的行程。

5. Z 轴行程的调整

①松开 Z 轴锁紧把手；

②根据工件厚度摇动 Z 轴升降手轮，使工件大致处于上、下主导轮中部；

③锁紧把手。

6. 电极丝找正

在切割加工之前必须对电极丝进行找正，其操作与火花法对刀类似（参见图 8-12），具体方法如下：

①保证工作台面和找正块各面干净无损坏；

②移动 Z 轴至适当位置后锁紧，将找正块底面靠实工作台面，长向平行于 X 轴或 Y 轴；

③用手控盒移动 X 轴或 Y 轴坐标至电极丝贴近找正块垂直面；

④选择"手动"菜单中的"接触感知"子菜单；

⑤按 F7 键，进入控制电源微弱放电功能，丝筒启动、高频打开；

⑥在手动方式下，调整手控盒移动速度，移动电极丝接近找正块，当它们之间的间隙足够小时即会产生放电火花；

⑦通过手控盒点动调整^轴或^轴坐标，直到放电火花上下均匀一致，电极丝即找正。

7. 建立机床坐标系

系统启动后，首先应建立机床坐标系，具体方法如下：

①在主菜单下移动光标选择"手动"菜单中的"撞极限"子菜单；

②按 F2 功能键，移动机床到 X 轴负极限，机床自动建立 X 坐标；

③采用相同方法建立另外几轴的机床坐标；

④选择"手动"菜单中"设零点"功能将各个坐标系设零，机床坐标系就建立起来了。

8. 工作台移动

（1）手动盒移动

①在主菜单下移动光标选择"手动"菜单中的"手动盒"子菜单；

②通过手控盒上的移动速度选择开关选择移动速度；

③按下相应移动轴方向键移动工作台。

（2）键盘输入移动

①在主菜单下移动光标选择"手动"菜单中的"移动"子菜单；

②从"移动"子菜单中选择"快速定位"功能；

③定位光标到要移动的坐标轴位置，输入移动数值；

④按"Enter"键，工作台开始移动。

9. 程序编辑、校验与运行

①在主菜单下移动光标选择"文件"菜单中"编辑"子菜单；

②按 F3 功能键编辑新文件，并输入文件名；

③输入源程序，并选择"保存"功能将程序保存；

④在主菜单下移动光标选择"文件"菜单中"装入"子菜单，调入上一步保存的文件；

⑤选择"校验画图"子菜单，系统自动进行校验并显示出图形轨迹；

⑥若图形显示正确，选择"运行"菜单的"模拟运行"子菜单，机床将进行模拟加工，即不放电空运行一次（工作台上不装夹工件）；

⑦装夹工件，开启工作液泵，移动光标选择"运行"菜单中"内存"子菜单，回车后机床即开始自动加工。

8.4.4 加工步骤及故障预防

1. 线切割加工步骤

加工前先准备好工件毛坯、压板、夹具等装夹工具。若需切割内腔形状工件，毛坯应预先打好穿丝孔，然后以下述步骤操作：

①启动机床电源进入系统，编制加工程序；

②检查系统各部分是否正常，包括高额、水泵、丝筒等的运行情况；

③进行储丝筒上丝、穿丝和电极丝找正操作；

④装卡工件，根据工件厚度调整 Z 轴至适当位置并锁紧；

⑤移动 X、Y 轴坐标确立切割起始位置；

⑥根据工件材料、厚度及加工表面质量要求等调整加工参数；

⑦开启工作液泵，调节喷嘴流量；

⑧运行加工程序，机床开始自动加工。

2. 常见故障与预防措施

线切割加工中常见的故障主要是断丝与短路。引起断丝与短路的原因较多，主要有下列几种。

（1）常见的断丝原因

①电极丝的材质不佳、抗拉强度低、折弯、打结、叠丝或因使用时间过长，丝被拉长拉细且布满微小放电凹坑；

②导丝机构的机械传动精度低，绕丝松紧不适度，导轮与储丝筒的径向圆跳动和轴向窜动；

③导电块长时间使用或位置调整不好，加工中被电极丝拉出沟槽；

④导轮轴承磨损、导轮磨损后底部出现沟槽，造成导丝部位摩擦力过大，运行中抖动剧烈；

⑤工件材料的导电性、导热性不好并含有非导电杂质或内应力过大造成切缝变窄；

⑥加工结束时因工件自重引起切除部分脱落或倾斜，夹断电极丝；

⑦工作液的种类选择配制不当或脏污程度严重。

（2）常见的短路原因

①导轮和导电块上的电蚀物堆积严重未能及时清洗；

②工件变形造成切缝变窄，使切屑无法及时排出；

③工作液浓度过高造成排屑不畅；

④加工参数选择不当造成短路。

为防止这些故障发生，用户必须采取合理的预防或补救措施。如选择高质量的电极丝、导电块和导轮并及时更换；对工件毛坯进行合理热处理、去磁等工艺处理减少残余应力，并采取一些减少工件变形的工艺措施，如预先去除工件部分余量、钻工艺孔等；加工快结束时，用磁铁吸住工件或从底部支撑以防止工件突然下落；正确调用加工参数保证运行稳定；及时清除加工中的电蚀物，合理配制工作液浓度并定期更换。

3. 机床的维护保养

线切割机床的维护和保养直接影响到机床的切割工艺性能，和一般机床比较线切割机

床的维护和保养尤为重要。机床必须经常润滑、清理和维护，这是保证机床寿命、精度和提高生产率的必要条件。

(1) 机床的润滑

机床的润滑部位有工作台纵、横向导轨；滑枕上下移动导轨；储丝筒导轨副和丝杠螺母等。用户应按照机床使用说明定期注油（或油脂）润滑。

(2) 机床的清理

线切割机床工作时因其工作特性，产生的电蚀物和工作液会有一部分粘附在机床导丝系统的导轮、导电块和工作台内，应注意及时将其上的电蚀物去掉，否则加工时会引起电极丝的抖动，甚至会因电蚀物沉积过多造成电极丝与机床短接，不能正常切割。另外更换工作液时应用清洁剂擦洗液箱和过滤网，再注入干净的工作液。

(3) 机床的维护保养

机床维护的主要部位是导丝系统的导轮和导电块。导轮在切割加工过程中始终处于高速旋转运动状态，其内部轴承和导轮槽容易损坏，必须经常检查，如有损坏需立即更换；导电块长时间磨损会出现沟槽，应将导电块换一面后再继续使用；机床每次加工结束后，应把机床擦拭干净，并在工作台表面涂一层机油；每周清洗机床一次，尤其是导丝系统各部件。清洗时先将电极丝从导丝系统上抽掉，全部整齐地绕在储丝筒上以备重新穿丝后继续使用，然后用干净棉丝和小刷蘸上清洁剂清洗导轮、导电块、工作液喷嘴等部件，最后用干棉丝擦干，并在工作台面和张丝滑块导轨上涂一层机油。

参 考 文 献

[1] 王先逵，王爱玲. 机床数字控制技术手册：操作与应用卷 [M]. 北京：国防工业出版社，2013.

[2] 王彪，蓝海根，王爱玲. 现代数控机床实用操作技术 [M]. 3 版. 北京：国防工业出版社，2009.

[3] 王爱玲. 机床数控技术 [M]. 2 版. 北京：高等教育出版社，2013.

[4] 王爱玲，李清. 数控加工工艺 [M]. 2 版. 北京：机械工业出版社. 2013.

[5] 全国数控培训网络天津分中心. 数控机床 [M]. 北京：机械工业出版社，2006.

[6] 王先逵. 机械制造工艺学 [M]. 北京：机械工业出版社，2007.

[7] 王贵明. 数控实用技术 [M]. 北京：机械工业出版社，2002.

[8] 袁锋. 数控车床培训教程 [M]. 北京：机械工业出版社，2005.

[9] 关颖. 数控车床 [M]. 北京：化学工业出版社，2005.

[10] 王爱玲，刘中柱. 数控机床操作技术 [M]. 北京：机械工业出版社，2013.

[11] BEIJLNG – FANUC 0i 系统操作说明书 [R]. 北京发那科机电有限公司，2004.

[12] 世纪星铣床数控系统 HNC – 21/22M 编程/操作说明书 [R]. 武汉华中数控股份有限公司，2005.

[13] HEIDENHAIN iTNC530 用户手册（simplified Chinese）[R]. 海德汉博士公司，2006.

[14] 黄康美. 数控加工实训教程 [M]. 北京：电子工业出版社，2004.

[15] 华茂发. 数控机床加工工艺 [M]. 北京：机械工业出版社，2004.

[16] SIEMENS SINUMERIK802S/802D/840D 操作与编程说明书 [R]. 西门子股份公司，2004.

[17] MDVIC EDW 电火花线切割机床使用说明书 [R]. 陕西汉川机床厂，2002.

[18] 顾京. 数控加工编程及操作 [M]. 北京：高等教育出版社，2003.

[19] 张学仁. 数控电火花线切割加工技术 [M]. 哈尔滨：哈尔滨工业大学出版社，2004.

[20] 刘雄伟. 数控机床操作与编程培训教程 [M]. 北京：机械工业出版社，2003.

[21] 赵长明，刘万菊. 数控加工工艺及设备 [M]. 北京：高等教育出版社，2003.

[22] 魏昌洲，李晓会，等. 德马吉五轴加工中心 DMU60 操作与编程培训手册 [M].

无锡职业技术学院，2012.

[23] 王建平，黄登红. 数控加工中的对刀方法［M］. 工具技术，2005.

[24] 李娟，刘洪伟. 柔性制造系统中组合夹具在制造业中的应用［J］. 重型机械科技，2007.

[25] 王素琴，钱瑾红. 组合夹具的研究状况与应用［J］. 电子机械工程，2004.

[26] 宗国成. 数控车工技能鉴定考核培训教程［M］. 北京：机械工业出版社，2006.

[27] 田萍. 数控机床加工工艺及设备［M］. 北京：电子工业出版社，2005.

[28] Huang Supin. Tool – Setting Principles of NC Machine and Its Common Operations. Equipment Manufacturing Technology［J］. 2007.

[29] 张超英，罗学科. 数控机床加工工艺、编程及操作实训［M］. 北京：高等教育出版社，2003.

[30] 熊熙. 数控加工实训教程［M］. 北京：化学工业出版社，2003